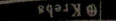

宇宙観5000年史

Five Thousand Years of Cosmic Visions:
How Human Beings Have Viewed the Universe

人類は宇宙をどうみてきたか

中村 士／岡村定矩────［著］
Tsuko NAKAMURA　Sadanori OKAMURA

東京大学出版会

Five Thousand Years of Cosmic Visions:
How Human Beings Have Viewed the Universe

Tsuko NAKAMURA and Sadanori OKAMURA

University of Tokyo Press, 2011
ISBN978-4-13-063708-4

アピアヌスによる『皇帝の天文学』(1540年)に描かれた
西欧初期の彩色星座図(千葉市立郷土博物館所蔵).
北極を中心に, 南天の星座も一緒に図示している. [第16章]

プラハの市庁舎広場にある中世の天文時計(中村士撮影，2006年)．主要部分は1410年の製作で，第2次大戦で受けた大被害が戦後に修復された．［第4章］

▶アムラ城宮殿(ヨルダン)のドーム天井星座図(小谷典子氏撮影，2007年)．8世紀初めに建造された．天の北極から放射状に出る経線とこぐま座，おおぐま座，カシオペア座などが描かれている．左下はドームの窓．［第16章］

古代エジプト第18王朝（紀元前1570－1290年頃）の高官，センムト(Senmut)の秘密墓の天井に描かれた星座図　(Isis, vol.4, Pl.19, 1930)．
左の列から，木星，シリウス，オリオンの三ツ星，その右の卵型はプレアデス(すばる)星団，その下のV字型の星々はヒアデス星団である．エジプトの星座はバビロニアからの影響を受けている．[第1章]

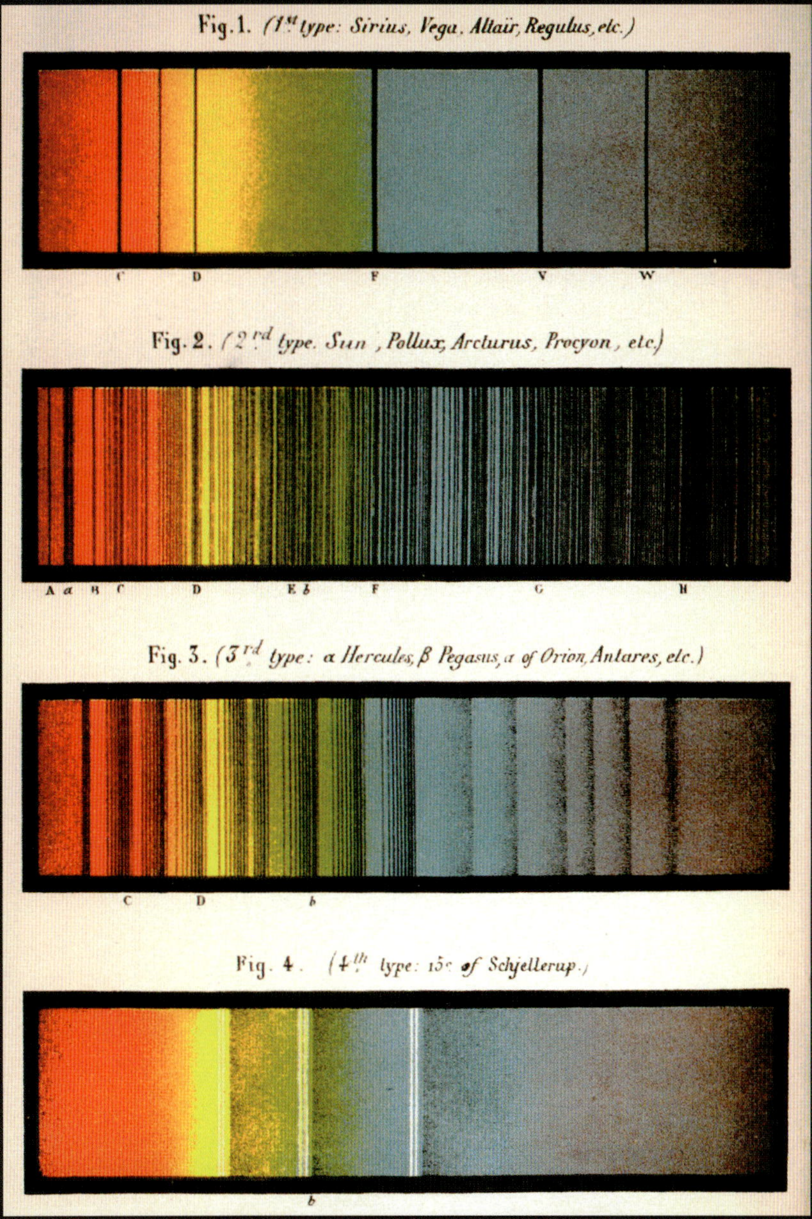

Fig. 1. (1st type: Sirius, Vega, Altaïr, Regulus, etc.)
C D F V W
Fig. 2. (2nd type. Sun, Pollux, Arcturus, Procyon, etc.)
A a B C D E b F G H
Fig. 3. (3rd type: α Hercules, β Pegasus, α of Orion, Antares, etc.)
C D b
Fig. 4. (4th type: 152 of Schjellerup.)
b

A.セッキが4種類に分類した恒星のスペクトル型(*Comptes Rendus*, vol.63, 1866−88). [第9章]

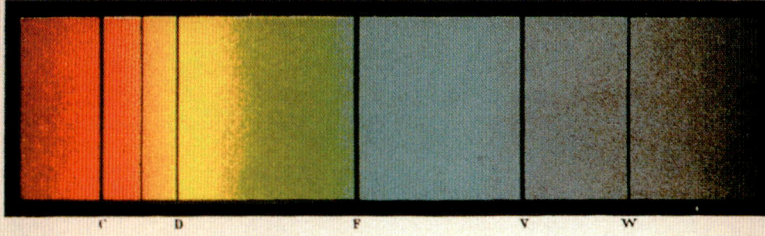

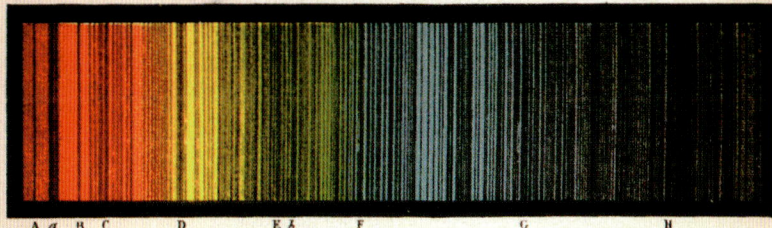

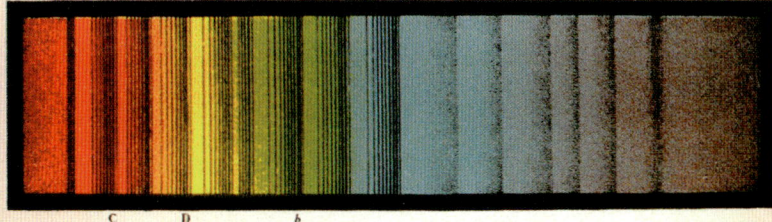

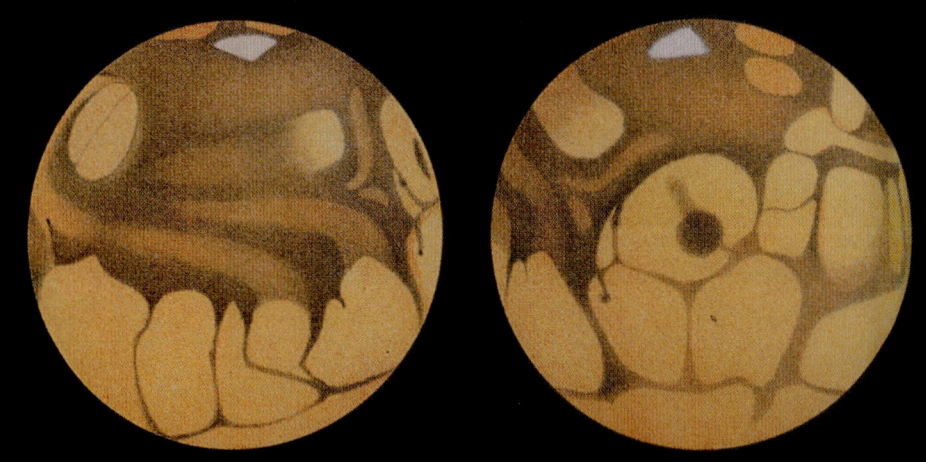

G.V.スキアパレリが1877年にスケッチした火星の「筋」(イタリア語でcanali)(*The Cambridge Illustrated History of Astronomy*, 1997).
上が火星の南半球である.「筋」は後に英語で「運河」(canals)と誤訳された.
[第14章]

ティコブラーエ天文博物館(フベン島,現在はスウェーデン領)に展示されている六分儀(復元品.中村士撮影,2005年).
[第6章]

はじめに

　天文学とは，宇宙や天体についての科学的な知識の集大成である．それに対して宇宙観とは，私たちの住む宇宙について，私たちがいかに認識しどのように理解しているかという，"ものの見方と考え方"であると言えよう．したがって，天文学的知識はおおいに増えても，宇宙観にはさしたる進展がないような時代も存在した．しかし一般には，両者は時代とともに車の両輪のように発展してきたと考えてよいから，宇宙観と天文学の歴史を厳密に区別することは困難である．その意味で，本書は宇宙観の歴史に力点を置いてはいるが，天文学史の本として読んでいただいてもちろん差し支えない．

　天体物理学という用語があることからも分かるように，天文学は現在では物理学の一分野に分類されることもあるが，実際には物理学よりずっと古い学問体系であった．現代物理学における基本概念やアイデアは，古代からの天文学に負っているものが少なくない．さらに，天文学には物理学とは異なる独特な発想法が今も残っていることは，本書を通読してくださればお分かりいただけると思う．

　今までに書かれた天文学史の本の著者には2系統あったように思われる．科学史の専門教育を受けた科学史家と，現代天文学に携わる研究者で天文学の歴史にも興味を抱く者である．前者は，近代欧米語の文献を読むことはもちろん，ギリシア語，ラテン語，アラビア語，漢文などの原典まで遡らないと，本当の科学史はできないと考えているように見える．一方，後者には，天文学の歴史といえども，現代天文学の知識や天文観測の経験がなければ，天文学に固有な発想を十分理解するのは難しいとの思いがあるようだ．

　天文学の観測技術と理論における近年の飛躍的な発展を見れば，過去の文献だけに頼る伝統的な天文学史の研究にはもはや限界があることも確かだろう．したがって，本来なら科学史家と天文学者が緊密に協力すればより良い天文学史が構築できるはずである．しかし現実には，まだそのような関係が生れるには至っていない．後者に属する私たちとしては，本書が，そうした協力関係と分

野融合を引き起こす1つのきっかけになればと願っている．

　本書は，放送大学のテレビ放送科目，『宇宙観の歴史と科学』（放映期間は2008–2011年度）の教科書を元にしたものである．その原型が執筆されたのは2003年頃だった．それから8年，その間に新たに発見されたり理解が進んだりした天文学，惑星科学の新知見がいろいろあった．また，教科書という性格上，引用文献などの典拠もほとんど示さず，充分な説明ができなかった箇所も少なくなかった．そこで，新たな研究成果も取り入れ，典拠と脚注を多く示すなどして大幅に増補改訂したものが本書である．とくに大きな変更点は，第2章と附録を加えたことである．図版もかなりの数を新しいものに改めた．

　幸いにして，教科書出版元である放送大学教育振興会には，放送大学の最終年度2学期が終わる頃に合わせて本書を出版することをご了解いただくことができた．本書によって，読者の方々には宇宙観の歴史と現状の概要を知っていただければ著者としてこんなにうれしいことはない．

　最後に，ご無理をお願いして短時間で原稿全体に目を通していただいた東京大学名誉教授杉本大一郎先生，国立天文台名誉教授成相恭二先生と和歌山大学教授富田晃彦先生に厚く御礼申し上げる．頂戴した貴重なコメントは原稿の改訂に反映させることができた．また，本書の原稿執筆から出版まで辛抱強くお付き合い下さった，東京大学出版会編集部の丹内利香さんにも深く感謝したい．

2011年12月
中村　士
岡村定矩

目　次

はじめに .... *i*

第 I 部　古代・中世の宇宙観 *1*

第 1 章　古代天文学と宇宙観——四大文明と新大陸 *3*
　1.1　宇宙観とは *3*
　1.2　古代エジプトの宇宙観 *4*
　1.3　バビロニアとユダヤの宇宙観 *7*
　1.4　中国の宇宙観 *10*
　1.5　インドの宇宙観 *13*
　1.6　新世界の古代宇宙観 *15*

第 2 章　天文学の発祥と地球環境 *18*
　2.1　古代文明の誕生と気候変動 *19*
　2.2　天文学誕生の環境条件 *21*
　2.3　二十四節気の起源 *22*
　2.4　甲骨文に現れた気候変動と中国天文学の誕生 *27*

第 3 章　ギリシアの宇宙観——天動説と幾何学的宇宙 *29*
　3.1　初期の宇宙観 *29*
　3.2　地球の大きさの測定 *34*
　3.3　離心円と周転円モデル *35*
　3.4　ヒッパルコス *37*
　3.5　トレミーとアルマゲスト *39*
　3.6　アンティキテラの機械 *42*

第 4 章　中世の宇宙観 *46*
4.1　アラビア・イスラムの宇宙観 *46*
4.2　中世ラテン世界の宇宙観 *53*
4.3　古代・中世に使用された天文観測儀器 *57*

第 II 部　太陽中心説から恒星の世界へ *63*

第 5 章　太陽中心説とコペルニクス革命 *65*
5.1　コペルニクス *65*
5.2　太陽中心説 *68*
5.3　コペルニクス説の普及と影響 *75*
5.4　無限空間に分布した恒星という考えの誕生 *76*

第 6 章　精密観測にもとづく真の惑星運動の発見——ティコとケプラー *79*
6.1　ティコとその天文台 *79*
6.2　ティコの宇宙体系 *83*
6.3　ケプラーと火星軌道との格闘 *84*
6.4　ケプラーの 3 法則 *87*
6.5　デカルトと幾何学的宇宙 *93*

第 7 章　宇宙像の拡大——望遠鏡の発明と万有引力の法則の発見 *95*
7.1　望遠鏡の発明がもたらした新たな宇宙観 *95*
7.2　ニュートンと万有引力の法則の発見 *103*
7.3　万有引力の法則の普及とニュートン力学的宇宙観 *106*

第 8 章　地動説の検証から恒星天文学の誕生へ *111*
8.1　年周視差発見の前史 *111*
8.2　光行差の発見 *113*
8.3　年周視差の検出 *117*
8.4　ハーシェルと恒星天文学の誕生 *119*
8.5　天文学の総合的発展と近代の天文台の役割 *121*

第 III 部　天体物理学と銀河宇宙 ... *129*

第 9 章　新天文学の台頭と発展 ... *131*
9.1　新天文学の誕生 ... *131*
9.2　恒星スペクトルの分類 ... *137*
9.3　ヘルツシュプルング–ラッセル図 ... *141*

第 10 章　太陽・星の物質の解明へ ... *145*
10.1　太陽の物理学 ... *145*
10.2　星内部での原子核生成と星の進化 ... *149*
10.3　変光星と星雲の正体 ... *156*

第 11 章　銀河系と銀河の発見 ... *160*
11.1　ハーシェルの宇宙 ... *160*
11.2　恒星の距離決定技術の開拓 ... *161*
11.3　「大論争」から銀河の宇宙へ ... *165*

第 12 章　宇宙膨張の発見とビッグバン宇宙論 ... *173*
12.1　一般相対性理論とフリードマン宇宙モデル ... *173*
12.2　ハッブルの法則 ... *175*
12.3　ビッグバン宇宙論の誕生 ... *177*
12.4　宇宙マイクロ波背景放射の発見 ... *179*
12.5　ビッグバン宇宙論とオルバースのパラドックス ... *183*
12.6　インフレーション理論の登場 ... *183*

第 IV 部　宇宙における人間の位置 ... *187*

第 13 章　太陽系像の変遷 ... *189*
13.1　太陽系天文学の停滞と復活 ... *189*
13.2　太陽系の起源論 ... *195*
13.3　惑星科学の誕生と発展 ... *199*

第 14 章 私たちはどこから来たか——地球外生命を求めて 204
   14.1 近代以前の地球外文明思想 204
   14.2 ほかの惑星に生命の手がかりを求めて 210
   14.3 電波天文学と異星文明の探査 214

第 15 章 万物の尺度の探求——メートル法の制定と測地学の誕生 220
   15.1 地球の大きさと形 220
   15.2 メートル法の起源，制定と普及 225
   15.3 天文単位の歴史——宇宙の大きさを測る尺度 231

第 16 章 宇宙観の表現法——星表と星図の歴史的変遷 235
   16.1 西洋の星表・星図 235
   16.2 東アジアの星表・星図 242
   16.3 天文学の発展に伴うさまざまな宇宙の表現法 247

附録 249

A 新しい宇宙観の幕開け 251
   A.1 ダークマター 251
   A.2 ダークエネルギー 256
   A.3 現在の標準宇宙モデル 259
   A.4 新しい宇宙を拓く技術進歩 261
   A.5 新しい宇宙観の幕開け 264

B ETI は本当にいるのか——第 14 章への補遺 266
   B.1 ETI の存在を推定する根拠 267
   B.2 ETI の認識 271

おわりに 277

参考図書と文献 279

図表出典一覧 *289*

人名索引 *292*

事項・書名索引 *301*

第Ⅰ部
古代・中世の宇宙観

1 古代天文学と宇宙観
四大文明と新大陸

1.1 宇宙観とは

　最古の古代文明は，エジプト，メソポタミア，インド，中国における大河のほとりでほぼ同じ頃，今から約 4000–5000 年前に始まった．本章ではそれぞれの文明で生れ発達した天文学，宇宙観の特徴を述べるが，その前に，宇宙観または宇宙像というとき，具体的にはどのような内容を指すのか簡単に考えてみる．

　ガリレオらによる望遠鏡の発明以前には，太陽，地球，惑星からなる太陽系と星座としての星々が，人類が宇宙として認識していた範囲のほぼすべてであった．望遠鏡が発明されると一挙に私たちの認識する宇宙は拡がり，恒星の世界，銀河系，銀河，銀河団へと漸次発展していった．これらいつの時代にも，宇宙観には 3 つの側面があった．それは，

(1) 宇宙の起源と進化，
(2) 宇宙の構造，
(3) 宇宙の組成，

である．(1) は宇宙の誕生から死までの時間的変化であり，(2) は宇宙の形と空間的拡がりに関係する．これら三者のうち，どれを重点に考えるかは，文明と時代とによって異なっていた．たとえば，ギリシアの宇宙観は宇宙の構造に主に関心があったといってよい．また，古代にあっては地理的な世界観と宇宙観

の間に明確な区別はなかったから，宇宙観もその風土的，文化的な影響を強く受けている．

ここで「宇宙」という言葉の起源について触れておこう．西洋の場合，英語やラテン語で宇宙を意味する言葉 cosmos は，ギリシア語の動詞，$\kappa o \sigma \mu \varepsilon \omega$ (cosmeo) が元であり，「整列させる，秩序だてる」といった意味だった．それがやがて後に世界，宇宙をも表わすようになったらしい．他方，宇宙という漢語は，中国の戦国時代（紀元前 (BC) 4 世紀頃）に，諸子百家の 1 つである『尸子』(尸佼) と呼ばれる書物で使われたのが最初であるとされる．唐代の注釈書が「尸子に云う．天地四方を宇と曰い，往古来今を宙と曰う」と記しているように，"宇" は東西南北の空間的拡がりを，"宙" は太古，現在，未来を含む時間的拡がりを表わしていた．つまり，西洋の cosmos より宇宙のほうが，時間と空間との両方の意味を併せ持った，より広い概念であったように思われる．

1.2　古代エジプトの宇宙観

エジプトの初期王国である古王朝が始まったのは BC3000–2800 年頃である．エジプト文明が栄えた地域は，幅およそ 30 km，長さ 1000 km の細長いナイル河畔の平野で，周囲は砂漠，高地，海に囲まれて比較的孤立していた．そのため，古代エジプト人の思い描いた世界像は，巨大な 4 本の柱または山がナイル河谷を覆う天蓋を支えているような構造であった．彼らは，無数の星々がちりばめられた天蓋をナイルに対応する天空の河に見立てた．太陽と月は人格を持った神であり，太陽と月の天球上の運動は，彼らが船に乗って天空の河を渡る姿と見なされた．大地，大気，天空もそれぞれゲブ (Geb)，シュー (Shu)，ヌト (Nut) と呼ばれる神々がつかさどり，元々は一体だったゲブとヌトは，シューによって天と地とに引き離されたと考えられた．こうした宇宙観から分かるように，エジプトでは数理的な天文学は発達しなかったと言われてきた．

ピラミッドの方位
エジプトには巨大なピラミッドが多数あり，とくにギザ地方のピラミッド群は壮大である．それらの底辺部がかなり正確に南北を指していることは，ナポ

レオンによるエジプト遠征の頃から知られていた．南北の方位を知るのに現在では北極星を使うのが常識である．しかし，歳差[1]という現象のために当時の天の北極は北極星からはずっと離れていたから，北極星を使わずにどうやって真北を決めたかは大きな謎だった．最近，英国の女性エジプト学者スペンス (Kate Spence) がピラミッドの方位測定を再検討した結果，古代エジプトでは，おおぐま座のミザール (ζUMa) とこぐま座のコカブ (βUMi) という星を結ぶ線上に天の北極がつねに位置していると考えて，この直線が地平線に対して直角になった時を利用して真北を決めていたという説を発表した（図1.1）．しかし実際には歳差のために北極星はこの直線上から少しずつ逃げてゆくから，この方法で決めた北の方角も徐々に真北を指さなくなる．ピラミッドの方位が，建造された時代

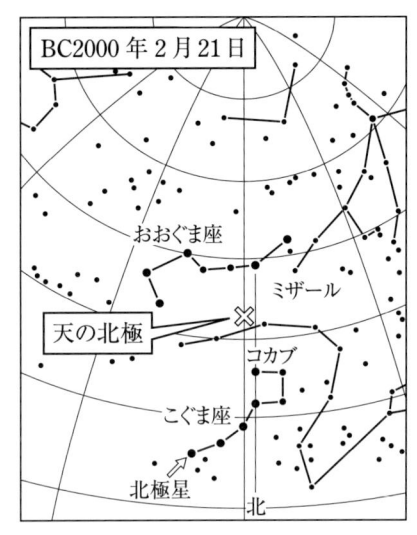

図 1.1 スペンスが提案した古代エジプトにおける真北の決め方．天の北極は，BC2467年頃には正確にコカブとミザールとを結ぶ線上にあったが，歳差によって大ピラミッド建設の時代には角度で10分ほどずれていた．しかし，古代エジプト人は，このときもこの2星を結んだ線が真北を通ると信じてピラミッドを建設したため，その方位も同じ程度ずれてしまった．本図は，ずれの効果をわかりやすく示すため，BC2000年に2星を結ぶ線と地平線が直角になった時の状況を描いている．ずれは約2度で，図の下端が地平線である．

によって角度で数分〜20分位の範囲で系統的に真北から少しずつずれているのは，そのためであると彼女は解釈した（図1.2）．4500年も前に，第6章で述べるティコの観測にほぼ匹敵するような星の位置の精密測定が行なわれたのは実に驚くべきことである．ただしスペンスは，上の2星を結ぶ線が地平線に対し

---

[1] 日周運動の中心である天の北極が，天球上をゆっくり移動する現象．月と太陽の重力作用で，地球の自転軸が約26000年の周期で，黄道の極の回りにみそすり運動をするために起こる．

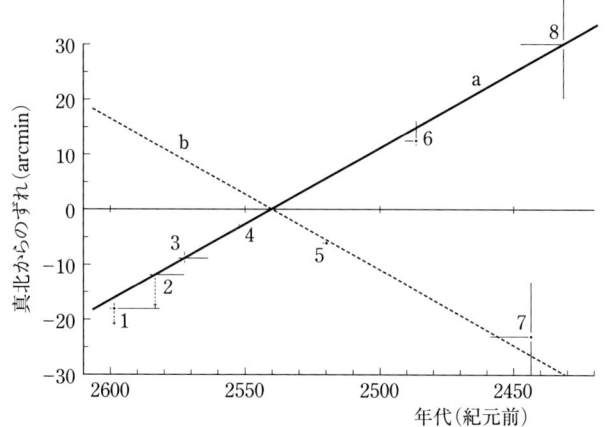

図 **1.2** ピラミッドの南北辺の真北からの系統的なずれ．横軸は年代（紀元前），縦軸は真北からのずれ（単位は角度の分）．番号 1–8 は代表的ピラミッドの測定値．各点の多くは，歳差によってずれが変化してゆく傾向（直線 a と b）とよく一致している．直線 a はミザールの上方通過，b はコカブの上方通過の場合である．

て直角になった瞬間をいかにして測ったかの具体的方法には触れていない．とはいえ，ピラミッドを完成させた高度な建築工学技術とともに，エジプトでは数理的な科学は発達しなかったという従来の見方は訂正されなければならないのは確かだろう．

太陽暦

エジプト天文学がもっとも後世まで大きな影響を残したのは太陽暦[2]である．エジプトで初期に使われた 1 年（エジプト年）は 365 日で，1 カ月が 30 日の 12 カ月と終わりの端数 5 日（エパゴメン，epagomenes, epagomenal days）からなる．この 12 カ月は 3 つの季節にも分けられていたから，エジプト年は天文現象からではなく自然現象の観察から決められたと考えられている．このエジプト年は，4 年に 1 日ずつ季節がずれるから移動年 (mobile year) と呼ばれる．

---

2) 太陽の運行による季節変化だけを考慮して作られたカレンダー．季節変化の平均周期が平均太陽年で，365.2422 日．

後になって，恒星シリウスのヒライアカルの出，つまり日の出前出現 (heliacal rising) を観測して 1 年の日数を決め，365 日と 4 分の 1 を得た（シリウス年，エジプトの言葉ではソティス Sothis という）．ヒライアカルの出はちょうどナイルの河水が氾濫する時期の始まりにあたっていた．氾濫は災害をもたらすと同時に蒔種のための肥沃な土壌を上流から運んでくるので，ヒライアカルの出はエジプトでは大きな意味を持ち，新年を知らせる現象とも見なされた．ここで注意したいのは，ナイルの氾濫は上流が雨季の季節の少し後に決まって起きるが，現在のエジプトでは，ヒライアカルの出は洪水の時期には起こらない点である．その理由は，天の北極とシリウスとの位置関係が，歳差現象のために昔と異なっているからである．シリウス年は後のローマ帝国で，ユリウス暦と呼ばれる太陽暦として採用された．これが，現在私たちが日常生活で使用しているカレンダーの祖先である．

1.3　バビロニアとユダヤの宇宙観

　チグリス川とユーフラテス川に挟まれたメソポタミアの地（現在のイラク）は，地理的に孤立したエジプトとは対照的に古代から多くの民族が侵入し行き交う場所であった．そのため，BC3000 年頃から始まりシュメール，バビロニア，アッシリアと続いた文明は西と東の両方の世界に大きな影響を与えてきた．
　宇宙の起源に関しては，初めに闇と水の混沌があり，神格化された 2 つの始源物質の合体，つまりこれら男女神の結婚によって世界・宇宙が創造された，とシュメール人は考えた．『旧約聖書』に見られるユダヤの宇宙創造も，初めに闇の深淵と物質の混沌があって，6 日間で天地創造が光から始まって順次行なわれるが，これはバビロニアの宇宙観の影響である．しかし，ユダヤの宇宙観が他の民族と違って独特なのは，宇宙観を哲学思想や科学の問題としてではなく，彼らが信奉する唯一創造神という宗教の目的として考えていたことである．
　メソポタミアで本格的な宇宙観が生れたのは，メソポタミア文明の後期，バビロニア，アッシリアの時代である．その 1 つは，宇宙は 3 つの積み重なった層状の構造をしていて，天と星は上の層に属し，水界と地下界が下層にあり，その中間層が人の住む大地で大海で取り囲まれている，と述べている．宇宙を構

成する元素としては，水がもっとも基本的で重要な成分と考えられた．

バビロニアの数理天文学

メソポタミア文明はエジプトに比べて技術と科学に優れていた．彼らは粘土板の上に楔形(くさびがた)文字を用いて記録し，計算には 60 進法[3]を用いた．天文学が盛んになるのはアッシリア時代からである．BC700 年頃から組織的に天文観測が始まり，それにもとづいて数理天文学も発達した．バビロニアの天文学では，天体の出没，衝，留[4]などのいわゆる天文現象の決定が主な目標であった．

メソポタミアの暦は太陰太陽暦[5]である．日没後の西空に細い三日月を探して，まず毎月の初めの日を知る．これを長年辛抱強くくり返して月の満ち欠けの周期（朔望月）を精密に決定した．太陽年の日数は朔望月の日数で割り切れないから，1 カ月が 29 日か 30 日の暦を用い続けると端数が累積して，やがて暦の上での季節と実際の季節がずれてくる．それを修正するために，ときどき余分な 1 カ月（閏月(うるうづき)）を 1 年に挿入して調整した（この年は 1 年が 13 カ月になる）．BC4 世紀のバビロニアでは，この調整のために，19 太陽年の間に 7 回閏月を入れる（十九年七閏の法）という法則がすでに確立されていた（これに相当するギリシアのメトン周期，中国の章法もほぼ同じ頃に発見されている）．

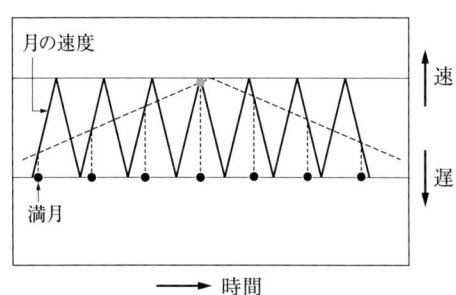

図 1.3 月の速度変化を表わすジグザグ関数の模式図．月の速度のジグザグ関数と満月の周期を組み合わせると，より長い周期のジグザグ関数が生まれる（図の破線）．サロス周期もこうした考え方によって発見されたと考えられる．

彼らは惑星の動きにも強い関心を抱いて，その出没，留，衝の日時を長い間観察し続けた．中でも

---

3) 60 進法は，時間と角度の分と秒の数え方に現在も名残を留めている．
4) 衝とは惑星が地球を挟んで太陽と反対側にきた場合で，このとき惑星は真夜中に真南に見えもっとも明るく輝くので，観測に適している．留とは，惑星の天球上の動きが見かけ上止まる時期のことをいう．
5) 月の満ち欠け（その平均周期が平均朔望月で，周期は 29.5306 日）と季節変化の両方を考慮して作られた暦．太陰太陽暦では 1 日（朔日）は新月，15 日が満月になる．

"宵の明星，明けの明星"として輝く金星の運動には，ひときわ大きな興味を持って観測した．そして惑星や月の見かけの運動の速さと変化を，時間に対するステップ（階段状）関数や直線ジグザグ関数で近似し表わした（図1.3）．その結果，月と5惑星の出没や衝などが精密に予測できる優れた運動表（今の言葉では天体暦）を完成させた．

また，サロス周期[6]と呼ばれる日月食が起こる周期もバビロニアでは早くから知られていた（図1.4）．上記のような算術・代数的な方法は，後で述べる中国天文学の場合に良く似ている．しかし，バビロニアでは現象を数学的に予測するだけに終始して，ギリシア天文学のようにその数理的成果を宇宙構造の理解に応用しようという考えは起こらなかった．

星座発祥の地

太陽が天球上を移動する道筋が黄道である．月，惑星も黄道に沿った帯状の部分を運行する．黄

図 1.4　楔形文字粘土板に記されたBC136年4月15日の皆既日食記事．皆既の時刻が現在の時間で誤差4分という高精度で記録されているが，どのような時計を使用したかは不明である．

道帯付近にはすでにBC14世紀から，星々の配置によって，おうし座，しし座，さそり座などいくつかの星座が形成されていた．太陽や他の天体の位置を示すために，この黄道帯（獣帯）を12個の星座に分けた黄道12宮星座が完成したのはペルシア支配下のBC5世紀頃であった．後にギリシア人はこの12宮を借用して少し修正し，獣帯星座 (zodiac) と呼んだ．また，先に述べた惑星の運動表によってこの獣帯のどこに太陽や惑星が位置するかを計算し，それに従って

---

6)　サロス (saros) という言葉は，日月食の起こるサイクルを表わすために英国のハレー (Edmund Halley, 1656–1742) が1691年に初めて用いた．ハレーは，このシュメール語に相当する言葉の意味を誤解していたのだが，今日までそのまま使用され続けている．サロス周期に相当する6585日（約18年）ごとに似た条件の日食・月食がくり返されるため，食の予報に利用された．

国家や専制君主の運命を占ういわゆる「宿命占星術」を発達させたのもバビロニア人である．この技術はやがて，個人の出生の日時をその時の惑星の配置に結び付けて解釈する「個人占星術」（ホロスコープ）となった．そして後に西欧世界にも伝えられた．

1.4 中国の宇宙観

中国の黄河流域でも，エジプト，メソポタミアと同じくらい大昔から文明が栄えていた．BC1300年代の殷墟から出土した甲骨文史料（図1.5）によれば，殷王朝（BC1500–1000頃）では獣骨や亀の甲の上に種々の事象を刻んで占いを行なっていた．その中に暦日や月食記事も記されているから，この時代よりかなり以前から古代中国では天文学が芽生えていたことが想像される．

中国の宇宙起源論は，『淮南子』という書物（BC2世紀頃）に記された説が後世に伝わっている．その説によれば，宇宙は初め混沌とした形ないものであったが，やがて清気と濁気とが分離し，清気は上昇して天となり，濁気は凝縮して大地を形作ったという．戦国時代末（BC3世紀）から前漢，後漢（BC2–AD2世紀）にかけては，天文学と宇宙の構造についての学問が盛んになった時代であっ

図 **1.5** 殷墟から出土した甲骨文（獣骨）中の日月食記事．解読された文は，(左)「旬壬申月有食」，(右)「癸酉貞日夕又食」と読める．壬申と癸酉は，日の干支である．

た．180年頃に蔡邕（132/3–192）が皇帝に献上した上奏文によると，当時の中国では蓋天説，渾天説，宣夜説の3種の宇宙観があったと書かれている．

三種の宇宙論
(1) 蓋天説

　この宇宙観は初期の発展段階である天円地方説と後に渾天説に影響を受けたと思われる蓋天説からなる．これらは『周髀算経』という名の古い算術書（1世紀の初めに成立）に載っているものである．「表」（西洋ではノーモン，gnomonという）と呼ばれる棒を地上に垂直に立てて，その影の長さによって太陽の高度変化を測定する天文観測法が基礎になっている．

　たとえば，「太陽高度がもっとも高い夏至の時の正午に，高さ8尺の表でできる影の長さが周の都（鎬京：緯度は約34度）では1尺6寸，1000里北に移動すると1尺7寸になる」という古代からの観測の言い伝えがあった（千里一寸の説）．これを基にして，太陽が運行する天と大地とは平行であると考えて，比例関係と直角三角形のピタゴラスの定理から天地の高さは80000里（日本の1里4 kmが中国里で56里に相当するとすれば約5700 kmになる），夏至の太陽が天の北極を中心に天を巡る半径は119000里，北極直下点と周都の距離は103000里などと計算した．天円地方というのは，天は回転するので円，不動な大地は東西南北の四角形という考えからきている．

　天と大地が平行であるとする初期の考えは当然ながら観測事実に合わないことも多かったので，後に渾天説の考えを入れて天と地は湾曲しているというモデルに改めた．蓋天とは傘のように真中が高くなった宇宙という意味である．ふくらみのもっとも高い点が天の北極（天中）で，太陽は天中を中心に夏至の時は最小の半径で，冬至のときは最大の半径で天を巡る（図1.6）．図に示すように，周の都は北極直下点から離れているから，周都の地平線より下に太陽が位置するかどうかで昼夜の別が起こる．また，太陽が南北に移動することで季節の移り変わりと太陽高度の変化が生じる．半球状の天と大地の間は架空の大洋が隔てている．なお，図に示された里数の数値は厳密なものではない．もともとこれらの数値は天と地が平行であるという仮定で計算されたものだからである．

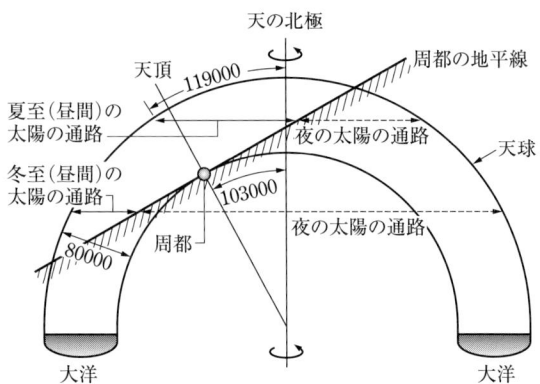

図 **1.6** 後期の蓋天説による宇宙モデル．半球状宇宙の断面図を示す．図中の数値の単位は中国里である．

(2) 渾天説

　この説は天が鶏卵の殻のような"渾天"（大きな丸い天球の意味）で，大地は黄身のようにその中心にあるという宇宙像である．大地は平坦と考えたらしい．渾天説は BC 数世紀頃から行なわれていたらしいが，文献に現れるのは，1 世紀に書かれた張衡による『霊憲』が最古である．天を球と見なし，各地点の緯度に応じた地上高度の点（天の北極）を中心に，日月，星は天を旋回する．太陽が通る道筋（黄道）と天の赤道は 23.5 度傾いて交わるから，夏には太陽は北のほうに移動して，地平線の上に出る部分がより長い円弧で地平線上を巡り，冬至には地平線上の円弧の長さが最小になる．黄道が赤道と交わる点が春分点，秋分点である．この考えは現代の球面天文学における理解とほとんど違いはない．ただし，天も太陽も，回転によって大地の下にあると想像された大洋の中を毎日通り抜ける必要があり，これが渾天説の不自然で唯一の弱点と考えられた．

(3) 宣夜説

　この説を述べた学派の宇宙観は史料が散佚してしまっているので詳しいことは不明で，張衡より後の人が簡単に言及しているにすぎない．東晋の虞喜(ぐき)(281–356) は，宣夜説にもとづき『安天論』を著わした．この宇宙観によれば，天は無形質であり，日月惑星，星々は自由で無限の空間に浮かんでいるのである．宇宙の無限性や形質を持たないとする点から道家や仏教の影響があるとされてい

る．宣夜説は近世の3次元的な見方に通じるように見えるが具体性はなく，後に述べるギリシアの幾何学的宇宙観とも大きく異なっている．

蓋天説は6世紀以降はほとんど顧みられなくなった．この後，中国では宇宙論の発展はなく，精密な暦を作ることを唯一の目標とした代数的な計算天文学に終始した．

中国の暦思想

古代中国の暦も太陰太陽暦であるが，それは日付を数える単なるカレンダーではなく，もっとずっと重要な意味を持っていた．中国には太古の時代から，支配者たる皇帝は天の意思を受けて政治を行なう（観象授時）という伝統的な政治思想があり，"天人相関の説"とも称される．そのため，王朝の交替時には新たに天命を受けたことの証拠に，暦を含む諸制度を改めることが実施された（受命改制）．とくに暦法の改訂は国家の大典としてもっとも重要視されたのである．政治主導の特異なイデオロギー的宇宙観と呼ぶこともできよう．

殷代の甲骨文に記された暦日の存在から，当時暦を計算する何らかの暦法があったことは疑いないが（図1.5参照），大小の月（29日と30日）の配置や閏月を置く規則はまだ確立されていなかった．太陰太陽暦が一応の完成をみるのは戦国時代のBC4世紀で，四分暦と総称される．これは1年の長さを365日4分の1としたことによる．十九年七閏の法も使用された．

1.5 インドの宇宙観

観念的宇宙観

インダス川流域に起こったインダス古代文明もBC2500–1500年まで遡ることができる．

しかし，他の古代文明の宇宙観と比較すると，インダス文明の宇宙観は，科学という観点からは，統一性，具体性を欠き，非常に観念的である．バビロニア宇宙観の影響も断片的に混じっているらしい．ここでは，一番古いBC15–BC7世紀に書かれた一連の宗教文書である『ヴェーダ』(*Veda*) の宇宙観と，ヒンドゥー教，ジャイナ教，仏教・密教（この3者はBC5世紀以降のもの）の宇

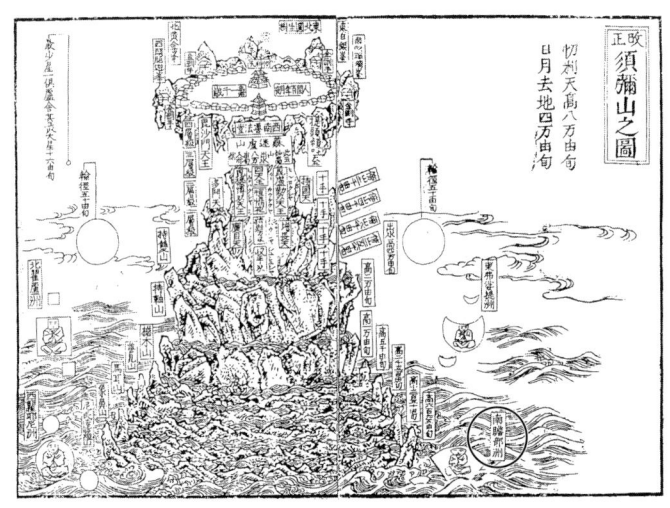

図 1.7 仏教天文学に見られる須弥山の図．右下の丸で囲んだ大陸が人間が住むとされる「南瞻部州」．日本まで伝来し時代が下がるにつれて，想像上の地形と地名とがいろいろつけ加えられていった．

宙観に共通する特徴を簡単に紹介する．

　共通する基本的な構造は，地が天と地下の地獄とに挟まれているという 3 層の世界・宇宙観であり，仏教宇宙観がその典型である．宇宙の大きさと変化の時間を記述する数値は，非常に大きな数字がたくさん出てくるが，それらの多くは現実世界とは関係がない．そして，破壊と再生が周期的に起こるのである．後期の宇宙像では少し具体性を帯びてくる．すなわち，宇宙の軸とも言うべき巨大な山（中国仏教では須弥山，ヒンドゥー教ではメール山）が中央にあり，その回りに 7 重の山脈が取り巻く，あるいは東西南北に 4 つの大陸が大海の中に配置される世界である．人間が住むのは南の大陸（南瞻部州）で，日月，恒星はこの巨大山の周囲を巡って，昼夜と季節の変化が起きる．巨大山ですぐ思い浮かぶのはヒマラヤ山脈であるが，古代インド人はヒマラヤは巨大山の麓にある別物と考えていたらしい（図 1.7）．宇宙を形づくる元素物質は，ある場合は水であり，他の場合は空気，火，水，土とエーテル（3.1 節参照）の 5 元素であった．

二十八宿星座

ヴェーダの時代からインドでは二十八宿と称する星座（ナクシャトラ，nakshatra）が行なわれた[7]．月の運行と関係があり，占星術で重要な役割をしたとされる．インド二十八宿のほとんどは現在の星座と対応づけることは困難だが，第1番目の星宿がすばる（プレアデス星団）だったのは確からしい．

これらインドの素朴な宇宙観は，近代に至るまで大きく改められることはなかった．しかし，そのために数理科学におけるインド文明を過小評価すべきではない．10進法を用いた最初の位取り記数法による計算法（3–5世紀），数字としてのゼロの発見（6世紀半ば，マヤ文明もゼロを用いた）や，三角関数の発展（9世紀）がインドでなされたことを忘れてはならないだろう．

1.6　新世界の古代宇宙観

マヤ文明とインカ文明

南北アメリカにも，古くから天文学を発達させたマヤ文明とインカ文明があった．マヤ文明とは，メキシコの南東部，ユカタン半島，グアテマラなどの地域（マヤ地域と呼ばれる）に，BC1500年頃から起こった古代文明で，巨大なピラミッド神殿と大きな石碑が特徴の都市を建設したことで知られる．とくに300–900年の最盛期には，メソポタミアや中国古代の文明に匹敵する高度な暦と天文学が行なわれた．マヤの暦は，石の碑文にマヤ文字と呼ばれる象形文字を用いて20進法による数字で記されており，最古の石碑は292年まで遡る．

マヤの暦の1年には，260日のツィオルキン（神聖年）という宗教上の1年と，365日のハアブ（世俗年）と呼ばれる太陽年の2種類があり併用された．さらに，歴史的記録のための長期計算暦と呼ぶものもあった[8]．使用された朔望月（月の満ち欠け）と太陽年の長さ，金星の会合周期の値は非常に正確で，たとえば，朔望月の周期は，81朔望月 = 2392日のような形で与えられていた．

---

[7] 文献によって二十七宿とするものもある．月が星々の間を1周する周期が27.32日なので，二十八宿と二十七宿の両方が生じたのだろう．二十八宿は中国にもあり（二十八宿という言葉自体は中国の呼称），インドから伝来したと主張する研究者もいる（第16章参照）．

[8] 青木晴夫：『マヤ文明の謎』，第5章，講談社現代新書 (1984)．

図 1.8 ナプタプラヤ（エジプト）の環状列石．大きさは約 6 m×7 m，周辺にある古代の焚き火の炭素年代測定では，BC5000–6000 年頃の遺跡とされる．

これは 1 朔望月 = 29.5309 日に相当し，現在の正しい値（脚注 5）と比べても 20 秒ほどしか違わない．金星の会合周期についても，6000 年に 1 日程度の誤差で決定されていたという．

また，インカ文明には古代の太陽観測所が存在したことが最近明らかにされた[9]．ペルー沿岸部（チャンキロ）の丘に並んで建てられた 13 の塔からなる古代遺跡である．インカ人の先祖は 2200 年前頃からこの施設を利用しており，各塔はそれぞれ太陽の年間の日の出・日の入の方位に対応していた．太陽観測所は，インカ人の強い太陽信仰と関係が深いらしい．

巨石天文遺跡

最後に，英国のストーンヘンジ，フランス・カルナック地方の環状列石，列状列石などに代表される，いわゆる巨石文明が築いた天文遺跡について簡単に触れておく．ストーンヘンジは BC2500 年頃から建設が始まった遺跡と推定される．列石の配置が天体の季節による出没方位に一致する場合が多いため一般に天文観測所とされるが，祭祀目的や埋葬の施設という性格がより強かったようだ．ピラミッドの建造時代以前のエジプトにも，配列の方位が意味を持つと考

---

[9] Ghezzi, I. and Ruggles, C.: *Science*, **315**, 1239 (2007).

えられる，似たような環状列石がナイル川の上流ナプタプラヤ (Nabta Playa) で見つかっているから（図 1.8），列石は天文学が誕生したごく初期の一般的な形態の 1 つだったのかもしれない．（中村士）

2 天文学の発祥と地球環境

　天文学史の多くの本では，人類史上天文学が最古の学問の1つだと書いている．にもかかわらず，天文学の発祥については何も述べず，最初から太陽・月の数理的な運行規則や星座の体系が存在していたかのように記述を始めている本がほとんどである．しかし実際には，科学としての天文学が生れるかなり以前から，天球上の天体に強い関心を向け理解しようと努めた前段階の時代があったにちがいない．本章は，天文学が誕生した原因とその初期の状況を推測した，いわば試論である．

　前章では，古代の四大文明とされるエジプト，メソポタミア，インダス，中国華北の黄河地方ではいずれも，4000–5000 年前頃からかなり進んだ天文学を発達させていたことを述べた．四大文明が起こった黎明期には少なくとも，それらの地域は地理的にかなり隔絶していたから，お互いに文化交流はなかったと考えられる——第1章にも述べたように，各文明がそれぞれ独自の特徴ある天文学と宇宙観を有していたことが，互いの文化交流がなかったことの間接的証拠とも見なせよう．その一方で，四大文明の地においてほぼ同じ時期に申し合わせたように天文学が誕生したのはなぜだろうという疑問が起こる．天体などに興味を持たない古代文明が1つくらいあってもよかったのではないか．

　本章では，次の2つの論点，(1) 四大文明がいずれも天文学を発達させたのは偶然か否か，(2) 四大文明における天文学の誕生時期がみななぜ約 4000–5000 年前なのか，に関して，1つの仮説としての答えを与えてみたい．

2.1 古代文明の誕生と気候変動

古代文明は，「農業革命」と「都市革命」という 2 つの段階を経て発展したという説が近年よく唱えられる[1]．考古学的な発掘資料によると，新石器時代の約 1 万年前頃，近東地方にいた人類は初めて狩猟・採取の生活を止めて定住し，穀物の栽培と家畜の飼育を始めたため，農業生産性が高まり多数の人間を養うことが可能になった（農業革命）．その結果として，人口が集中した都市の誕生，貧富の差にもとづく支配者と被支配者・奴隷の成立，生活のためだけに働かなくてよい聖職者，知識階級，高等遊民が生じ，それに伴い芸術や科学・哲学などの文化も生れたと考えられる．これが都市革命と称される都市文明の誕生である．天文学も当然，都市文化の 1 つとして生れたのだろう．

上に述べた四大文明の誕生を，共通な原因に求める説がある．東京大学の気候地理学者だった鈴木秀夫は『気候と文明・気候と歴史』(1978) という小冊子[2]の中で，約 5000 年ほど前に四大文明がそれぞれの大河のほとりで生れたという事実を"統一的"に説明する説を発表した．鈴木の論旨は次のようなものである．約 1 万年前に最後の氷河期が終わった後，8000–5000 年前の期間，地球はヒプシサーマル期 (Holocene climatic optimum, hypsithermal) と呼ばれる高温期にあった（日本では縄文海進と称する時代に相当する）．世界的に今より年平均気温が少なくとも 2°C ほど高く，考古学的な証拠によれば，サハラ砂漠はほぼ全域が緑の草原で覆われ，部分的には森林や川・湖沼が発達した場所さえあった．ところが，地域により多少前後するが，約 5000 年前からしだいに寒冷化と乾燥化が始まった．その原因は，夏季の降水をもたらす汎地球的な赤道西風[3]（この北側が乾燥する）がなぜか南に移動してしまったのが主な

---

1) たとえば，安田喜憲：『気候と文明の盛衰』，朝倉書店 (1990)．安田喜憲・川西宏幸編：『古代文明と環境』，思文閣出版 (1994)．安田喜憲：『大河文明の誕生』，角川書店 (2000)．『伊東俊太郎著作集，文明の画期と環境変動』，第 9 巻，麗沢大学出版会 (2009)．
2) 鈴木秀夫・山本武夫：『気候と文明・気候と歴史』，朝倉書店 (1978)．鈴木秀夫：『第四紀研究』，第 13 巻 3 号 (1974) もある．
3) 南北両半球の貿易風が合流する領域は赤道収束帯 (Intertropical Convergence Zone: ITCZ) と呼ばれる．この収束帯の内側の対流圏下層を吹く風が赤道西風である．赤道西風帯は降水が活発な領域で，気候学的に重要である（吉野正敏：『気候学・気象学辞典』，二宮書店 (1985)）．また ITCZ は，気象衛星の写真を数年間にわたって合成すると，夏季には明白な雨雲の帯として見えて

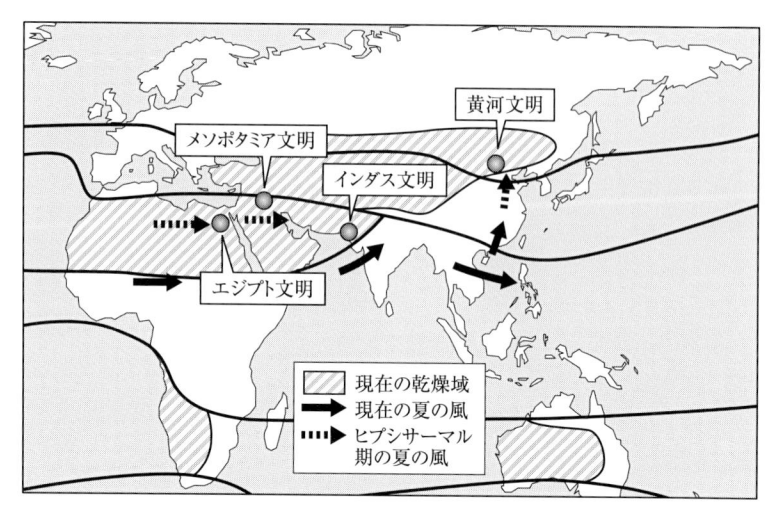

図 2.1 ヒプシサーマル期および現在の赤道西風と乾燥地帯.

原因であるという（この移動の原因はまだ特定されていない）．そのために，図 2.1 で分かるように，古代の四大文明の地はみな，乾燥域に変わってしまった．

その結果，それまでは季節を問わず農作物を自由に入手できた草原の民や牧畜民が，乾燥化のために水を求めて大河の中・下流域に逃げ込み，すでに定住していた農耕民と接触した（この頃人類はすでに農耕時代に入っていた）．大河とはもちろん，ナイル川，チグリス・ユーフラテス川，インダス川，黄河である．この乾燥化は，流入した過剰人口を奴隷や労働者として利用する，大河のほとりでの大規模な灌漑農業の発展を促し，その支配者としての王族や覇者，神官や知識階級を生み出した．これが都市文明の誕生である．

このように，比較的簡単な原因とメカニズムで四大文明の誕生をみごとに説明する鈴木理論は分かりやすく魅力的であるが，鈴木の説が出た当時，環境が歴史を決定するという見方にほとんどの専門家は否定的であった．しかしその後，地球環境問題や温暖化に対する意識の高まりも手伝ってか，鈴木説は評価されるようになった[4]．

くる（新田勍：『熱帯の気象』，東京堂書店 (1982))．

4) 最近，鈴木は新しい著書（『気候変化と人間：1 万年の歴史』，大明堂 (2000)) の中で，考古

2.2 天文学誕生の環境条件

ところで，この鈴木理論を仮定すれば，本章の初めに述べた古代文明における天文学発祥の2つの疑問点もうまく説明できることを以下に述べよう[5]．気象データを持ち出すまでもなく，曇りがちだったり雨の多い湿潤な気候では，日月，惑星を空に見る機会も少なく，人びとは天体に関心を持つこともあまりなかっただろう．それに対して，寒冷化・乾燥化が進んでくれば，澄んだ夜空に星々を見るチャンスは確実に増える．それまでが天気が悪い時代だっただけに，当時の古代人にとって，夜ごと空に見える天体の姿はより印象的だったのではないだろうか．

それに加えて，天体を継続的に観測するもっと積極的な理由が他にあったはずだ．寒冷化し乾燥の度合いが強まると，農作物の生育は季節に強く依存するようになる．灌漑による水や肥料が必要になるばかりでなく，それらを1年のうちのいつ施すかが重要になる．また，増えた人口を養うためにも，収穫の多い効率的な計画農業が求められる．おそらくこの時代に人類は，農作物の播種，育生，収穫の時期と太陽が原因である季節の遷り変りの間に，はっきりした相関があることに気づいたのだろう．相関があるという認識が生れれば，日月，惑星の動きを注意深く観測して，その運行の規則性を追究しようとするのは自然の成り行きである．また，規則性や周期がある程度確立された後では，さらに精度を上げるために長期間観測を続けるという目標ができるから，観測のための天候条件はあまり問題にならなくなったであろう．このことは，明確な目標を持った近世の天文学がけっして天気が良いとはいえないヨーロッパで発展したことを見てもうなずける．

つまり，ヒプシサーマル期の後に始まった寒冷化と乾燥化は，空の条件が天文観測により適するようになったことと，計画的な農業生産に対する社会的な要求の両方の面で，ある程度必然的に天文学を誕生・発達させることになった

学的気象データを大幅に拡充し，過去1万年の世界各地の気候と人類の歴史の関係について1000年刻みで詳細に議論しているが，1978年の著書で鈴木が述べた四大文明の発祥に関する結論は基本的には変わっていない．

5) 中村士：「天文学の発祥と地球環境」『天文月報』，第100巻，No.12, 663 (2007).

と考えられる．逆に，食糧が苦労なく入手できた時代には，天文学は必要なかったともいえるだろう．季節に依存する農業生産と天文学との関係は，後者の発祥に関して従来からも指摘されてきた[6]．しかし，天文学の誕生が，なぜ四大文明の地で共通して起こり，しかもそれがほぼ同じ頃（4000–5000 年前）だったのかという問いと，上に述べたような解釈は従来あまり議論されたことはなかったと思う[7]．

なお，新大陸の古代文明における天文学についても一言触れておく必要があるだろう．中米のマヤ文明は 20 進法を基礎に，メソポタミアの数理天文学に匹敵するほど精密な太陽年，朔望月，金星の会合周期などを決定していたことは前章で紹介した．マヤ文明の天文学が，ヒプシサーマル期以後の寒冷化・乾燥化が原因で起こったとは残念ながら考えにくい．マヤ文明の中心地域は現在，熱帯雨林の低地にあり，天文観測に適しているとはとてもいえないし，BC1500 年頃にまで遡る中米の古代文明（オルメカ）の時代が寒冷で乾燥した状態にあったかどうかはまったく不明である．時代的に見ても，マヤ文明の天文学は四大文明のそれより 2000 年近く遅い．あるいは，新大陸の古代天文学の場合，インカ文明における太陽信仰（1.6 節）などのように，四大文明の場合とは天文学誕生の原因が異なっていた可能性も考えられる．

2.3 二十四節気の起源

二十四節気とは立春や春分のことで，現在でも広く使われる（表 2.1 参照）．しかし本来は，中国の太陰太陽暦（旧暦）では，ときどき閏月が入るために季節と暦日が 1 カ月ほどもずれる不便を補う目的で，季節の目印として考え出されたものである．その起源は非常に古く，二十四節気の名称のいくつかはその成立当時の気候を表わしていると想像するのは自然であろう．そのことを確か

---

6) たとえば，A. Pannekoek は *A History of Astronomy* (1961) の中で，農業と暦について 1 章をさいているが，農業からの要求が季節変化の元である太陽運行の研究を促したとする常識的な観点を述べているにすぎない．
7) 赤道西風の発見は 1945 年だから（鈴木『気候と文明・気候と歴史』），少なくともこれ以前，あるいは鈴木の理論以前には，本章で展開したような視点での議論はありえない．

表 2.1 二十四節気表（『漢書律暦志』による．太陽暦は『理科年表』(2006) を用いた）

節気名	旧暦	太陽暦	節気名	旧暦	太陽暦
立春	正月節	2月4日	立秋	七月節	8月8日
啓蟄	正月中	2月19日	処暑	七月中	8月23日
雨水	二月節	3月6日	白露	八月節	9月8日
春分	二月中	3月21日	秋分	八月中	9月23日
穀雨	三月節	4月5日	寒露	九月節	10月8日
清明	三月中	4月20日	霜降	九月中	10月23日
立夏	四月節	5月6日	立冬	十月節	11月7日
小満	四月中	5月21日	小雪	十月中	11月22日
芒種	五月節	6月6日	大雪	十一月節	12月7日
夏至	五月中	6月21日	冬至	十一月中	12月22日
小暑	六月節	7月7日	小寒	十二月節	1月5日
大暑	六月中	7月23日	大寒	十二月中	1月20日

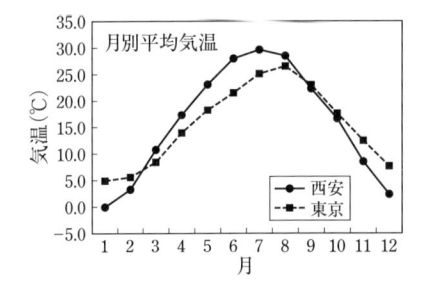

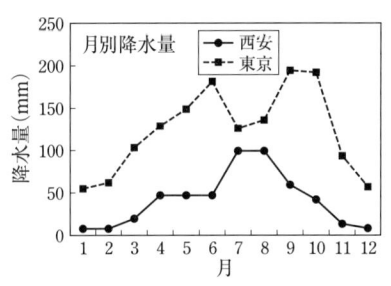

図 2.2 西安と東京における月別平均気温と降水量（『理科年表』(1980) から作成）．

めるために，中国古代文明発祥の地を代表させた西安と東京における近年の月別平均気温と降水量とを，『理科年表』を用いて比較してみた（図 2.2）．

横軸の月は太陽暦で，東京の値は 1950–1980 年の平均値である．立春 2 月 4 日頃の平均気温は東京が約 5°C なのに対して西安では約 2°C であり，少なくとも 3 月半ば以前は日本より暖かくはならないことが分かる．実際の季節と二十四節気の名称が合わない例として「啓蟄」がある．これは地面が暖まり冬眠の虫が地面から這い出す時節を意味する[8]．表2.1 によれば太陽暦の 2 月 19 日頃だが，日本ではこの頃は春は名ばかりで，地中の虫などまだ姿を見せない．ま

---

[8] 能田忠亮：「東洋古代に於ける天文暦法の起源とその発達」，日本学士院編：『明治前日本天文学史』，井上書店 (1979)．

して，日本より気温の低い西安では虫が現れるのはずっと後の時期だろう．同じように，雨水（3月6日頃）は雨が降り出す時期の意味だが[9]，図2.2（右）を見れば，この季節の西安では真冬同様に雨などほとんど降らないことが分かる．このように，二十四節気の名称と実際の季節とは相当ずれている場合がある．これは昔の名称が不正確なだけか，あるいは別に原因があったのだろうか．

この矛盾を解決する1つの方策として，二十四節気が誕生した頃の気候は現在とは違っていたのかもしれないと仮定してみよう．実際，そのような違いを示唆する考古学的証拠はかなり以前から報告されていた[10]．

二十四節気とは，1年を等分した12個の節気と，各々の節気の中間点である12個の中気を合わせた総称である．本来は二十四気と呼ぶのが正しいが，ここでは慣例にしたがって二十四節気としておく．

後代，二十四節気は，太陰太陽暦で閏月を置く規則（置閏法）に関連して非常に重要な役割をするが[11]，ここで議論するのは二十四節気が確立される以前の話である．能田忠亮によれば[12]，二十四節気が歴史上初めて完全に記載されたのは『漢書律暦志』（後漢の班固による）であり，その一覧と現行の太陽暦とを対照させた表を表2.1に示す．

現在の二十四節気の順序と比べると，啓蟄と雨水，および穀雨と清明の順番が入れ違っていることに注意してほしい．ちなみに現在の二十四節気の順序になったのは，『漢書律暦志』より後の四分暦からで，四分暦の撰者が何らかの意図で変更したらしい[13]．今は二十四節気の起源を問題にするから，表2.1の順序で議論を進める．

二十四節気が，中国古代のある時期に24個が全部そろって突如として出現したのではないことは，常識的に考えても理解できるだろう．実際，たとえば

---

9) 能田，前掲書．
10) アンダーソンは『黄土地帯』(1942)の中で，仰韶（ヤンシャオ）附近で発掘された土器の底に稲モミの圧痕があったことから，この地域では当時稲作が行なわれていたと推定した．仰韶文化は5600–6000年前に遡る華北の古い文明である．この稲モミの報告自体は後に否定されたが，1970年代から古代華北の気候が現在の気候と大きく異なっていたことを示す考古学的な発掘の成果や著作がいろいろ現れはじめる．
11) 藪内清：『中国の天文暦法』，第3部，平凡社(1969).
12) 能田忠亮：『周髀算経の研究』，東方文化学院京都研究所研究報告第3冊(1933). 同：『礼記月令天文攷』，東方文化学院京都研究所研究報告第12冊(1938).
13) 能田，前掲書(1933, 1938).

『礼記月令』(秦時代の呂不韋の作) には二十四節気の名称のうち13個のみが記されていて，二十四節気の成立途上の史料であることを示している[14]．また，後世の中国文献にも，"古暦に二十四気無し"（萬斯大「学礼質疑」）とか，"古暦ただ八節有り．後世乃ち二十四気有り"（江永「群経補義」）などと書かれているから，昔の中国でも二十四節気は時代とともに整備されてきたと了解されていたのである．

　二十四節気の中で，八節に相当する二分二至（春分，秋分，夏至，冬至）と四立（立春，立夏，立秋，立冬）は，表（ノーモン）という天文観測器具（1.4節参照）を用いて夏至と冬至の日を観測した結果，太陽の運行の周期性がかなり確立されてから後のもので[15]，それ以前には，気象や動植物に見られる身近な現象によって季節変化の規則性を認識した段階があったと考えるのが自然だろう．たとえば，江戸時代の本居宣長は『眞暦考』（天明2年，1782）の中で[16]，中国から暦が導入される以前の我が国には，上代から，「此の木花さく，この草生い出る，鳥のゆきかう，蟲の穴にかくれ出るなど，すべて天地のうらにおりおりに従ひて移りかわる物によりて定めたる暦あり」，それを眞の暦と名づけたと述べている．古代の日本にそのような暦が実在したかどうかは疑問だが，科学的な暦が誕生する以前には宣長の唱えたような自然暦が前段階としてあり，それが二十四節気の原形をなしていたことは充分考え得ると思う．

　気象庁などではこれらを生物季節と呼ぶようだが，中国では，生物季節だけでなく，気象，農学，民族行事，経済活動まで含めた季節変化を"物候"と称して，それを記録・研究する学問，「物候学」(phenology) が非常に早い頃から成立していた．したがって，その中の現象名や概念のいくつかが，成立途上の二十四節気の名称に取り込まれたのではないかと筆者は想像している．しかし，表2.1の名称のうち，気温や降水量に直接関連づけられそうなものは啓蟄と雨水だけだから，以下ではこの2気を中心に話を進める．

---

14)　能田，前掲書 (1933, 1938)．
15)　前漢の算術・天文書「周髀算経」には，二十四節気におけるノーモンの影の長さが記されているが，冬至・夏至以外は観測で求めたものではなく計算上の数値と理解されている（脚注の8, 11 を参照）．
16)　本居宣長著，大野晋・大久保正校訂，「眞暦考」：『本居宣長全集』，第8巻，筑摩書房 (1972)．

図 2.3 甲骨文に現れた「象」の文字.

啓蟄と雨水

中国の過去 5000 年におけるさまざまな物候学的記録を集め系統的に調べたのは中国科学院の竺可禎(じくかてい)(1890–1974) だった[17]．その結果，彼は 5000 年の最初の約 2000 年，つまり仰韶文化から殷墟の時代の年平均気温は現在より約 2°C 高かったと結論した．この結論は，2.1 節で述べたヒプシサーマル期にまさに対応していることが分かる．西安地方が現在より温暖だったことの証拠として，竺は次のような事例をあげている．半坡遺跡や殷墟のある安陽からは，ノロ，竹ネズミ，バク(バンボー)，水牛など亜熱帯性の動物遺骨が出土しているが，現在この地方でこの種の動物は生息できないこと，殷時代の卜占に使用された甲骨文には，実際の象の形に近い象の甲骨文字（図 2.3）とともに象が捕獲された記事が見えること，昔この地方は"豫州"と呼ばれたが，人が象を引っ張る姿を「豫」の字によって表わしたためであること，植物についても，竹の炭化化石や竹文様の土器，多数の竹簡の出土など，当時竹類や梅が繁茂していたこと，この地は二期作の地と書いている初期の文献があること，などをあげて，やはり当時は今よりかなり平均気温が高かったことを論証している．とすれば，表 2.1 に示すように，太陽暦 2 月 19 日頃に地中の虫が這い出す啓蟄が起こったことは充分考えられる[18]．また，2.1 節で述べたようにヒプシサーマル期は雨を運ぶ赤道西風が強かったから，3 月 6 日頃すでに雨が降りだし，雨水の季節と呼ばれていたとしても不思議ではない．

[17) 邵国儲：『地理』，第 20 巻 3 号, 114 (1975). 中国科学院の竺可禎が『中国科学』(1973 年 2 月) に書いた中国の気候 5000 年来の変化の要約. 竺可禎・宛敏渭, 丹青総合研究所編訳：『物候学』(1988).

[18) 啓蟄の虫がどんな種類かは分からないが，カブト虫やクワガタの幼虫のたぐいだったのではないだろうか．もしそうなら，温暖期の華北には，これらの昆虫がつく広葉樹も当然生育していたと思われる．なお，2007 年 3 月 8 日の TV ニュースでは，おそらく地球温暖化による異常暖冬の影響で，カブト虫・クワガタの幼虫が例年より 2 カ月も早く冬眠から覚めて動きだしたことを伝えていた．

2.4 甲骨文に現れた気候変動と中国天文学の誕生

前節で，啓蟄と雨水という名称はヒプシサーマル期の名残ではないかという説を述べた．その後に起こった寒冷化・乾燥化の影響は甲骨文史料の中にも見られる．

甲骨文とは卜占のための文で，大部分が「日の干支，占い事象の説明，質疑」という形式を踏んでいる．占者の名前と月名を記したものもあり，それによって，武丁など，占い文が書かれた時の王の名前が同定でき，当時の原始的な暦の内容も推定できた．董作賓 (1895–1963) が著わした『殷暦譜』(1945) は，その解釈が全面的に支持されているわけではないが[19]，甲骨文から殷時代の暦の復元を試みた歴史上きわめて重要な著作である．

米国の中国学者ウィットフォーゲル (Karl A. Wittfogel, 1896–1988) は，彼の時代に利用できた約 15000 点の甲骨片（現在では 10 万点以上を数える）から，月名が記載されていて気象に関係ある 300 余の項目を抽出し，殷時代の気候について統計的研究を初めて行なった[20]．ウィットフォーゲルが使用した甲骨史料のカバーしている期間は，殷時代の 200 年以上に及ぶ．以下にウィットフォーゲルが得た結果を要約してみる．

まず，気象に関連した記事では雨に関するものがもっとも多く，しかもその大部分は雨に対する予想や祈願の占文だった．それを月別に集計してみると，1月15％，2月13％，3月15％で，年初の3カ月だけで43％に達していた．これは，1–3月は雨が降らないために雨乞いの占いをしばしば行なっていたことを意味し，ヒプシサーマル期の後の寒冷・乾燥化が始まっていたことを物語っている．しかし，雪に関する占文が1例しかないことや，農作物の出来不出来，亜熱帯性の動植物についての記述などから，甲骨文が書かれた時期は，気候が現在の状態に近づきつつあったが，殷代の後期でも今よりはいくぶん温暖で雨

---

19) 藪内，前掲書．
20) Wittfogel, K. A., *Meteorological Records from Divination Inscriptions of Shang* (1940). 『満鉄調査月報』, 第 22 巻 5 号 (1942) に,「商代卜辞に現れた気象記録」として訳文が掲載されている．

もまだ多かったと結論づけている[21]．

　上に述べたような状況から，甲骨文が書かれた殷代の数百年間が，中国天文学が誕生する過渡期として非常に重要な期間だったと考えるのが妥当であろう．つまりこの頃，温暖湿潤だったヒプシサーマル期から，気候は人類にとってあまり好ましくない方向に進み始めていた．人びとは計画的で効率の良い農業を模索する必要に迫られた．ふと見上げると夜空は澄んでおり，父や祖父の代には見ることが少なかった月，惑星，星々が輝いていた．しだいにそれらの運行の規則性と季節変化との関連に注意を向けるようになり，その結果，やがて最初の科学的な天文学である二十四節気や二十八宿星座の原形が生れたと想像されるのである．この時代には二十四節気がまだ完成からほど遠かったであろうことは，藪内が「立春を含めた十二節気の名称が甲骨文には見られない」[22]と述べていることからも支持される．しかし，少なくとも啓蟄と雨水に対する概念は，それよりだいぶ以前の温暖期に形成されていたと推測されることはすでに述べた．

　以上，本章で議論したように，少なくともユーラシア大陸の古代文明における天文学の起源に関しては，ヒプシサーマル期以後の寒冷化・乾燥化が共通な原因になっていた可能性が高いと結論できよう．（中村士）

---

21)　Wittfogel, *ibid.*
22)　藪内，前掲書．

3 ギリシアの宇宙観
天動説と幾何学的宇宙

　古代ギリシア人が生み出した天文学と宇宙観は，遠く現代にまで影響を及ぼしている．彼らの宇宙に対する初期の関心は BC8 世紀頃まで遡ることができるが，それは他の古代文明の素朴な宇宙観と大きな違いはなかった．ホメーロス（またはホーマー，Homer）やヘシオドス（Hesiod）によって書かれた古代ギリシアの叙事詩には，天文現象が神の出現や意志として描かれている．天球に固定した星々は東から西へ 1 日で空を 1 周し，太陽と月は星座の間をゆっくり東向きに回る．これに対して，水星から土星までの 5 惑星は通常は東向きの運動（順行）だが，時として停止したり（留），逆向き（逆行）に動いたり，不規則で予測できない運動を示す．そのため，ギリシア語では $\pi\lambda\alpha\nu\alpha\omega$ (planeo)，"放浪する"天体と呼び，それが「惑星」(planet) という言葉の語源になった．

3.1　初期の宇宙観

　科学的なギリシア宇宙観で最古のものは，BC5 世紀の密儀的教団，ピタゴラス学派 (Pythagorean) の人びとが考え出した宇宙構造である．この教団は数学・幾何学の分野で有名だが，そのため宇宙は数学的な秩序で支配されている，という強い信念を持っていた（図 3.1）．「宇宙の形と運動はともに，完全な図形である円や球で表現されるべき」だと信じた．教団の人びと，たとえばフィ

ロラオス (Philolaus, BC470 頃–385) は，宇宙の中心[1]を内側から外側へ順に地球，月，太陽，惑星，恒星の球殻が取り巻き，各天体はその上を等速で回ると考えたようである．

　もう 1 人の教団員エクパントス (Ecphantus, BC4 世紀頃) は，大地も球体であり，それ自身の中心の回りに自転していると述べた[2]．恒星天の回転は，地球の自転による見かけの動きにすぎないというのである．地球の自転という考えがこのような初期の宇宙観にはっきり記述されている例はギリシア世界以外にはない．これは，月食のときに月面に落ちる影が丸いことなどから大地が球形であると推定したとされている．しかし本当は，「天体の形は幾何学的に優美な球体であるべし」，という信念が先にあったので，その結果，月食や月の満ち欠けも合理的に説明できたのだと筆者は想像する．なぜなら，古代人にとって，大地の下には巨大な岩や大海が拡がっていると思うほうがずっと自然であろう (1.4 節，中国の渾天説を参照)．とすれば，そのような大地の背後から太陽光で照らされた結果，丸い影が月に映るなどという考えはとうてい起こり得ないと思うからである．また，球形の天体と円運動という幾何学モデルがあったからこそ，月の背後に恒星が隠されるエンペイ（掩蔽）現象や日月食を観察して，月と太陽の遠近関係を知ることができたのだと思う．

図 **3.1** 15 世紀ヨーロッパ中世の木版画に描かれたフィロラオス（左）とピタゴラス．2 人とも楽器を奏でている．これは，音楽の音階や和音が数学的な規則性を持っているため，数学的観点から楽器を研究したことを象徴的に示している．

---

1) アリストテレスによる伝承では，宇宙の中心には "中心火" があり，中心火と地球とを結ぶ線上につねに "対地球" と呼ばれる天体が位置するので，地球から中心火を見ることはできないとした．ピタゴラス学派は「10」を神聖なる数と見なしたため，天体の総数が 10 になるように天体としての中心火を導入したとされる．
2) 後に述べるポントスのヘラクレイデスも同じ説を唱えたとされる．

アテネの大哲学者，プラトン (Plato, BC427–347) の宇宙観は，上に述べたピタゴラス派の宇宙観を借用したものである．天体は同心球の上に貼り付いて等速円運動をなし，その中心には人間の住む地球があるというプラトンの観念論的な宇宙像は，彼の著作『ティマイオス』(*Timaeus*)[3]を通して後々まで人びとが正しい宇宙モデルに到達する妨げとなった．

同心球宇宙

プラトンの弟子であったユードクソス（Eudoxos, BC408 頃–347 頃）が考えた同心球宇宙とは，次のような構造である．一番外側には恒星天の球殻，その内側の 5 惑星と月・太陽にはそれぞれ数個の球殻を割り当て，全部で 27 個もの天球が同心的に"入れ子"になっていた（図 3.2）．同心球の中心には地球が静止している．1 つの惑星に複数の球殻があるのは逆行や留の現象を起こさせるためである．たとえば，太陽を恒星天球の赤道に 23.5 度傾いた黄道上を運動させようとすると，1 つの球殻の回転軸はすぐ外側の球殻に固定されているので，太陽と恒星天の間にあるすべての惑星の回転をまず打ち消すように回転する球殻を考える必要があり，そのため合計 27 個もの天球が必要なのだった．

プラトンのもう 1 人の弟子であったアリストテレス (Aristotle, BC384–322) もピタゴラス派の宇宙モデルを踏襲したが，ユードクソスのような単なる数学的モデルではなく，宇宙を物理的な機構であると見なした点に特徴がある．加えて，彼は天界と地上界とを明確に区別した．すなわち，月から下の世界は 4 つの元素，火，空気，水，土からできていて，そこでの運動は地心に向かうか，離れるかの直線運動である．これに対して，日月，惑星はエーテル (ether)[4]と称する元素でできていて空間もエーテルで満たされている，天上界での自然な運動は永久不滅な一様円運動であると主張した．

異端の説

以上のような宇宙観が古代ギリシアでは広く受け入れられた初期の宇宙観で

---

[3] プラトンによる一連の著作，「対話篇」の中で宇宙観について述べたもので，"自然について"という副題を持つ．主な内容は，現実世界と永遠世界の性質，宇宙の創造と目的，宇宙の特性，4 元素の幾何学的性質，などである．ローマの文人政治家キケロが初めてラテン語に翻訳した．
[4] 古代人が想像した大気外の霊気・精気．有機化合物のエーテルとは関係ない．

3.1 初期の宇宙観 *31*

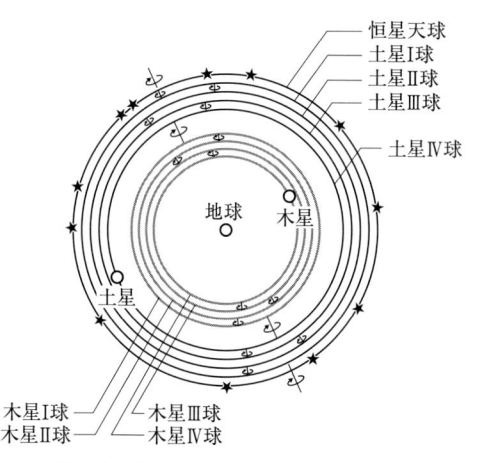

図 3.2 ユードクソスの同心球宇宙モデル．混雑を避けるため，土星と木星のみについてそれぞれ 4 個の球殻を描いているが，実際には他の 3 惑星にも同様な複数の球殻がある．隣り合う球殻は，1 つの回転できる軸でつながっている．

あった．しかしギリシア人は，それらとは違う異端的な宇宙観も容認する柔軟な知的伝統を持っていたことは注目に値する．中央集権的な権力がなく，小さな都市国家ポリスに分かれていた彼らの社会組織によるところが大きかったのだろう．正統的な宇宙観でない例をいくつかあげよう．

サモスのアリスタルコス（Aristarchus, BC310–230 頃）は，太陽が宇宙の中心にあって地球はその回りを公転する，この軌道の大きさに比べれば恒星天までの距離は非常に遠いと考えていた．アリスタルコスはまた，月がちょうど半月のときに月と太陽のなす角度 (θ) を測り，月食の本影の幅と組み合わせて，月と太陽までの距離の比およびそれらの直径の比を求める方法を提案したことでも有名である（図 3.3）．その結果，太陽の距離は月の距離の約 20 倍という値を得た．実際には半月の時がいつかを正確に知るのが難しく，得られた角度 $\theta = 87$ 度はかなり不正確な値だった（本当の値はほとんど直角に近い 89.9 度）．しかし，その着想は幾何学の優れた応用ということができる．

アリストテレスと同時代に生きたポントスのヘラクレイデス（Heracleides, BC390–310 頃）は，惑星と太陽は地球の回りを回転するが，水星と金星だけは太陽の周囲を回るような宇宙モデルを提案したといわれている．

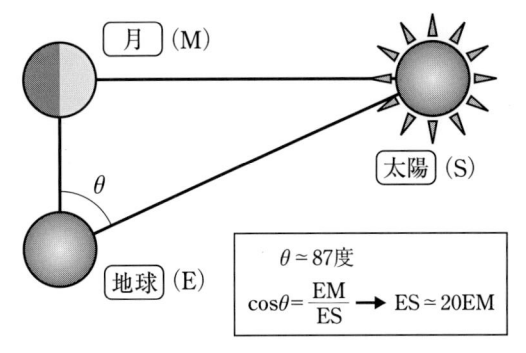

図 3.3 アリスタルコスによる月と太陽の距離比の測定法．月がちょうど半月の時に月と太陽とがなす角 (θ) を測り $\theta = 87$ 度を得た．これから，太陽までの距離は月の約 20 倍と求められた．

異端とされたもう1つの例は，原子論で知られるデモクリトス (Democritus, BC460–370) である．デモクリトスらは，物質を細分化していくともうそれ以上分割できない最小単位（アトム：原子）が存在し，地上の物質や太陽，惑星もこのアトムからできていると主張した．この考えを肯定すると，アトム同士の隙間，つまり真空を認めることになる．だが，空気ポンプなどによる経験が教えるところから，"自然は真空を嫌う"という観念が当時は一般的であったので，デモクリトスはプラトンやアリストテレスから異端視された．しかし，複雑な物を単純な部分に還元して議論する「還元主義」が現代科学のもっとも基本的な哲学的要素であることを考えれば，デモクリトスの原子論思想が今日までいかに強い影響力を及ぼしてきたかがよく分かるだろう．

BC4 世紀後半から，ギリシアの学問文化の中心はギリシア本土からアレキサンダー大王がナイル河口の西側に建設したアレキサンドリア市に移っていた．そこではプトレマイオス朝の庇護のもとに，ムセイオン（Mouseion，またはMusaeum)[5]と呼ばれた大学と図書館・博物館とをかねた大規模な学術研究施設が造られ，ギリシア本土からも多くの学者が集まって，文芸，自然科学，哲学

---

[5] アレキサンダー大王の将軍の1人，プトレマイオスI世が建設したが，このような大図書館の構想はアレキサンダー大王の家庭教師だったアリストテレスに遡る．実際，初期にはアリストテレスの蔵書がムセイオンの図書の中核をなしていた．

などの研究が盛んに行なわれた．上に述べたアリスタルコス，比重に関するアルキメデスの原理で知られたアルキメデス（Archimedes, BC287–212）はアレキサンドリアで活躍した人びとであり，次に紹介するヒッパルコスとトレミー（プトレマイオスともいう）もやはりムセイオンを研究の場としていた．

3.2 地球の大きさの測定

ギリシア人が考えたように大地の形を球形と認めれば，次にはその大きさを知りたくなる．地球の大きさを科学的に初めて測定したのは地理学者で天文学者だったエラトステネス（Eratosthenes, BC276–195 頃）である．ナイル河の上流，アスワン地方のシエネでは，夏至の正午に深い井戸の底を太陽が照らすから，太陽が真上にくることは知られていた．エラトステネス自身は，プトレマイオス III 世に招かれて館長に就任したムセイオンの図書館で，そこに所蔵されたパピルス文書を読んでこの事実を知ったと伝えられる．そこで彼は，シエネのほぼ北方に位置するアレキサンドリアで，夏至の正午にノーモンのような装置を用いて（スカペ式と呼ぶ日時計を用いたとする伝承もある）太陽の高度を測定した．その結果，両地点が地球の中心で張る角度は，地球全周の 50 分の 1 に相当することが分かった（図 3.4）．他方，シエネ–アレキサンドリア間の距離は，5000 スタジアであることが以前から知られていた．よって，地球全周の長さは 25 万スタジアと計算できる．1 スタジア（スタジウム）を現代の長さに換算するとエラトステネスが求めた値は約 3 万 9000 km になる[6]．本当の地球全周は定義によって 4 万 km だから（第 15 章参照），彼の値はわずか 3% の誤差しかない，驚くほど正確な値だったのである．後世に，ギリシアの学者やイスラム学者がエラトステネスの数値を改良することを試みたが，かえって不正確な値しか得られなかった．なお，夏至の日を知るための似たような深井戸が，エジプトから遠く離れたメキシコの古代マヤ文明にも存在していたことは

---

[6] 1 スタジウム = 158 m というエジプト尺を仮定した場合の値（O. ディルク，山本啓二訳：『数学と計測』(1996) による）．なお，この地球の大きさ測定は，2 世紀頃の天文学者クレオメデス（Cleomedes）らが記しているのみで，エラトステネス自身による著作が伝存しているわけではない．また，クレオメデスの場合，この本文の説明とは少し異なった記述をしている．

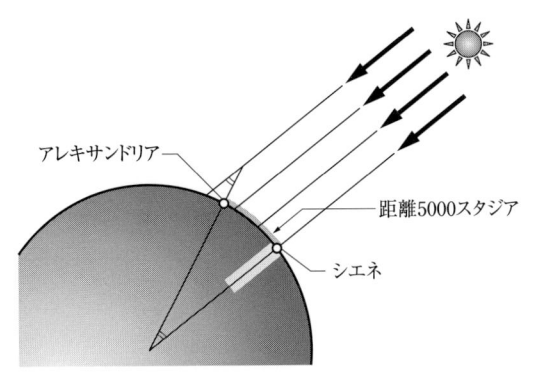

図 3.4 エラトステネスによる地球の大きさの測定法．太陽は充分遠方にあるため，平行光線と見なしている．

興味深い．

3.3 離心円と周転円モデル

上に述べたユードクソスの同心球宇宙で，惑星の不規則な動きを定性的に表現できるようにはなった．しかし同心球モデルでは地球と惑星の距離が一定だから，金星や火星に見られる明るさの大きな変化は説明できなかった．灯火が遠くにあると暗く見えることの類推から，衝のときに惑星がもっとも明るいのは距離が一番近いため，逆に暗いのは距離が遠いためと解釈できる．惑星はまた，もっとも明るく輝く時が天空上の見かけの動きも一番速い．そこでこの明るさの変化を説明する目的で最初に考え出されたのが「離心円」(eccentric circle) である．

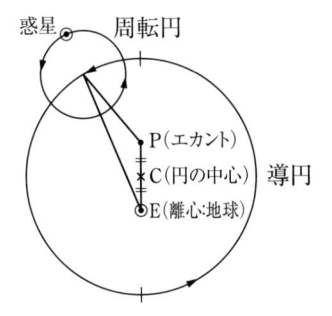

図 3.5 離心円，周転円，導円，エカントの関係．

離心円モデルでは地球は等速円運動の中心にはなく，中心から少しはずれた位置（E 点）に置かれる（図 3.5）．天体が地球にもっとも近づく点が近地点，もっとも遠ざかる点が遠地点である．離心円の場合，近地点付近では円上を天体が等速で回っていても見かけ上速く移動するように見えることになる．このモデルは太陽の運動をうまく表わすことができた．太陽の軌道上で春分点から夏至点の間に遠地点があり，秋分点から冬至点の間に近地点があるとすれば，それぞれの区間での太陽の移動速度の遅速にもよく合うのだった．

　しかし，火星などの運動はうまく説明できなかった．まず，惑星がもっとも近づき明るくなる衝のときの天空上の位置が，離心円モデルでは黄道上のどこか一定の方向に決まってしまう．だが現実には，火星など外惑星の衝は黄道上のどこでも起きるのである．また，離心円では外惑星を逆行させることができない——これがもっとも現実の惑星の運動に合わない点だった．

　そこでこれらの欠点を改良した，「導円」（deferent，従円ともいう）と「周転円」（epicycle）とを組み合わせた惑星モデルが登場した．このモデルでは，惑星は地球を中心に円運動するのではなく，周転円の上を惑星が等速円運動をし，この周転円の中心が地球を取り巻く導円の上を等速円運動をする（図 3.5）．

　これによって，天体が周転円上でもっとも地球に近い点の付近で逆行運動をする現象を説明できた．この離心円と導円・周転円モデルの発案者は，円錐曲線の研究[7]で有名なペルガのアポロニウス（Apollonius, BC260–200 頃）だったらしい．離心円による動きが，周転円と導円の組み合わせの特別な場合であることを，アポロニウスは数学的に証明しているからである．この等速円運動をする周転円を幾重にも組み合わせて，複雑な惑星運動を説明することがこの時期から始まり，中世のイスラム世界と西欧ラテン世界を通じて 17 世紀初めにケプラーが楕円運動を発見するまで，惑星の動きを説明する指導原理の役割をした．

---

7) 円錐を平面で切ったときに切口に現れる 3 種の曲線のことで，その楕円，放物線，双曲線という言葉はアポロニウスが最初に用いたとされる．

3.4 ヒッパルコス

ヒッパルコス（Hipparchus, BC190–125 頃）は古代ギリシア世界を通じて最大の天文学者である（図 3.6）．彼は他の思弁的な天文学者とは異なり，アレキサンドリア市に所属するロードス島で 40 年もの間精密な天体観測を行ない，それを基にして数多くの目覚ましい天文学的業績をあげた．ただし，それらの成果は，後にトレミーが『アルマゲスト』の中で言及しているだけで，ヒッパルコス自身の天文学著作はほとんど残されていない[8]．

彼はまず，離心円や導円・周転円の考えを，太陽の長期間観測データに当てはめて説明した．そして，太陽軌道が円からずれている度合い（離心率という）は軌道半径の約 4%（その近地点は 12 月はじめ）であることを示し，予報精度が 1 分角（視力 1.0 の目が識別できる角度にほぼ相当する）の太陽運行表を製作した．さらに，月の軌道（白道という）が黄道に対して約 5 度傾いていること，黄道に対する白道の交点および近地点がそれぞれ 18.6 年（逆行），8.9 年（順行）の周期で天を 1 周することを発見した．この

図 3.6　ヒッパルコスの肖像．

発見には，バビロニアの日食，月食観測も利用されている．また，地上の 2 カ所から月を測定したときにその位置がずれて見える，いわゆる視差を利用して，月までの距離を地球半径の 59 倍（正しくは 60 倍）と算定した．

BC134 年にヒッパルコスはさそり座の新星に遭遇した．新星とは，それまで何もなかった場所に明るい星が一時的に輝く現象である．これは「恒星界は永遠不滅なり」とするアリストテレス的な考えに対する反証であった．そこで彼

---

[8] 『アラトスとユードクソスの天文現象についての註釈』が現在知られるヒッパルコスの唯一の著作である．

表 3.1 ヒッパルコス星表の一部の翻訳.琴座と白鳥座の部分.「形状」の欄は各星の特徴を示す.表の最初の星は現在のヴェガ(織姫)である.経度(黄経)は,各星座の基準点から測られており,春分点から測った値ではないことに注意.

	形　　状	経度	緯度	等級	現在名
琴座	耳にあるリラと呼ばれる星	人馬 17°20′	北 62° 0′	1	α Lyr
	これにごく近い2星の北星	20 20	62 40	4–3	ε
	その南星	20 20	61 0	4–3	ζ
	それにつづき渦巻形の付根の中央星	23 40	60 0	4	δ
	耳の東側につづく2星の北星	摩羯 2 0	61 20	4	η
	その南星	2 40	60 20	4–5	θ
	積木にある西の2星の北星	人馬 21 0	56 10	3	β
	その南星	20 50	55 0	4–5	ν
	積木にある東の2星の北星	24 10	55 20	3	γ
	その南星	24 0	54 45	4–5	λ
	10星で,その1は1等星,2は3等星,7は4等星				
白鳥座	嘴にある星	摩羯 4 30	北 49 20	3	β Cyg
	これにつづく頭にある星	9 0	50 30	5	ϕ
	頸の中央星	16 20	54 30	4–3	η
	胸にある星	28 30	57 20	3	γ
	尾の輝星	宝瓶 9 10	60 0	2	α
	右翼の肱にある星	摩羯 19 40	64 40	3	δ
	右趾にある3星の南星	22 30	69 40	4	θ
	その中央星	21 10	71 30	4–3	ι
	その北星	16 40	74 0	4–3	κ
	左翼の付根の星				

は,今後も起こるかもしれない新星現象などを監視する目的で恒星の組織的観測をはじめた.その結果,BC129年に完成したと伝えられる星表には,1000個あまりの星の黄経,黄緯[9]と,もっとも明るい星の1等から肉眼でやっと見える6等までの光度階級が与えられている(表3.1).この等級は私たちが現在用いている等級の原型である.ヒッパルコス星表は近世に至るまで使用された.

また,恒星の位置を,彼の観測ともっと昔の観測とを比較することで,赤道と黄道の交点である春分点が1年に36秒角後退することを見つけ(現在の正し

---

9) 赤道のかわりに黄道,および黄道から90度隔たった黄道の極を天の北極のように見なして測った経度,緯度のことを黄経,黄緯という.

い値は赤経の歳差が 46.1 秒角/年)，天の北極が黄道の極の回りに回転するものと正しく解釈した．歳差の発見である[10]．その他，周転円モデルを惑星の観測にも応用しようと試みたがあまりうまくいかなかった．その1つの理由は，惑星の逆行の様子がその時々で違うためだった．ヒッパルコスはこのように，着実な観測の上に天体運動理論の精密化に努めて非常に大きな成果を得たのだが，その半面新しい宇宙モデルを提案するようなことはなかった．

3.5　トレミーとアルマゲスト

図 3.7　トレミーの肖像（バロック初期のある画家が描いた想像図）．クロススタッフという後世の天文観測器具を持たせて，天文学の権威であることを象徴している．

ヒッパルコスが活躍した頃からしばらくすると，アレキサンドリアでは社会不安が増大し文芸・学問も衰退しはじめた．そして BC47 年には，アレキサンドリア市はカエサル率いるローマの大軍によって占領された上に徹底的に破壊され，ムセイオンも焼き払われてしまう．混乱した社会では天文学の研究どころではなく，その後，ギリシア・ローマの天文学は約 200 年間もの空白の時代に入るのである．

2 世紀になって，新たに再建されたムセイオンにトレミー（Claudius Ptolemaeus，または Ptolemy，90 頃–168 頃）と呼ばれる優れた天文学者が出現した（図 3.7）．

トレミーもかなりの数の観測を行ない，大気差と呼ばれる現象を発見し[11]，光学の実験も行なったりした．しかし天文学的業績という点ではヒッパルコスに及ばない．トレミーの最大の功績はむしろ，

---

[10]　中国では虞喜が，東晋の咸康年間 (335–342) に歳差現象を発見している．彼は，冬至における太陽の位置が，50 年に 1 度の割合で西に移動するとした．

[11]　大気の屈折作用のために，地平線近くで月や太陽が実際の位置より上方向に浮き上がって見える現象．地平線附近では，太陽，月の見かけの直径（角度で約 30 分）ほど浮き上がる．

それまでの地球中心的なギリシア天文学の成果を集大成した『メガレ・シンタキシス（数学的集成）』（後にアラビア語からラテン語に翻訳された時に通称『アルマゲスト』(Almagest, 偉大なるものの意味）と呼ばれるようになった）を著わしたことである（145 年頃）．

トレミーは『アルマゲスト』の中で，日月と 5 惑星それぞれについて，観測をうまく説明できる導円・周転円理論を与えている．水星と金星はつねに太陽からある角度以上離れることはなく，したがって夕方か明け方の空にしか見られない．これに対して火星，木星，土星は太陽に対して天空上いかなる位置にもくることができる．そこでトレミーは次のような宇宙を考えた．水星と金星は図 3.8(a) に示すように，それら周転円の中心はいつも地球と太陽とを結ぶ線上にあり，その中心が導円の上を周期 1 年で回る．このためにこの 2 惑星は必ず太陽から見かけ上，ある角度以上は離れることはない．また，地球に近い所で逆行させることもできるし，地球からの距離によって光度変化を起こさせることもできる．一方，火星，木星，土星は図 3.8(b) のような導円・周転円の配置を取り，どれも周転円上を，1 年という共通の周期で回る．しかも周転円上の惑星は，周転円の中心と惑星を結ぶ直線が太陽と地球を結ぶ線に平行になるような位置を占めるのである．

エカント

トレミーは観測された惑星の動きが複雑な場合には，周転円の上に別の小さな周転円を重ねるような工夫も行なった．さらに，離心円に加えて，「エカント」(equant) と名づけた特別な点まで導入した（図 3.5 の P 点）．これは導円の中心 (C) に対して，離心点（地球：E）とは反対の方向に等距離に取った点のことで，このエカント点からは惑星の周転円の中心がほぼ一定な角速度で回るように見えるような点である．このことは，周転円の中心は導円上をもはや等速円運動でなく，近地点では速く遠地点ではゆっくり動く不等速円運動を意味しており，"等速円運動の組み合わせで惑星の動きを説明する"というギリシア天文学の伝統を放棄したことになる．トレミーは惑星運動の理論を観測に合わせるために，いわば苦し紛れにエカントという変則的な考えを採用したといえよう．そのため，エカントは後にイスラム天文学などで大きな批判の的になる．しかし，実はエカント点は現代の楕円運動における「反焦点」（中心天体が占め

る焦点ではないもう一方の焦点）に相当していて（第6章を参照），反焦点から見ると，惑星の非一様な運動は比較的一様に近く見えることが知られている．よって，エカントは技巧的には優れたアイデアだったという見方も成り立つ．

『惑星仮説』

各惑星の運動はトレミーの理論で充分正確になったが，5惑星が地球から見てどういう順序で並ぶのかという問題には，奇妙なことに『アルマゲスト』ではほとんど触れられていない．地球から外側に向かって火星，木星，土星の順で軌道を並べるのはギリシア天文学の早期から行なわれてきたが，それは惑星が天球上を移動する速さ，つまり天球を1周する周期から推定された自然な結論だった．もちろん，恒星天は一番外側である．だが水星と金星については，図3.8(a)のように周転円の中心が地球と太陽とを結ぶ線上にある限り，その中心が太陽の外側でも見かけ上同じ動きを説明できることになる．結局のところトレミーは，ヒッパルコスなど昔の天文学者の説を参考にして，"いい加減"に水星，金星の順で軌道の大きさを決めたらしい．導円と周転円とが導入されたのは，あくまでも見かけの惑星の動きを表わすのが主目的だったし，図3.8(a)や(b)のモデルにもとづく限り，導円と周転円の大きさを一義的に決めることはできないから，トレミーもそれ以前の天文学者も，導円と周転円の大きさは適当な値を選んで観測に合わせるしかなかったのである．

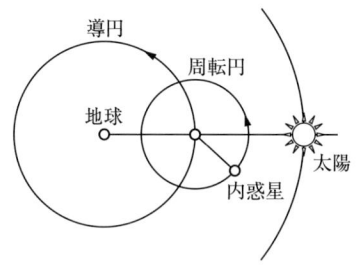

しかし，まったくでたらめに決めたわけではない．『アルマゲスト』のダイジェスト版としてトレミーが後に著わした『惑星仮説』という本に惑星軌道の

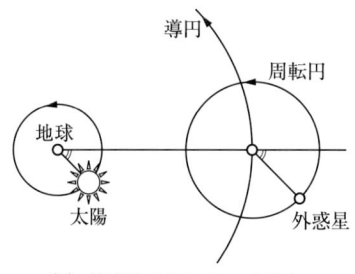

図 **3.8** トレミーによる惑星の周転円・導円モデル．(a) 内惑星の場合．(b) 外惑星の場合．

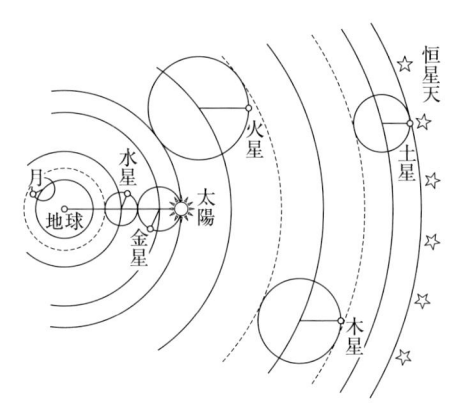

図 **3.9** トレミーによる『惑星仮説』の内容を示した図.

大きさの決定原理が記されている[12]．その原理とは，「自然は真空のような無意味な空間は持たない」というアリストテレス流の考え方である．この原理に従うなら，どの惑星にも属さない天球の部分があってはならないことになる．そこでトレミーは，図 3.9 に示すような，周転円の外側同士がぴったりくっつき合った宇宙を想定したのだった．しかし，この原理によっても導円と周転円の大きさの一意な比が得られないことは明らかである．結局，ヒッパルコスやトレミーにとっては，太陽系の中心は太陽か，地球か，どちらが真実なのかが問題だったのではなく，天球上の惑星の見かけの動きを数学的にいかに詳しく説明できるか，つまり，「現象を救う」（もともとはプラトンの言葉）ことが主な関心だったのである．

3.6　アンティキテラの機械

以上見てきたように，ギリシアの天文学は数理幾何学にもとづいた理論天文学であるという印象を受ける．実際，古代ギリシア文明は，芸術，文芸，哲学，科学などに優れていた反面，工学・技術などはあまり発展がなかったと従来は

---

[12]　中世アラビア語の翻訳写本として伝えられているだけである (Goldstein, B. R.: *Trans. American Philos. Soc.*, **57** (1967)).

理解されてきた．ところが近年，非常に複雑な歯車機構を用いて，上に述べたギリシアの惑星運動理論を機械工学的に計算し，惑星現象や日月食を予報した古代の装置の存在が明らかにされた．それを「アンティキテラの機械」と呼ぶ．

1901年にギリシアのアンティキテラ島沖の海底で，海綿採りが見つけた難破船の残骸中に，青銅製の複雑な歯車装置の断片が多数見つかった．一緒に発見されたアンフォラと呼ばれる陶製の壺とコインの時代考証から，年代はBC150–BC100年頃と推定された．ある研究者がこの遺物を1950–1970年代に初めて詳しく調査し[13]，月太陽の暦と運動，日月食の予報をするための一種の機械式アナログコンピュータだろうと示唆したが詳細は不明のままだった．

2006年と2008年になって，英国の著名な科学誌 Nature に新たなグループの研究成果が発表された[14]．彼らは，最新のX線CT技術を駆使して調査し直した．その結果，少なくとも37個のギアの複雑な組み合わせからなることが判明し，2000文字近い天文学に関するギリシア語の単語表記と説明とが発見された．図3.10は，歯車機構の主要部分を復元したレプリカである[15]．中心部の最大の歯車は直径が約13 cm あり，歯車機構の全体がおそらく木製の箱型ケースに納まっていたはずで（発掘直後には箱の残骸も残っていた），箱の両面には種々の天文現象を表示する複数のダイヤルがあった．前面はエジプトの太陽年の日付，月と太陽の位置，月の位相（満ち欠け，その周期が朔望月）の表示盤だった．とくに月では，その複雑な運動の表現と日月食の予報のために，ヒッパルコスの理論にもとづきわずかに偏心させた歯車と溝に入ったピン機構が採用されていた．周転円・導円によって5惑星の位置も表示したらしい歯車と惑星の刻印文字も見つかっているが，具体的な復元には成功していない．

背面には，5周分のらせん状溝機構を用いた表示盤が2個あり，これらはメトン周期およびカリプス周期（メトン周期の4倍）とサロス周期を利用して長期的な太陰太陽暦と日月食の予報計算をする部分である．その他，2008年の論文では，オリンピアの競技祭典を開催する年の日取りを計算する機能も報告さ

---

13) 初めて詳しく調査したのは英国のプライス (D. J. de Solla Price) である (*Scientific American*, **200**, 69 (1969))．
14) Freeth, T. *et al.*: *Nature*, **444** (2006) と，*Nature*, **454** (2008)．
15) アンティキテラの機械の復元には，ロンドン科学博物館のマイケル・ライト (Michael Wright) の研究がかなり重要な貢献をしているが，研究結果を時計関係の学術誌に発表していたために，従来注目されなかった．

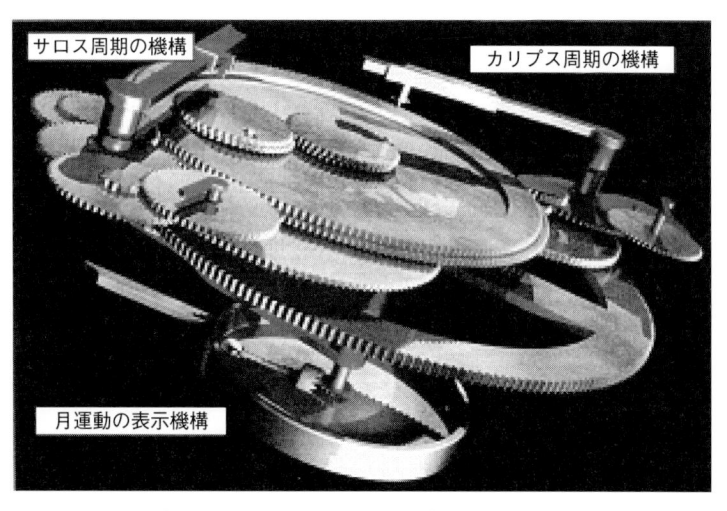

図 3.10 アンティキテラの機械の復元モデル.

れている.

　このように複雑な歯車や離心円機構などは一朝一夕で生れるものではなく，多くの人がかなり長い年月をかけて発展させてきたと考えるほうが自然であろう．とすれば，円の回転運動を基礎にした周転円・導円の理論がアンティキテラの機械に応用されたのではなく，おそらく職人たちによる歯車機構や回転運動の考案・改良と平行して発展してきたか，または逆に，そのような機械工学的技術が先にあり，後にそれが天体の幾何学的運動理論に取り入れられた可能性も考えてよいのではないだろうか[16]．

　この古代の天文コンピュータを製作したのは，種々の間接的証拠から，ロードス島のヒッパルコスのグループか，シチリア島のアルキメデスたちだろうと推測されている．この装置に匹敵する複雑な機械時計が西欧で出現するのは14世紀後半以降だから，アンティキテラの機械は実に驚くべき存在であり，ギリ

[16) たとえば，B. ファリントンは『ギリシヤ人の科学』(1955) の中で，「科学は，その発展の極においてはどうあろうと，その起源は技術にあり，技芸や手仕事にあり，……その源泉は経験であり，その目的は実践である．……実践的意味での科学が，抽象的で理論的な科学の必須的土台である」と述べている．

シアの工学技術に対する従来の認識を根本的に変える必要がありそうだ．とくに重要なのは，この種の装置が他にも複数あったことをローマの文人政治家キケロ (Marcus Tullius Cicero, BC106–BC43) が証言していること，および5世紀のビザンツ帝国や10世紀のイスラムの天文学者が，もっと単純だが同様な機械の記録と図を残している点である．科学と技術とが融合したみごとなギリシアの伝統が中世に至るまでほとんど人知れず細々と伝承され，それがルネッサンス期の初めに再び花開いたのかもしれない．（中村士）

4 中世の宇宙観

　西洋の歴史区分によると，ヨーロッパの中世とはふつう，ゲルマン民族の大移動（5世紀前後）から15世紀半ばのビザンツ帝国（東ローマ帝国）の滅亡（コンスタンティノープルの陥落，1453年）までの約1000年間を指す．古代から中世に至るまでのローマ帝国では，引き続く戦争と社会混乱のために，BC1世紀頃にはアレキサンドリアなど東方ヘレニズム世界で培われ発展した科学と学問は急激に衰退した．それに代わって，出生の日時の星と惑星の配置で個人の人生・運命を占うホロスコープ占星術が盛んになった．惑星の出没や惑星が星座中のどこにあるかを知る計算技術は占星術に必要なので温存されたが，当時の人びとは科学的な宇宙観などに興味を持つ余裕はまったくなかったといってよい．

　ギリシア・ヘレニズムの輝かしい天文学，宇宙論の遺産を引き継いだのはヨーロッパ人ではなく，7世紀半ばにイスラム帝国を築いたアラブの人びとである．そして後に中世ラテン世界の人びとがギリシアの学問を知るようになったのは，イスラム世界で記されたアラビア語文献を通してであった．

4.1　アラビア・イスラムの宇宙観

コーランの宇宙観

　アラビアのメッカに住んでいた商人，ムハンマド（Muhammad, 570頃–632, マホメットともいう）が，唯一神「アッラー」の預言者としてイスラム教を創

表 4.1　天地創造に関する『旧約聖書』と『コーラン』の記事の対比．コーランは 100 あまりの章からなる．

創世記	『旧約聖書』	『コーラン』	『コーラン』の章名
第 1 日	光の生成　光→昼，闇→夜		
2	上の天（大空）と下の水の分離	天と地を作り，天から雨を降らし果実を実らせ	アブラハムの章
3	大地と海の分離，植物の生成		
4	日，季節，年のため，2 つの光る物（太陽と月）を生成	日・月を駆使し倦むことなく，また夜と昼とを役立せたもう 夜を昼に入れ，日と月とを従えたまえば，各々は定めの周期で運行する	アブラハムの章 創造者の章
5	海の生物と鳥の創成		
6	野獣，家畜の生成，土地のチリから人間を作る	おまえ達を塵土（じんど）から創造したもう．一滴の精液により創造し，男女の対となしたもう	創造者の章

始したのは 7 世紀初め頃である．しかし，既存の多神教徒や大商人から迫害を受けたため，メッカからメディナに避難し，622 年にイスラム教徒の共同体を組織した．これを「ヒジュラ」（聖遷）と呼ぶ．ムハンマドはメディナにいたユダヤ教徒との接触を通じて，ユダヤ教，キリスト教への知識を深めた．そして，キリスト教の『旧約聖書』，『新約聖書』をコーランに先立つ神の啓示の書と見なしたから，ムハンマドの言葉を集めたイスラム教の教典，『コーラン』に現れる初期の宇宙観は，ユダヤの宇宙観，つまり『旧約聖書』の影響を強く受けている．

　表 4.1 に，関連する項目について両者を要約して比較してみた．天と地はアッラーが造ったこと，アッラーが人間を塵土（じんど）から創造し男女の対となしたことなどの記述が，『旧約聖書』の創世記と対応しているのがわかる．

ギリシア天文学書の翻訳

　イスラム教徒が古代ギリシアの科学，哲学思想に接したのは，ムハンマドが死亡（632 年）してからだいぶ後の 8–9 世紀である．また，3–5 世紀に起こっ

た新プラトン主義[1] (Neoplatonism), ヘルメス主義[2] (Hermeticism) などの神秘主義もその後のイスラムの宇宙観に影響している.

中東から北アフリカ, スペインにまたがるイスラム帝国が形成された8世紀後半, 古代ギリシアの学術が優れていたことに気づいたアッバース朝の明王ハルン・アル＝ラシッド (Harun al-Rashid, 766–809) らは, ビザンツ帝国の各所に人を派遣してギリシア文献を集めさせた. また, カリフ (ムハンマドの後継者の意) であったアル＝マムーン (al-Ma'mun, 786–833) は, アレキサンダー大王の遠征時代からシリア, ペルシアに定住していたギリシア人学者やビザンツ帝国から追放されたキリスト教僧侶を招いて, 832年に「知恵の館」(バイト・アル・ヒクマ, House of Wisdom)[3] と称する翻訳研究センターを作り, ギリシア文献をアラビア語に翻訳させた. その結果, ギリシアの天文学と宇宙観はイスラム世界の中に受容され発展し, 後に中世ヨーロッパに伝達され, やがては西欧での近代科学誕生に貢献することとなった. なお, ムハンマド以前にも, インド, ペルシア系の天文学が, 断片的ではあるがアラブ世界に入っていたことが分かっている.

ギリシア天文学の発展としてのイスラム宇宙観

イスラムの人びとの宇宙像は, 基本的には古代ギリシアの考え方を継承したもので, 地球を中心とする, 玉ねぎ型の多重な天球 (月から土星, 恒星天に至る8重の同心球宇宙モデル, 第3章, 図3.2参照) である. 月下界の物質は, アリストテレス流に火, 空気, 水, 土の4元素からなるのに対して, 天球は水晶のような透明固体であると考えられていた. イスラム世界では, ギリシア宇宙観の中心であるトレミー体系はよく理解され改良もされたが, 理解が進むと逆に批判の対象にもなった.

---

[1] ネオプラトニズムともいう. 3世紀にプロティノス (Plotinos, 205?–270) がプラトン哲学の正しい解釈として創始した思想. 神秘主義に大きな影響を与えた.

[2] 2–3世紀に東地中海地方で生れた思想. イスラム圏, ヨーロッパ中世の錬金術, 占星術にたずさわる人びとの科学的思想の基礎をなした. 数学や, 実験的・数量的取扱いの態度を重視し, 近代科学の誕生を準備する役割を担った.

[3] 最初, 図書館として創設され, 翻訳センターとなり, それから研究や著述のセンターに発展した. やがて免状を授与する教育・学術機関ともなり, 天文台も併設された. 図書館に収蔵されていた書物の数は最盛期には約200万冊に達した. バグダッドには「知恵の館」から続く図書館が現在まで存続しているという.

サービト・イブン・クッラ (Thabit ibn Qurra, 836–901) とムハンマド・アル＝バターニー (Muhammad al-Battani, 850頃–929) はトレミーの宇宙体系の数学的理論を充分に理解し，アラビアで発達した三角法を駆使してトレミーが採用していた天文定数[4]のいくつかを改訂した．トレミーの時代から800年近くも時間がたつと，天文定数の誤差が積って予報が実際の観測と合わなくなるからである．

とくにクッラは，歳差の値を観測から決め直してみたところ，トレミーの値よりかなり大きかったことから，春分点は周期的に振動していると見なして，春分点の秤動

図 4.1　サービト・イブン・クッラの肖像．

(trepidation) という考えを導入した——これは4世紀に活躍したアレキサンドリアの数学者テオンが紹介した仮説を適用したといわれる．それに伴い，第8の恒星天球の外側に，この秤動のために天体を含まない第9の天球を採用した．春分点の秤動は結局間違いであったが，推論の方法としては評価できるもので，当時のイスラム天文学者からも支持された．

トレミー理論について批判，反論の対象になったのは，離心円，周転円とエカントである．なかでもエカントは，等速円運動の組み合わせで天体の動きを説明するギリシア天文学の原則を甚だしく破っているとして強い反対にあった．エカントに頼らずに，同心天球にできるだけ近いモデルで，惑星の見かけの運動に合わせようとする試みが続けられた．ムハンマド・イブン・ルシッド (Muhammad ibn Rushd, 1126–1198) とアブ・イシャク・アル＝ビトルージ (Abu Ishaq al-Bitruji, 1150–1200) は大胆にも同心球モデルだけで惑星運動

---

[4]　暦や惑星の運動表を作るときに，計算の基礎になる基本的な数値の組のこと．季節変化を表わす平均太陽年や月の満ち欠けの周期である平均朔望月などはとくに基本天文定数と呼ばれる（第1章の脚注5参照）．1000–2000年といった非常に長い期間の観測データを平均することで，観測精度の良くない古代の天文現象記録をも生かして精密な天文定数を求めるのが天文学的手法の大きな特徴の1つである．こうしたアプローチは物理学には見られない．

を説明しようと努力したが，当然ながら良い結果は得られなかった．

アルハゼン

イブン・アル＝ハイサム（Ibn al-Haytham，965–1040 頃，ラテン名はアルハゼン，Alhazen）は，エジプトの地で研究を行なった自然学者，数学者，天文学者であるが，自然学者の立場からエカントに反対して，地球中心の同心的な惑星天球を物理的な実体と見なそうとした．この考えは後に中世ラテン世界に伝えられ，プルバッハなどに大きな影響を与えた．

イブン・アル＝ハイサムは，西欧世界では一般にアルハゼンの名で知られ，近代的な光学研究の先覚者として"近代光学の父"と称えられる．アルハゼンはトレミーから大きな影響を受けて，『視覚論』（光学の書）を 1011–1021 年頃に著わした．13 世紀初頭にこの著作はラテン語に翻訳され，1572 年にはドイツで『光学宝典』(*Opticae Thesaurus*) という題名で出版された結果，広く流布し高く評価されることになる（図 4.2）．

ギリシアの時代には，眼から物体に対してある種の"視線"が放射されるため物が見えると解釈された．それに対してアルハゼンは，"見える"ということは，「見ている物体から何かが放出されてそれが眼に流入するから」という逆の考えを主張した．物を見るための，眼球の構造もかなり正しく把握していた．また，レンズや凹面鏡，光の屈折現象を研究し，カメラ・オブスクラ（camera obscura，ピンホールを利用した暗箱）を考案した．天文学に関係する業績としては，月が太陽光を反射して輝く仕組みを解明したこと，太陽の出没前後の薄明現象を研究して，大気も光を屈折させる作用があること，そのことから大気の厚さは約 10 km であることを示したこと，などがある．

アルハゼンの研究態度は，観察と実験を重視し，そこから一般法則を帰納したり数学的理論を導いたりという近代の科学的方法にきわめて近かった．そのため，後のヨーロッパ近代科学を作り上げた，ロジャー・ベーコン，ケプラー，デカルト，ホイヘンスらに強い影響を及ぼしている．

14 世紀になると，イブン・アル＝シャティル（Ibn al-Shatir，1305 頃–1375 頃）は，離心円とエカントを用いないかわりに，周転円の上に第 2，第 3 の周転円を重ねるモデルを考案し（これはすでに古代ギリシアでトレミーが試みている），それによって月の新たな運動理論を作った．このモデルは，宇宙の中心

図 4.2 『光学宝典』(1572) 中の挿絵. 古代ギリシアのアルキメデスが，光学理論を応用した巨大な凹面鏡で太陽光を集め，シラクサを攻めたローマ艦隊の船を焼き払ったという言い伝えを描いている．

が太陽のかわりに地球である点を除くと，約 2 世紀後のコペルニクスのモデルにほとんど等価であるといわれる．このように後期のイスラム宇宙像は，コペルニクス説に肉薄した地動説の先駆者と呼んでもよいほどである．しかし，地球中心の宇宙という固定観念からはついに抜け出すことができなかった．

ウルグ・ベクとサマルカンド天文台

　天文定数の改良のために観測装置は時代とともに大型化し，天文台も単なる観測の場に留まらず，観測結果を整理解析したり，観測データ，図書・研究資料を備えた天文学の研究施設へと発展した．研究機関としての天文台という概念はイスラム世界のものが最初である．そうしたイスラムの主要な天文台はマラガ（13 世紀後半），サマルカンド（15 世紀前半），イスタンブール（16 世紀

後半）に設けられ，天文表，星表の作成に成果をあげた．しかしどの天文台も長く存続したものはなかった．その理由は，イスラム教の聖職者が，天文台はコーランの教えに反する占星術のための施設であると誤解してたびたび君主に讒言したため，時の為政者によって天文台は何度も破壊されたからである．

　ここでは，実態がもっともよく知られたサマルカンドの天文台を紹介する．古代シルクロードの中継基地サマルカンド（ウズベキスタン）で 1908 年，ロシア人考古学者によって巨大な天文台遺跡が発掘された（図 4.3）．歴史的記録から，この天文台は 1420 年代にウルグ・ベク（Ulugh Beg, 1394–1449）によって建設されたことが判明した．彼は後にティムール帝国の第 4 代君主に就任するが，後継者争いの内乱が起こり長男によって暗殺されてしまう．ウルグ・ベクは自らが優れた天文学者で，それまで使用されていたイスラムの星表には誤りが多いことを知った[5]．そこで，周囲の天文学者を指揮し，巨大六分儀（半

図 **4.3**　ウルグ・ベクの天文台（サマルカンド）．（左）発掘された巨大六分儀の円弧目盛り部分（人と大きさを比べてほしい）．（右）ウルグ・ベク天文台の復元図．観測装置と目盛った物差を大型化して測定精度を向上させる試みは，元の郭守敬による 40 尺のノーモン，ティコ・ブラーエの壁面四分儀にも共通して見られる．

　5）　ウルグ・ベク以前にアラブ人が作った星表としては，アル＝スーフィー（Abd al-Rahman al-Sufi, 903–986）が 10 世紀半ばに製作したものが有名である．

径 36 m もあった）などを建設して日月，惑星，恒星の観測を行ない，天文表と約 1000 個の星を含む「ウルグ・ベク星表」を作った．この星表は，ヒッパルコス星表以来，中世の星表としてはもっとも重要なものの 1 つとなった．

4.2 中世ラテン世界の宇宙観

ローマ帝国では，古代ギリシアに比較すると政治や軍事が中心であり，科学や技術にはもともとあまり関心は持たれなかった．さらに，ローマ帝国の後期になると，異民族との戦争や紛争が相次ぎ，学問や芸術はすっかり衰えた．天文学も例外ではなかった．

たとえば，ローマ時代末の天球儀には黄道 12 宮の形だけが描かれていて，星々の配置が省略されたり本来の星座ではない図像が加わったりした物が多く見られる——これは当時の人びとの関心が星や宇宙自体にはなかったことをよく物語っている．それらは主に占星術の目的に使われたので，星座中の星の配置は重要ではなかったのである．

ギリシア文献の翻訳運動

ローマ帝国支配下で使われた言葉はもちろんラテン語だが，学問の言葉は依然ギリシア語であった．ゲルマン民族の大移動が始まると，社会不安に駆り立てられて，ローマ帝国内にまだ残存していたギリシア哲学の主要な著作が失われないうちにラテン語に翻訳しようと試みた少数の人びとがいた．ローマの高官で哲学者，ボエーティウス（Severinus Boethius, 480 頃–525）もその 1 人である．彼はプラトンとアリストテレスの著作を全部ラテン語に翻訳しようと企図した．残念ながら，彼は政治的陰謀によってまもなく葬り去られたので，ボエーティウスの大計画はわずかしか実現しなかった．しかし，彼が集め翻訳させた 5–6 世紀までのギリシア文献が，後の中世の大学における学問「四科」(quadrivium)（代数，音楽，幾何学，天文学）の基礎となった[6]．この前期の

---

[6] ピタゴラス学派の人びとは，彼らが研究した数理科学をすでに 4 種に分類していたとプロクルスは書いている．しかし，"quadrivium" という言葉を最初に使用したのはボエーティウスだった．

翻訳活動の他に，12–13 世紀，15 世紀にも翻訳運動が盛んになった時期がある．

前期翻訳の例はカルキディウス（Calcidius, 活躍期 4–5 世紀）によるプラトンの『ティマイオス』と，キケロの著作を訳したマクロビウス（Ambrosius Theodosius Macrobius, 活躍期 400 年頃）の『スキピオの夢の注釈』の仕事などがある．後者は文学書として書かれたため多くの読者を獲得した．地球が宇宙の中心にあって多重の天球が同心的に地球を取り囲む様子が，スキピオの見た夢として描かれている．月下界の人間や物質は一時的で死すべき存在であるのに対して，月上界はすべて永遠である，といった宇宙観が本文中では語られる．その他，カルタゴのカペラ（Martianus Capella, 365–440 頃）が書いた『言語学とマーキュリーの結婚』には，寓意の形式ながらポントスのヘラクレイデスが提唱したとされる，太陽を巡る水星と金星のモデルが述べられている．

しかしそれらのどれもが間接的で皮相的な知識であり，まだ本格的なギリシア天文学の翻訳書が成立する段階には達していなかった．なお，アリストテレスの思想は翻訳前期にはヨーロッパには知られていなかった．

占星術と教会天文学

11 世紀頃から，キリスト教会は認めなかったが，占星術がしだいに流行しはじめた．1350 年頃のヨーロッパにおける黒死病（ペスト）の大流行などがこの傾向に拍車をかけた．天からの影響が月下界に及ぶとするアリストテレス流の考えにもとづき，医者までが患者の治療に占星術を利用したのである．

占星術には日月・惑星の位置と運動の予測が要求される．とくに月，太陽の運動予測が重要だったのは，キリスト教会でのイースター大祭の日付の決定に必要だったからである．イースターのためには，春分の日の後の，最初の満月の次の日曜日の日付を計算しなければならない．いろいろな試行錯誤のすえ 8 世紀後半には，第 1 章ですでに述べたメトン周期（19 太陽年）とユリウス暦における閏年を置く規則との関係から，同じ曜日でイースターが巡ってくるサイクル，532 年間についてイースターの日が予め計算できるようになった．これには，フランス生れのジェルベール（Gerbert d'Aurillac, 945–1003 頃，後に教皇シルベスター 2 世）がスペインでイスラム天文学を学び，優れた天文観測器械であるアストロラーベをヨーロッパに紹介したり，クレモナのジェラルド（Gerard of Cremona, 1114–1187 頃）がスペインのトレドで多くのアラ

ビア語文献をラテン語に翻訳したなどの背景があった．

アリストテレスの『天体論』もこの頃ラテン語に訳された．なかでも，アル＝ザーカリ（al-Zarqali, 1029–1087, ヨーロッパでは Arzachel）による天文表，「トレド表」[7]の使用法に関する新しい知識は，占星術の計算に非常に有用であったばかりでなく，その後のヨーロッパ世界における天文学研究を鼓舞する契機となった．また，トレミーの著書，『アルマゲスト』はすでに 9 世紀前半にギリシア語から翻訳されている．

大学と自由七科

中世の学問の主な担い手は初めは修道院だったが，13 世紀以降は大学が大きな役割をするようになる．アリストテレスの思想は初期にはキリスト教の教義との違いのために混乱と葛藤とを引き起こしたが，上に述べた学問「四科」と文法，修辞学，論理学からなる「三科」（trivium）の中に徐々に組み入れられていった．後に四科と三科をまとめて，学問七科，または「自由七科」（liberal arts）と呼んだ．このような教育を行なった大学の代表はパリ大学である．大学での天文学教育の質もしだいに向上した．英国人ハリウッドのジョン，別名サクロボスコ（Sacrobosco, 1195 頃–1256 頃）が 13 世紀中頃にパリ大学で教えた『天球論』[8]がよく知られている．また，それまで使用されたイスラムの天文表である「トレド表」は，ヨーロッパ人が計算した新しい「アルフォンソ表」（Alfonsine tables）[9]に置き変えられていった．

これら天文表はトレミーの理論にもとづいて作成されたものである．しかしトレミー理論への理解が深まるにつれて，それに対する批判も高まった．なかで

---

7) アラブ世界で 8–15 世紀の間に作成された天文表（日月，惑星，恒星の位置を計算するための数値類，推算表），公式と数表，年代表などをまとめた本は，一般に「ジジュ」（zij）と呼ばれる．アル＝ザーカリはカスティリアのトレドで活躍した天文学者，器械製作者である．彼が製作した天文表 (Tables of Toledo) は非常に便利だったので，クレモナのジェラルドがラテン語に翻訳しヨーロッパに紹介した．

8) イエズス会のクラヴィウス（Christpher Clavius, 1538–1612）による本書の注釈書は，キリスト教宣教師によって遠く鎖国下の日本にまで伝わり，沢野忠庵（Cristóvão Ferreira, 1580–1650）・向井元升 (1609–1677) が著わした『乾坤弁説』(1660 年頃) の内容にも影響を及ぼした．『乾坤弁説』を通じて日本人は，初めて西洋の宇宙観に触れたのである．

9) カスティリアのアルフォンソ 10 世のために，トレド表に改良を加えて編纂された惑星表．ユダヤ人天文学者イサーク・ベン・シッドとジュフダ・ベン・モーゼ・コーヘンが指導して 1252–1272 年の期間に完成した最初のヨーロッパ人による天文表である．

も自然学者が強く異議を唱えたのは，エカントのような非一様円運動は自然の中では起こり得ないものに見えたからである．プルバッハ (Georg von Purbach, 1423–1461) やミュラー（Johannes Müller, 1436–1476, ラテン名レギオモンタヌス）はトレミーに反対して，恒星や惑星の天球は水晶に似た透明物質でできているとする機械論的な宇宙構造を主張した．彼らの考えによれば，図 4.4 に示すように，惑星はそれぞれの固体天球に彫られたドーナッツのごとき偏心した溝に閉じ込められて，周転円がその溝の中を転がっていくのである．現代人の眼からは想像しがたい自然の姿だが，当時は本気で信じられたのであった．

キリスト教とアリストテレス思想が融合した中世の宇宙観でもう 1 つ大事なのは，天球運動を続けさせているものは何かという問題である．アリストテレスの自然学では，すべての運動にはその原因が必要なのであった．そこで月上界では，天地の創造者たる唯一神が同心球宇宙のもっとも外側の天球を動かし，その指示のもとに"知性を司る天使"たちが，下位の各天球を等速円運動をするように動かしていると考えた．一方，地上の運動では，たとえば弓から放たれた矢が運動し続けるのは，アリストテレス流の解釈では次のようになる．

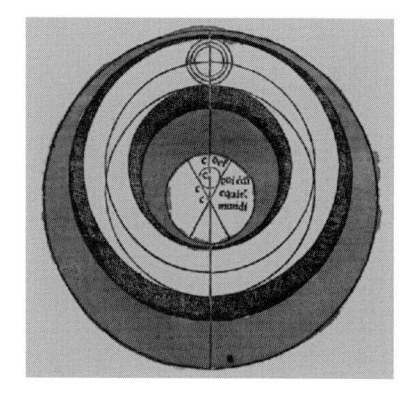

図 4.4　プルバッハが考えた水星の透明固体による周転円宇宙．この図は，今まで見てきた導円と周転円に比べると一見複雑である．その理由は，水星は太陽にもっとも近いため観測するのが難しく，トレミーの時代から特別な運動をすると疑われていたことを反映している．

矢が放たれた直後にその後ろに真空ができてそれを埋めるように空気が流れ込む．この空気が矢をずっと押し続けるから運動が持続するのだ，というのであった．この説明は中世の人びとにもやがて馬鹿げていると感じられるようになった．矢の運動が真空を作り出したのに，それがまた原因となって矢を押すのは不合理に見えたからである．そこでブリダン (Jean Buridan, 1295 頃–1358) やオーレム (Nicole Oresme, 1320 頃–1382) は，矢が弓を離れるときにある

種の"刺激"が矢に込められ，それが矢を飛び続けさせると主張して，その刺激をインピータス (impetus) と名づけた．インピータスは現代の力学理論に出てくる運動量の初期概念とも考えられよう．ただし，このアイデア自体は，6世紀のフィロポノス (Philoponos) まで遡るとされている．

このような新しい考えや説の普及には，1450年頃に発明されたグーテンベルグの活字による印刷術が大きな役割をはたしている．それらがやがて，ルネッサンス運動と合流して近代科学の幕開けへとつながっていった．

4.3 古代・中世に使用された天文観測儀器

ディオプトラ経緯儀

正しい宇宙像を構築するにはまず天体の正確な配置と動きを知る必要がある．そのためには精密な測定ができる観測装置が不可欠であるから，宇宙観の変遷と天文観測儀器の発達とは密接な関係がある．第1章で紹介したピラミッドの精密な方位決定には，角度を数分の誤差で測定できる装置が使用されたにちがいないが，それがどのような物だったかはまったく分からない．本節では，古代から中世に至るまでに使われた観測装置のいくつかを解説する．なお，古代ギリシアの「アンティキテラの機械」は3.6節ですでに述べた．

現在でも，天体や地上の目標点の位置角を精密に測定するには，高度角および方位角が測れる経緯儀（トランシット，セオドライト）を用いるのが普通である．その原型が，1世紀頃，アレキサンドリアの数学者・機械学者であるヘロン (Heron, 10頃–70) によって製作されていた（図4.5）．構造的には，現在の経緯儀と大きな差はない．ディオプトラとは，目標へ狙いを定めるための照準器のこと．高度角と方位角を微妙に調整するために，「アルキメデスの無限ねじ」が使用されていた．

ヘロンはこのような装置を使用して測量し，丘の両側からトンネルを掘り進めてつなぐ方法を提案した．サモス島には，このヘロンの測量法によって実際に掘削されたと伝えられる古代の水道トンネルが残っている．

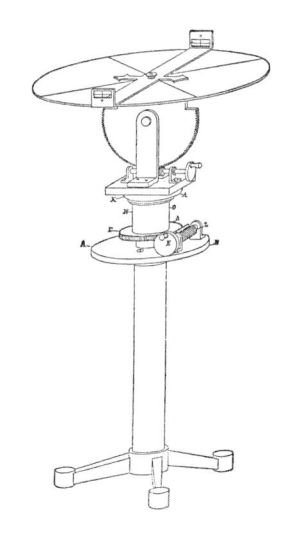

図 **4.5** ディオプトラ経緯儀．ヘロンの記述にしたがって後世に復元された図．

図 **4.6** アストロラーベ．1223 年頃の作．

アストロラーベ

　アストロラーベ (astrolabe) とは，イスラム圏と，後にラテン世界で広く使用された中世を代表する天文計算・観測装置で，簡単にいえば現在の「星座早見盤」と観測器具とを組み合わせた装置である．アストロラーベに関する最古の記述は 6 世紀のギリシア文献に見られるが，現存する物では 10 世紀終わりに製作されたものがもっとも古い．

　図 4.6 に 1 例を示すように，アストロラーベは，ステレオ投影法[10]によって天球上の座標や太陽の位置を円盤上に投影することにより作られる．天の北極を中心に上の円盤は回転できる（緯度によって異なる円盤を使い分けた）．上の枠には，明るい恒星の位置を示す"とげ"のようなポインターがあり，任意の日

---

[10] 球面上の位置を平面に投影する方法の 1 つ．天球（北半球）上の 1 点と天の南極とを結んだ線が，赤道面と交わった点を投影点とするような投影法で，地球の地図，天球図，星図によく使用される．球面上の角度が投影面上でも同じになるのが特徴である（等角写像）．トレミーにはステレオ投影法に関する最古の著作があり（"Planisphaerium"，「星図」．アラビア語文献として伝えられた），ヒッパルコスもこの投影法を知っていた．

時におけるそれらの星や太陽の出没，南中，位置を知ることができる．また逆に，恒星や太陽の高度の測定値から，その場所の時刻を知ることもできる．裏面には，天体の高度を測定する装置（ディオプトラ）が付加されていて，リングで吊り下げて観測に使用する．小型なので地上と船上の両方で便利に利用されたが，測定精度は角度で1度程度だった．

ノクターナル

まだ機械時計が未発達だった中世の時代に夜間の時刻を知るために作られた装置がノクターナル (nocturnal) である．「星時計」と呼ぶ別名からも分かるように，天文観測装置というよりはむしろ星の日周運動を利用した簡易時計である．13 世紀頃から使用されたらしい．図 4.7 に示す通り，中心に孔の開いた大小 2 枚の円盤からなり，回転円盤からは目盛り読み取り用の腕が出ている．外側円盤には月日の目盛りが，内側円盤には 24 時間目盛りが刻まれている．時刻測定は，図に示すようにハンドルを垂直に持ち，中心の孔にまず北極星を入れる．そして，内側円盤から出ている腕の尖端を，たとえばこぐま座の星コカブの方向に合わせることによって時刻を知るのである．中世においては，北極星は現在よりも天の北極からかなりずれていた（1500 年で約 3 度）から，北極

図 **4.7** ノクターナル．

星と真の北極のずれを補正するための表が普通はノクターナルの裏に刻まれていた．第1次世界大戦では，機械式腕時計が壊れた際の補助に，セルロイド製のノクターナルが欧州戦線の各兵士に配布されたという逸話が残っている．

天文時計と機械時計

現代の私たちにとって時計は，まず時刻と時間を知るための道具・装置というのが常識であろう．ところが，機械時計の起源は，時の表示よりもむしろ天文現象を表示するための機械装置として始まったことは注目に値する．

機械時計の先祖がヨーロッパで出現したのは14世紀初頭で，短い期間のうちに各所に広まった．1300年代前半の機械時計や記録がイギリス，北イタリア，ストラスブールに残っているが，それらはいずれも「天文時計」であり，本来の機能はいろいろな天文現象を表示するための自動機械だった．それがこの頃

図 4.8 スウェーデンのルント大聖堂にある1380年代に作られた天文時計．

から，キリスト教会での祈祷時間（不定時法[11]）でなされた）の通知や，都市の門の開閉時間管理などの社会的要求が高まり，時刻表示の機能も追加されたのである．したがって，この頃の時計は大聖堂や市役所の塔などに設置されている（図 4.8）．天文時計が時間の表示装置として使われるためには，装置を自動的に動かすための動力源（重錘）と，一定の歩度を保つための脱進機（棒テンプ）の発明（1280 年代）を待つ必要があった．

　最初の機械時計の出現後，ヨーロッパの主要都市で，複雑で多様な機能を備えた時計がわずか数十年で数多く作られるようになった．この事実から，古代ギリシアが生んだ「アンティキテラの機械」（3.6 節）のような技術的な伝統が，中世を通じて職人の間で細々と生き残り伝承されていた可能性も考えられる．（中村士）

---

11) 日の出・日の入を境に，昼と夜をそれぞれ等分した時間システム．昼・夜の長さは季節によって変わるので，太陽の運行を機械的に表示する天文時計が必要になる．ちなみに，現在我々が使用している一定歩度の時間は定時法という．

第II部
太陽中心説から恒星の世界へ

5 太陽中心説とコペルニクス革命

　5世紀から千年近くも続いた西欧の中世，その中世世界を支配した封建制度とカトリック教会の呪縛や権威を打ち破り，ギリシア・ローマの古典文化を研究・復興しよう，人間本位の立場から文芸や思想を全面的に見直そうという人文主義，人間主義（ヒューマニズム）の運動が，14世紀からイタリアで始まった．ルネッサンス（"再生"の意味）である．この運動は，14–16世紀の間にヨーロッパ各地へ拡まっていった．ルネッサンス期に，三大発明と讃えられた火薬，羅針盤，活版印刷の発明が成し遂げられた．これらの発明は地理学，天文学の発達とあいまって，コロンブスに代表される大航海時代として花開いた．聖書やアリストテレス流の固定観念にとらわれずに，理性と観察とを頼りに自然を研究しようとする科学的精神が，大航海時代を支えた学問の原動力であった．さらにそれらの成果は，印刷術のお蔭でそれまでとは比較にならないほどの速さで広い範囲に伝えられた．

　そのような背景のもとに，コペルニクスの太陽中心説（地動説）が生れたのである．

5.1　コペルニクス

　コペルニクス (Nicolaus Copernicus, 1473–1543) はポーランドのトルンで生れた（図5.1）．叔父にカトリックの司祭で著名な学者であったルカス・ワッツェンローデがいて，コペルニクスが若い頃の教育の面倒をみた．コペルニク

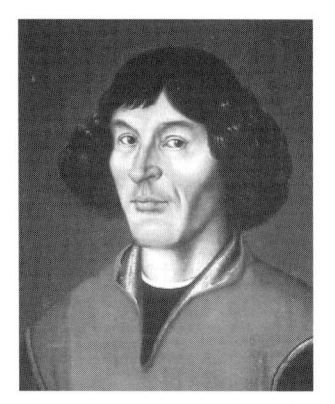

図 5.1 コペルニクスの自画像（左）と法医学的に復元された晩年の肖像（右）[1]．

スはクラカウ大学で司祭になるために学んだ後，イタリアへおもむいた．1453年のコンスタンティノープル陥落後，イタリアには多くのギリシア系学者が逃れてきていた．コペルニクスはボローニャ，パドヴァ，ローマの各大学で教会法と医学を修行し，ギリシア語文献を勉強した．とくに天文学には強い興味を持って学んだ．後にコペルニクスの弟子になるレティクスによれば，27歳（1500年頃）のときにはすでにローマ大学の学者の前で天文学の講義をするほどであったという．

天文学の研究を進めるうちに，コペルニクスにはトレミーの地球中心宇宙がしだいに不完全で不満なものに思えてきた．確かに，トレミー理論にしたがって作成された天文表（惑星表）は，惑星の見かけの動きをそれなりの精度で表現することはできた．たとえば，トレミーは月の運動理論で，導円の中心がクランク機構のような小さな円の上を回るとして，月の複雑な動きをいちおうは説明することに成功していた．しかしこのモデルでは，月の視直径は最小と最大のときで2倍も変動してしまうのである[2]．もしそうなら見かけの月の大き

---

1) 2005年に，コペルニクスの終焉の地，フロムボルクのゴシック・カトリック教会の聖十字祭壇下で1体の埋葬遺骨が発掘され，年齢は約70歳と推定された．一方，コペルニクスの手沢本にはさまっていた毛髪と遺骨のDNA鑑定が同じだった結果，遺骨はコペルニクスと確定された．また，彼はいくつかの自画像を残したことで知られているが，遺骨にあった眉部分の切傷の位置が図5.1（左）の肖像画と一致したため，この肖像画も本物の自画像であるとほぼ断定された（BBC放送，Nov. 4, 2005）．
2) 『惑星仮説』の月運動論の節にすでに述べられている．

さも2倍変化するはずだが，現実にはそんなことは起こらない．当時の天文学者の眼にはとりわけ，エカントが受け入れ難い不自然なものに思われた．第3章で述べたように，エカントの理論によれば天体は円周上を不等速円運動をすることになるが，円軌道上の特別な場所で速度が速くなったり遅くなったりする理由は何もないと考えられたからである．

　惑星系全体の配置について書かれたトレミーの『惑星仮説』はコペルニクスの時代にはすでに忘れられていた．コペルニクスが当時学ぶことができたのは，個々の惑星運動のみを論じた『アルマゲスト』だけであった．そのため，『アルマゲスト』から知りえたトレミーの惑星系の姿，つまり宇宙像は，コペルニクスの眼には"別々の場所から手，足，頭，胴体を持ってきて組み立てた怪物"に映った[3]．こうしてイタリア滞在中から本当の日月・惑星の全体像は何かを考えながら，地球中心ではなく太陽中心の惑星系思想へと傾斜していったのである．コペルニクスはポーランドにいるときから，太陽崇拝の信仰を重んじる新プラトン主義のグループに属していたから，これも太陽中心の宇宙観を育む助けになったという説もあるが，これには賛否両論がある．

　1503年にイタリアからポーランドに戻り，イタリア留学直後に任命されたフロムボルク（フラウエンブルクともいう．コペルニクス自身が"辺境の地"と語っているように，バルト海のダンツィッヒ湾に面したリトアニアとの国境に近い小都市）の聖堂参事会員の職についた．身分が終身保証されたこの就職にも叔父の力が大きく影響している．有能な僧院行政官としての職務の傍ら[4]，天文学の観測と研究を続けた．コペルニクスがこの間いかに太陽中心説の考えを発展させたかについての詳細は不明だが，1510年代の中頃に彼は，『コンメンタリオルス』（*Commentariolus*，概要）と呼ばれる草稿をごく一部の人びとの間に回覧してみた——そこには，コペルニクスが後に発表する地動説の基本的アイデア，つまり惑星の不規則な動きは地球自身の運動に由来すること，および太陽中心説の考えがすでに盛り込まれていた．しかし，期待したほどの反響がなかったために落胆し，以後コペルニクスは誰に対しても自ら進んで太陽中

---

[3] 『天球の回転について』の教皇パウルス3世あての序文に出てくる言葉．
[4] コペルニクスの著作『貨幣鋳造の方法』(1528) には，後にグレシャムの法則として知られる「悪貨は良貨を駆逐する」という考えがはっきり述べられていて，当時，聖堂参事会員として司教区の経済政策に真剣に取り組んでいた様子がうかがえる．

心説を語ることはなかった．

　1539 年になって，ヴィッテンベルク大学の若き数学教授であったレティクス (Georg Joachim Rheticus, 1514–1574) が，太陽中心説に興味を持ちコペルニクスのところに弟子入りするために訪れ，2 年間協同研究をしながら滞在した．レティクスはコペルニクスの理論の全貌を教わるに及んで，その出版を強く彼に勧めるようになった．しかし，カトリック教会からの反発を恐れたためか，コペルニクスは容易に出版に同意せず，かわりにレティクスが太陽中心説の概要を記した『第一解説』(Narratio prima) を，自分の師の理論として 1540 年に出版した．この出版は再版されたほど好意的に迎えられたため，コペルニクスはそれに応えて，『天球の回転について』(De revolutionibus orbium coelestium) と題する原稿をついに書きあげる．印刷のためにニュルンベルグに送られた原稿を，レティクスは多忙のため印刷に付されるまで見届けることができなかった．そこで，その仕事はルーテル派の牧師であるオジアンダーに託された．しかしこれが後に，この記念碑的著書の意味が人びとに理解される大きな妨げの原因となったのである（5.3 節参照）．『天球の回転について』は 1543 年 3 月に刊行され，コペルニクスは同じ年の 5 月に死亡した．

　ちなみに 1543 年という年は，日本では種子島に漂着した南蛮人が鉄砲を伝えた年でもある．その後，鉄砲は織田信長らによって活用され日本の近世史を大きく変えたという意味で，我が国にとっても 1543 年は記念すべき年であった．

5.2　太陽中心説

『天球の回転について』の構成と内容

　図 5.2（左）は『天球の回転について』全 6 巻の扉である．1543 年にニュルンベルグで出版された．著者が序文でも述べているように，第 1 巻は"宇宙の一般的構成"を非専門家に対して解説することが目的であったため，数式や図をほとんど使わずに文章のみで記述している．内容は，宇宙も大地も球形であること，諸天体の運動は一様な円運動から合成されること，地球の大きさに比して天の大きさはきわめて広大であること，天球の順序（各惑星の配列順序），地球の自転・公転運動，地軸の傾きと歳差運動，などである．

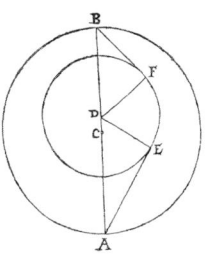

図 5.2 （左）『天球の回転について』全 6 巻（1543 年）の扉（中央部はラテン語の宣伝文句）．下から 3 行目のギリシア語は，プラトンのアカデメイアの入口に掲げられていたと伝えられる標語「幾何学を知らぬもの，門を入るべからず」からの引用．（右）金星軌道の大きさの決定について述べた説明と図（『天球の回転について』第 5 巻第 21 章）．AB は地球軌道，C はその中心．D は C から偏心した金星軌道の中心．地球が A（遠地点）にあるときに金星軌道に接線 AE を引く．角 AED は直角，角 DAE は観測で測定できるから，AC（地球の軌道半径）を単位にすると，DE（金星の軌道半径）は 60 分の 43.2 になる，などと述べている（Duncan, 1976 の英訳にもとづく）．

それに対して，第 2–6 巻がコペルニクス理論の主要部分であり，高度な数学と天文学の知識を持つ専門家を対象に書かれている．第 2 巻は赤道，黄道，天体の出没と位置などの基礎概念を，第 3 巻は黄道傾斜，歳差，太陽運動，第 4 巻は月の運動の特徴と日食・月食，第 5 巻は 5 惑星の空間運動と見かけの運動（図 5.2（右）），第 6 巻は 5 惑星の緯度方向の運動，についてそれぞれコペルニクスは自説を詳細に展開していた．彼は序文で，「専門家が第 2–6 巻を注意深く読めば，筆者の理論に賛同することは疑いない」と注意しているが，数学を充分に理解しない者は，第 1 巻のみを皮相的に読んで太陽中心説を批判したり反対した場合も少なくなかったのである．

相対運動による理解

後知恵ではあるが，コペルニクス地動説の意義を理解するために，太陽の周りを回る地球から，他の惑星の運動が相対的にどう見えるかを考えてみよう．図 5.3(a) は，太陽 (S) 中心の系における内惑星[5] (P) と地球 (E) の場合である．惑星の軌道が正しくは楕円であることは今の議論には直接関係がないので，円軌道として取り扱っている．地球と惑星の位置ベクトルの関係から $r_E + d = r_P$，すなわち $d = r_P - r_E$ となる．ただし，r_E と r_P は地球および惑星の日心ベクトル，d は地球から惑星を見た相対ベクトルである．地球 (E) がその軌道上の決まった場所にいるときに（つまりベクトル r_E の方向にいるときに），地球中心の図を内惑星が軌道上のいろいろな位置にきた場合に描くと，図 5.3(b) のように r_E の長さ（地球軌道半径）が導円の半径に，r_P の長さが周転円の半径（実線）にそれぞれ相当することがわかる．これなら視点を変えただけだから，地動説も天動説も等価であることは明らかであろう．ところが古代の天動説では地球中心の考えから出発した．そのため，内惑星の見かけの動きを表わす目的には，実線の周転円ではなく，E からこの周転円に引いた 2 本の接線に内接するような周転円と，大きさがそれに比例する導円の組み合わせなら任意の大きさでよかった．したがって，トレミーらは正しい周転円と導円の大きさを決めようがなかったのである．

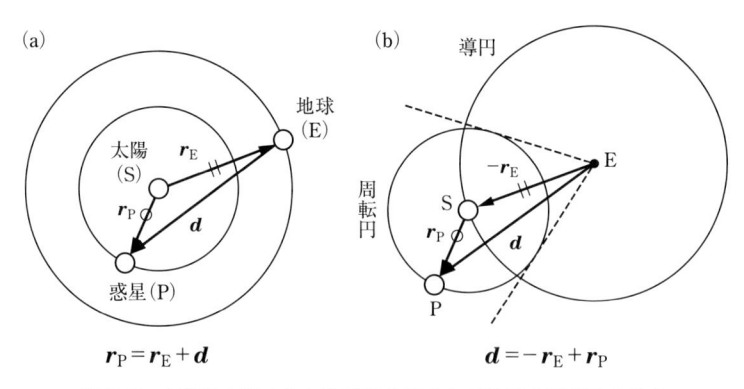

図 5.3 太陽中心説 (a) と地球中心説 (b) の比較：内惑星の場合．

---

[5] 地球軌道の内側を回る水星，金星が内惑星，外側を回る火星，木星，土星が外惑星である．これらの言葉はコペルニクスの太陽中心説を前提にして初めて意味を持つことに注意．

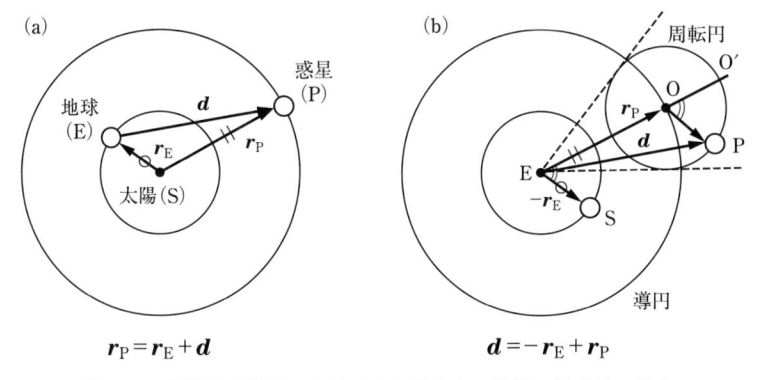

図 5.4 太陽中心説 (a) と地球中心説 (b) の比較：外惑星の場合．

次に太陽中心説での外惑星の軌道を図 5.4(a) に示す．内惑星のときと同様に，地球中心から見た外惑星は半径 $|r_P|$ の導円と地球軌道半径 $|r_E|$ に等しい周転円で表わすことができる（図 5.4(b)）．ただしこの場合は，外惑星はつねに角 SEO ＝ 角 POO′ なる関係を満たす方向にしか存在できない．他方，地球は不動であるという前提から出発するなら，内惑星の場合に議論したように，図 5.4(b) に点線で示した 2 本の直線に内接する周転円とそれに対応する導円の組み合わせなら，任意の大きさで見かけの外惑星の動きは再現できることになる．角 SEO ＝ 角 POO′ の関係が火星，木星，土星の 3 惑星すべてに当てはまらねばならないということと，それらが周転円上を回る周期はみな 1 年であるという従来の天動説の要請から，鋭いコペルニクスの頭脳はこれらが実は地球の公転の反映にすぎないことを看破したのであろう．このような太陽中心の立場に立つことによって，コペルニクスは距離の変化による惑星の光度の変化も自然な帰結として理解できたのだった．

太陽中心説の成果

太陽中心説の成果の天文学的にもっとも重要な点は，各惑星の公転周期が算定できること，および地球と太陽との距離を単位にして（天文単位という），惑星と太陽との距離が決定できることである．すでに述べたように，それ以前の地球中心説ではこれらの値は一意には決められなかったことを思い出してほしい．

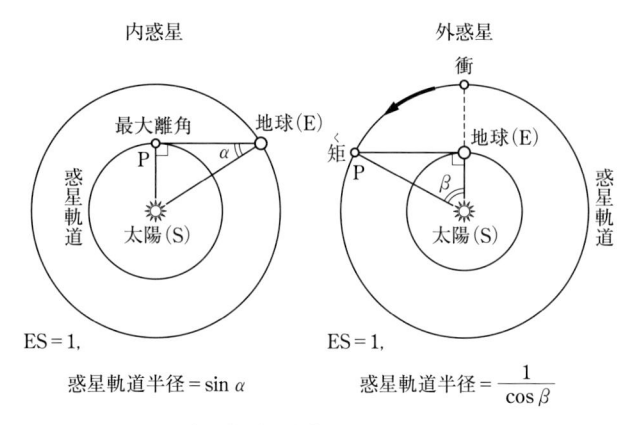

図 **5.5** コペルニクスによる惑星軌道の大きさの求め方．内惑星では最大離角の位置を，外惑星では「矩」の位置を利用する．

まず，惑星の公転周期 (P_0) は，その惑星が地球に対して衝の位置になってから次の衝になるまでの周期，会合周期 (P_S) を用いて求める——会合周期は比較的容易に観測から決定できるからである．地球の公転周期を P_E（1 年）とすれば，外惑星の場合，$360°/P_E \cdot P_S - 360°/P_0 \cdot P_S = 360°$ の関係から，

$$1/P_0 = 1/P_E - 1/P_S \tag{5.1}$$

の式が得られ，公転周期 (P_0) を求めることができる（内惑星の場合は右辺が $1/P_E + 1/P_S$ となる）．

次に，惑星軌道の大きさは，内惑星であれば「最大離角」のときの角 SEP (α) を測定すれば求まる（このとき，図 5.5（左）で P は惑星，角 SPE は 90 度である）．つまり，直角 3 角形 SPE で，地球の軌道半径を単位とすれば (ES = 1)，内惑星の軌道半径 (SP) $= \sin \alpha$ となる．

外惑星の場合は図 5.5（右）で，角 SEP が 90 度になったときの位置関係を利用する（このときを「矩」と呼ぶ）．衝からスタートして矩になるときまでの時間を測定すれば，公転周期はすでに分かっているから角 ESP (β) が計算できて，直角 3 角形の関係から外惑星の軌道半径 $= 1/\cos \beta$ と求まるのである．

こうして，太陽中心のモデルにしたがって 5 惑星の公転周期と距離が計算された結果，すべての惑星の公転周期の序列は軌道の大きさの序列とみごとに対

応している，つまり，公転周期の長い惑星は軌道半径も大きい，ということが分かった．この"驚くべき宇宙の秩序と調和"は，後のティコやケプラーに太陽中心の統一した惑星系という概念を抱かせる上で大きな影響を与えることになった．

このほかコペルニクスは，ヒッパルコスが発見した春分点の歳差現象を，天球が動くのではなく，地球の自転軸が黄道の極の周りにゆっくりした円錐運動（みそすり運動）をするためであると正しく解釈している．

コペルニクスは，太陽の周りを回る球形の大地という新しい概念に対して予想される批判や反論にも，『天球の回転について』の中で答えをいろいろ用意している．大地のような巨大な物が回転すれば壊れてしまうだろうとする批判については，地球よりはるかに大きな恒星天球が1日で回転できると思うほうがより非現実的であって，天球の回転は地球の自転による見かけの動きと考えるほうがずっと自然ではないのか，と述べる．

太陽中心説の場合，もっとも問題になるのは恒星の視差であった．地球が太陽の周囲を回るなら，地球軌道の両端から観測した恒星の位置角には図5.6に示すような差 p が生じるだろう（年周視差という）．しかし現実にはそのような視差は観測されなかった．これに対してコペルニクスは，恒星までの距離は地球軌道の大きさが無視できるくらいに遠いので p がほとんどゼロに近いのだ，と答えている．実際，19世紀前半になってやっと測定された年周視差は，ごく近い星の場合でさえ，コペルニクスの時代の観測限界精度より数百分の1から千分の1も小さかったのである．

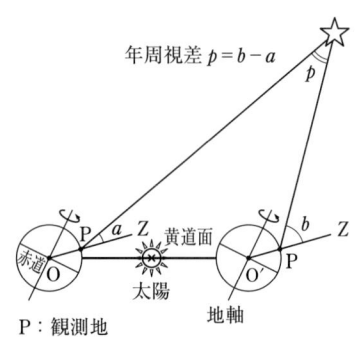

図 **5.6** 恒星の年周視差 (p)．ここでは実際の観測法に即して，観測点 (P) における星の天頂からの角度の変化 ($p = b - a$) として説明している．

コペルニクス革命の意味

　ここで誤解しないでいただきたいのは，コペルニクス地動説の出現によって，惑星系の運動を表わすモデルが非常に単純化されたわけでもなく，またトレミー理論に比べて惑星運動の予測精度が格段に向上したわけでもない，という点である．加えて，当時は太陽中心説でなければ説明できない観測事実は何もなかった．それにもかかわらずコペルニクスはあえて太陽中心説を主張した——彼は太陽が中心にあるのが本当の宇宙の姿だと信じたからである．それゆえにこそ，この太陽中心説はコペルニクス的"革命"とか"転換"と呼ばれるのである．きわめて重要な発見というものは，必ずしも精度の高い観測データを着実に積み上げて達成されるのでなく，鋭い直感と洞察力を備えた天才の思い込みによってもたらされる場合が多いようだ．

　まず，太陽中心モデルのために全体の周転円の数が大幅に減らせたわけではない．運動する地球から惑星を観測することによる見かけの周転円は確かになくせたが，真の軌道である楕円運動を表わすための周転円，離心円は太陽中心説を採用しても依然必要であった．また，コペルニクスは，歳差運動と，惑星の軌道面が地球軌道面に平行でないために起こる惑星の黄道面に垂直な方向（緯度方向）の移動もすべて周転円の組み合わせで表現しようとしたから，惑星系全体のモデルの複雑さはトレミーのモデルと大差ないものになってしまったのである．さらに上に述べたように，コペルニクス理論による惑星の推算位置もそれ以前の計算に比べてとくに改善されはしなかった．これは，コペルニクスが使用した観測データの大部分が古い昔のものだったことが1つの理由とされている．

観測家コペルニクス

　コペルニクスは太陽中心説の提唱者という印象があまりにも強いため，机上の理論家にすぎなかったと考える読者がいるかもしれない．しかし実際には彼は，自分の理論を証明するために，フロムボルクでは象限儀や三角尺といった観測器械を製作して，太陽高度の測定などを行なっている．だが残念ながら，それら観測装置の作りはかなり粗末であった上に，フロムボルクの天候が観測に向いていなかったことが原因で，満足な観測結果はほとんど得られなかった．

5.3　コペルニクス説の普及と影響

　コペルニクスの死後，彼の太陽中心理論の意義が人びとに理解されるまで半世紀もの長い年月がかかった．その原因の1つは，『天球の回転について』に付けられた無署名の序文にあった．この序文には，太陽中心説は惑星運動を便利に計算するための数学的仮説として提案しているのであって，実際に宇宙が太陽中心である必要はない，と書かれていた．これはケプラーによれば，当時大きな権力を握っていたキリスト教会からの注目を避ける目的で，出版作業を託された司祭オジアンダー (Andreas Osiander, 1498–1552) が善意からコペルニクスに無断で付加した序文であった．しかし真に太陽が宇宙の中心であることを主張したかったコペルニクスの意図にはまったく反していた．オジアンダーの思惑通り，当初はコペルニクスの著書は教会からの反対にはあわなかったかわりに，レティクス以外の他の天文学者に太陽中心説の意義が理解されることもなかったのである．

　たとえば，ヴィッテンベルク大学天文学教授のラインホルト (Erasmus Reinhold, 1511–1553) は，1551 年にコペルニクス理論にもとづいて天文定数の一部を改訂し計算した新しい惑星表，『プロシャ表』を出版した．しかし，その表の序文や，ラインホルトが所持した『天球の回転について』の彼自身による多くの書き込みを調べた研究者によれば，太陽中心説については何も述べられていないとのことである．つまり，有能なラインホルトでさえ，宇宙の中心が地球か太陽かにはとくに関心はなかったのである．

日本におけるコペルニクス説の受容

　天文学の発展という観点からは，世界の天文学史の中で，少なくとも明治以前の我が国は残念ながらほとんど何の寄与もしていない．中国や西洋の天文学の成果を理解するだけで精一杯であった．しかし，歴史には他国の文化の受容という側面もあるので，ここではコペルニクス説が日本ではどのように紹介され受容されたかを簡単に見てみよう．

　江戸時代，我が国は鎖国であったから，日本人で最初にコペルニクスの名に接したのは長崎のオランダ通詞たちである．彼らは，西洋の新しい知識に最初

に触れられる立場にあった．長崎のオランダ通詞だった本木良永 (1735–1794) が，『天地二球用法』(1774) の中で初めてコペルニクスについて述べている．ついで，本木の弟子といわれる志筑忠雄 (1760–1806) が『暦象新書』(1798–1802) を著わして，コペルニクスの太陽中心説を解説した．しかし 2 人の著書は，刊行はされず写本でしか流布しなかった．コペルニクス説を我が国に広く普及させたのは司馬江漢 (1747–1818) である．

彼は独特な西洋画，銅版画で知られ，長崎通詞や多くの知識人と付き合い西洋の新知識を紹介することにつとめた．江漢は 1809 年に『刻白爾天文図解』を出版してコペルニクス説をおおいに宣伝した．刻白爾はコッペルと読ませた．つまりコペルニクスを意味する．コペルニクスの太陽中心説は，それまで中国書などで日本人が親しんでいた地球中心説とは相容れない説であったが，須弥山説を信奉する一部の仏教天文学者を除くと，とくに反対もなく受け入れられたようである．その主な理由は，太陽中心説と真っ向から対立するキリスト教会のような強大な権力が我が国には存在しなかったからであろう．

5.4 無限空間に分布した恒星という考えの誕生

確かにコペルニクスは革命的な太陽中心説を，ギリシア時代の太陽中心説論者よりもずっと明確かつ詳細に打ち出した．しかし，惑星や恒星は基本的には太陽を中心とする同心の天球に貼りついていると考えていた．一方で，コペルニクスの時期にあい前後して，星々はそれぞれが距離も違う空間に分布しているという思想がわずかずつ広がりはじめた．

15 世紀の神学・哲学者であるクサヌス（Nicolaus Cusanus, 1401 頃–1464）は，宇宙には境界線がなく，大きさは無限でその中心もどこでもよい，と唱えた（境界は，全宇宙の創造主という神の概念と矛盾するからである）．クサヌスの著作に強く影響されたブルーノ（Giordano Bruno, 1548–1600）は，コペルニクス説を熱狂的に支持し，ヨーロッパ中を旅行しその説を広めて歩いた（図 5.7）．さらに，宇宙に無数にある星々も私たちの太陽と同じような存在で，そこには各々の惑星があったり人さえ住んでいるかもしれないと主張した．キリスト教会にとっては地球が宇宙の中心ではないというコペルニクスの理論だけ

図 5.7 ブルーノの肖像.

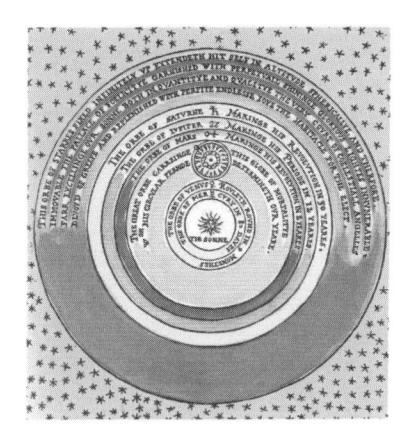

図 5.8 ディッグスが描いた恒星の世界. 太陽と星々が同等の天体という見方にはまだ至っていない.

でも重大な問題であったので，ブルーノの過激ともいえる説を黙認することはとうていできなかった．そのために，教会の異端審問で有罪を宣告され長い投獄生活の末に，1600年ローマでブルーノは焚刑に処された[6]．

そのほか，イギリスには，次章に述べる"ティコの新星"を観測して視差が検出できないことから，それが星の世界に属する天体であることを示したディッグス (Thomas Digges, 1546–1596) という天文学者がいた．彼は，父親の著書を改訂・増補して1576年に出版した．その中でコペルニクスの地動説を部分訳して初めて英国に紹介し，視差が観測されない星々は地球からの高さが非常に大きい天球の外にあるはずで，そこでの星同士の距離はまちまちなのだと述べている（図5.8）．また，「空間」(space) という術語を初めて導入したイタリアの自然哲学者，テレジオ (Bernardino Telesio, 1509–1588) もいた．無限の宇宙空間とそこに分布する星々という概念を，人びとは漸く真剣に考え始めていたのである．そうした多重宇宙の観念がいかに発展してきたかの歴史を，イギリスのライト (Thomas Wright, 1711–1786) は，自説とともに著書『宇宙の起源論または新仮説』(1750) の中で紹介している（図5.9）．ライト自身は，

---

[6] 処刑されたのは，ブルーノの宇宙観よりも，キリストの神性を否定したことが直接の理由とされている.

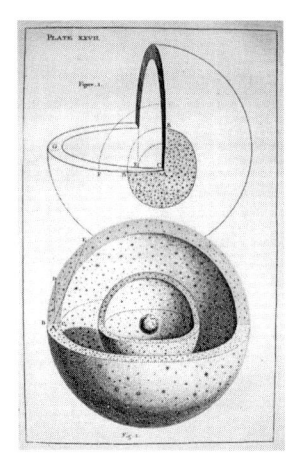

図 5.9 ライトの著書『宇宙の起源論または新仮説』(1750) に描かれた多重宇宙の図．ライトはこの著作の中で，16 世紀から 18 世紀にかけて，恒星世界への認識がどう発展してきたかを議論した．

帯状に見える天の川の構造を説明するのに，球殻と円環の中に散らばった星々の分布という，2 種類のケースを考えていた．（中村士）

6 精密観測にもとづく真の惑星運動の発見

ティコとケプラー

　天球上を動く惑星の見かけの運動は，すでに見たように，古代ギリシア天文学が生み出した周転円やエカントによっても，かなりの精度で説明することができた．また，前章で述べたコペルニクスの地動説（太陽中心説）によって，太陽系のもっとも基本的な全体構成は明らかになった．しかし，真の惑星運動，つまり楕円運動が解明されるには，天文観測の超人と，天才的な洞察力を持った少壮天文学者2人の出現を待たなければならなかった．その2人とは，ティコとケプラーである．

6.1 ティコとその天文台

　ティコ・ブラーエ (Tycho Brahe, 1546–1601) はコペルニクスが死んで3年後，デンマークの貴族の一員として生まれた．現在はスウェーデン領の，スコーネ地方と呼ばれる豊かな穀倉地帯に領地を持ち，世俗的な義務に携わる必要がない境遇であったので，30歳までヨーロッパ各地を旅行し，そこの大学で学びながら天文学へ深入りしていった（図6.1（左））．1563年に，土星と木星がほとんど同じ方向に見える"合"と呼ばれる珍しい現象に出会った．合の日付をアルフォンソ表（イスラムの惑星表をヨーロッパ人が最初に改良して作った表，4.2節）とプロシャ表（コペルニクス理論によって作られた惑星表，5.3節参照）の予報で比較してみた結果，正確なはずのプロシャ表ですら実際とは数日のずれがあることを知った．このことが，精密な観測のための装置開発をティ

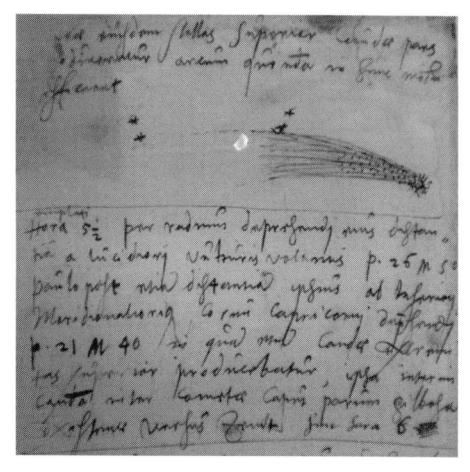

図 6.1 （左）ティコのブロンズ胸像．ティコ没後 300 年を記念して製作された 2 基のブロンズ像の 1 つ．スウェーデンのルント天文台入口に設置されている（他の 1 つは，ティコの生家があるクヌートストルプに現存する）．（右）ティコが 1577 年に観測した大彗星の観測ノート．

コに決意させるきっかけになった．

1572 年，カシオペア座に昼間も見える明るい新星が出現した．小型の六分儀と呼ばれる装置で新星と近くの星の角距離を観測して，この新星は月よりずっと遠距離にあることを確認した．もし新星が月と同じくらいの距離ならば，地球の自転とともに起こる視差（日周視差）のために，夕方と朝方とで星に対する角距離が変化するはずだからである．この発見はティコにとって大きな意味を持っていた．つまり，アリストテレスが永遠不滅であると教える恒星の世界に，この新星のような大異変が起こったからである[1]．

1577 年には大彗星が現れた．ティコは自分の観測と約 600 km 離れたプラハ

---

[1] この新星の観測報告は，『新星について』（De Nova Stella, 1573）として出版され，この業績でティコは天文学者としてヨーロッパで名が知られるようになる．今では新星のことを一般に "nova" と呼ぶが，ティコによるこの本のタイトルが元になった．ティコの新星（実は超新星，supernova だった）は，デンマーク王室王子の悲劇を描いたシェークスピアの戯曲『ハムレット』（1601 頃）にも言及されている．また，この星は現在，1572 年の "超新星残骸" として見えており，詳細な天体物理学的研究が進んでいる．

での観測とを比較して星に対する彗星の視差を計算した結果，この彗星は月より遠方に位置することを証明した（図 6.1（右））．アリストテレス自然学では，彗星は天体ではなく大気中での気象現象であると説明されていたのだった．また，この彗星の運動は，惑星が軌道運動をする同心球を横切るような奇妙な動きであることにティコは気がついたが，これが後にティコが新しい宇宙体系を確立するのに大きな役割を演じることになる．

天の城と星の城

1575 年に，優れた観測装置を作り観測したいというティコの夢が実現する機会が訪れた．自らも熱心な天文観測者であった 1 人の王族の紹介で，デンマーク王のフレデリック 2 世から，コペンハーゲンに面した海峡に浮かぶ小さな島，フベン島（現在はベン島）を天文台用地として提供されたのである．フレデリックには，西欧におけるデンマークの名声と地位を高めるために，一流の科学者を宮廷に抱えたいという強い願望があった．そのため，国王からの豊富な建設費用と

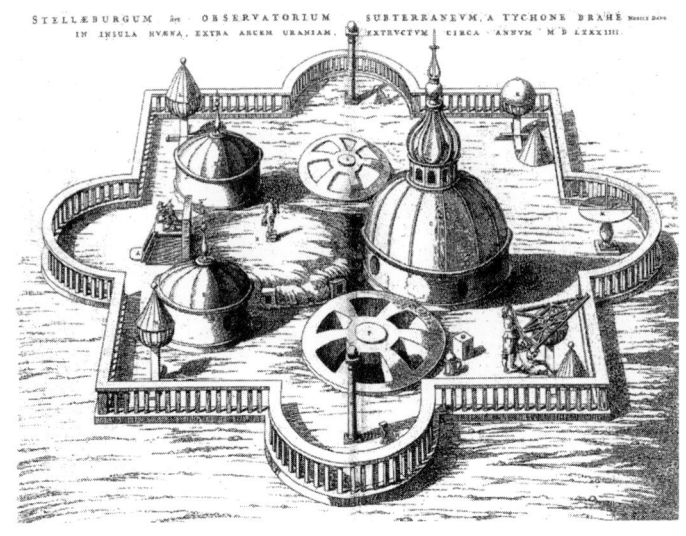

図 **6.2** フベン島に建設された「星の城」（ステルンボルク）．冬の寒さと強風を避けるために，観測装置は地下のサイロに収納される．右下で，2 人が六分儀を使って観測していることに注意．

運営資金の支援も受けて，ティコは 1576 年から「天の城」（ウラニボルク，Uraniborg）と命名した天文台建設に着工した．後には「星の城」（ステルンボルク，Stjerneborg）[2]と呼ぶ付属の観測所まで作った（図 6.2）．この天文台は観測者の宿泊施設，図書館，製紙・印刷工場まで備えており，ヨーロッパでは最初の本格的な近代天文台となった．

1580–1590 年代，自分で設計・改良した六分儀や巨大な壁面四分儀などを駆使して，ティコは精度の高い観測を精力的に行なった．微小な角度を正確に読み取るためにティコが考案した「対角斜線副尺」（diagonal scale）[3]と呼ばれる方式は，イエズス会宣教師によって中国から日本に伝わり，伊能忠敬 (1745–1818) らの測量器具にも使用された（図 6.3）．

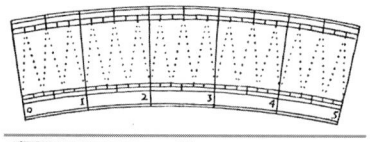

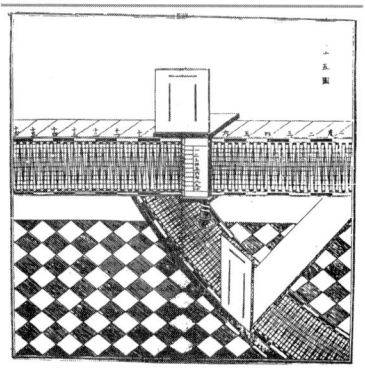

図 6.3　対角斜線副尺．（上）ティコ，（下）中国の『霊台儀象志』．江戸時代，麻田派の天文学者である間重富 (1756–1816) や伊能忠敬らは，中国のイエズス会宣教師，南懐仁 (Ferdinand Verbiest, 1623–1688) が著わした『霊台儀象志』(1674) によって，対角斜線副尺をはじめて知った．

またティコが始めた，吟味した標準星群の位置をまず精密に決定し，それらに相対的に他の星々の位置を測定する方法，1 つの天体を複数の観測装置で多数回測り質の高いデータを重視するやり方は，現代の天体位置観測法ともうほとんど違いはない．そのおかげで，ティコの観測は肉眼観測で達成できる限度に近い，角度で 0.5–1 分の精度を実現できたのだった．

---

2) ティコの観測所は彼がフベン島を追われた後，徹底的に破壊された．近年その発掘が進み，2005 年からティコの天文博物館として公開され，ステルンボルクは原寸大に復元されている．
3) 最小目盛以下の端数を，対角線を利用して読み取る工夫をしたもので，バーニア副尺が発明される以前は副尺の主流だった．ユダヤ系の哲学者・数学者，ゲルソン (Levi ben Gerson, 1288–1344) が最初に提案したが，その後忘れられていた．ティコは独立に考案した（ディッグスの 1576 年の著書にも述べられている）．

6.2 ティコの宇宙体系

　ティコは，トレミーによるエカントのごとき不合理なものを追放して等速円運動を基礎に優れた惑星理論を完成させたコペルニクスを高く評価していた．コペルニクスが言うように5惑星が太陽の周りを回るのは良い．しかし大地が太陽の周りを回る太陽中心説は認めることができなかった．なぜなら，上に述べたようなティコの精密な観測をもってしても，星の年周視差が検出されなかったからである．年周視差が見つからない理由は，恒星は非常に遠いところにあるか，大地が不動かのどちらかであろう．恒星が非常に遠方にあるとすると，土星天球の外には恒星天球まで何もない無意味で広大な空間が広がっていることになり，これは認めがたい．それに，巨大で重い大地が動くとはとうてい考えられなかったし，『旧約聖書』の内容とも矛盾するものに思われた．そこでティコは1578年頃，5世紀にカペラが唱えたような，水星と金星だけが太陽の周りを回り，月，太陽と他の惑星は地球の周囲を巡るモデルをまず考えた．そして6年後，水星，金星，火星，木星，土星が太陽の衛星となって，太陽自身は地球の周囲を回る体系に発展させた（図6.4）[4]．しかし，1つの点でこの体系に充分な自信が持てなかった．それは，このモデルに従うと，火星の天球が太陽の天球とぶつかってしまうのである．天球を水晶のような透明固体と見なす限り，これは重大な困難であった．

　やがて，ティコは1577年に出現した大彗星に思い至る．この彗星は惑星天球と交わるような細長い軌道であったにもかかわらず，何の障害もなく平気で惑星天球をすり抜けて動いていったではないか．つまりは，惑星の天球などももともとなかったことがこの彗星のおかげで分かったのである．この事実に気がついたことでティコはようやく自信の持てる体系を確立できたのだった．このモデルは相対運動の幾何学という観点からはコペルニクスの体系に等価であるから，コペルニクス体系と同様に惑星の見かけの運動を説明できるし，なおかつ不動の大地というティコの信念をもうまく折衷させている．

---

　[4]　*De Mundi Aetherei Recentioribus Phaenomenis*（1588,『月上界で見つかった最近の現象』）に描かれているティコの宇宙体系．本書は1577年の大彗星について述べた著書．

なお，ティコの宇宙では，土星軌道のすぐ外に厚みを持った球殻の恒星天があり，その中に星々が分布しているように描かれているが（図 6.4），これがコペルニクスの宇宙とは異なる点である．ティコの宇宙体系は，"不動の大地"という伝統的な観念（地球の自転は認めていた）に執着した，主にイエズス会系とカトリック国の天文学者たちからは歓迎され，17 世紀後半まで影響力を持った．

1588 年に庇護者のフレデリック 2 世が死去すると，やがてティコの天文台は巨額の費用を浪費する無駄な施設として風当たりが強くなり，1597 年にはティコはついにフベン島を追われてプラハに移ることになる．そ

図 6.4 ティコが提案した新しい宇宙体系 (1588)．太陽と火星の軌道が交差していることに注意．

こでは再び，ルドルフ 2 世（神聖ローマ帝国皇帝，ハプスブルク家）の援助を受け，宮廷天文官の地位に就くことができた．しかし，ティコはその頃には観測への情熱を失っており，過去の研究を出版することにしか関心が向かなかった――私たちがティコの天文台と観測装置の全貌を知ることができるのは，詳細な図解と説明をほどこした豪華な著書，『新天文学の観測機械』(*Astronomiae Instrauratae Mechanica*, 1598) のおかげなのである．

他方，ティコはプラハで，昔一度招待を断られた得がたき人物を研究助手として招くことができた．その人物とは，若きヨハネス・ケプラーであった．

6.3 ケプラーと火星軌道との格闘

ケプラー (Johannes Kepler, 1571–1630) はドイツのシュトゥッツガルト郊外の小さな町でプロテスタント（新教徒）として生まれた（図 6.5）．この地域はル

ター派の勢力範囲で，かつてルターが，太陽中心説など馬鹿げているとコペルニクスを罵倒したことがある．このことで分かるように，この地域では太陽中心説はタブーであった．しかし，ケプラーはチュービンゲン大学神学部の学生のときに師事したメストリン (Michael Maestlin, 1550–1631) からコペルニクス説を教わり，熱心なコペルニクス支持者になった．コペルニクスが発見した惑星系の美しい秩序，すなわち公転周期が大きな惑星ほど軌道半径も大きい，という事実に強い衝撃を受け，

図 6.5　1610 年に描かれたケプラー 39 歳の頃の肖像．

"宇宙を支配する調和の法則" をケプラーは若い頃から探し求めるようになった．

　オーストリアのグラーツに職を得てしばらく後，ケプラーは惑星の軌道半径と正多面体との間に成り立つ素晴らしい関係の着想がひらめいたのである．正多面体には正 4, 正 6, 正 8, 正 12, 正 20 面体の 5 種類しか存在しないことがプラトンの時代から分かっている．他方，惑星の数は地球を含めて 6 個ある．よって，土星の天球の内部に正 6 面体を内接させ，正 6 面体の内部に木星の天球を内接させ，その中に正 4 面体を内接させ，……という入れ籠構造（図 6.6）が成立しているのではないかというアイデアである（各天球は周転円に相当する厚みを持った球殻と考えている）．コペルニクス説で計算される惑星の軌道半径を当てはめてみると，木星以外はこの着想が数値的におおよそ満足されることを知った（厳密には，木星の半径は約 10%合わなかった）．初めての著作である『宇宙誌の神秘』(*Mysterium Cosmographicum*, 1596) の中で述べられているこの発見は，ケプラーが宇宙構造の中に数学的な合理性を見てとった最初の成果であった——もちろんこれは，単なる偶然の一致にすぎなかったのであるが．

　『宇宙誌の神秘』の出版後も，20 年間にわたってケプラーはこのアイデアの修正と改良に腐心している．本書のタイトルからも示唆されるように，宇宙の

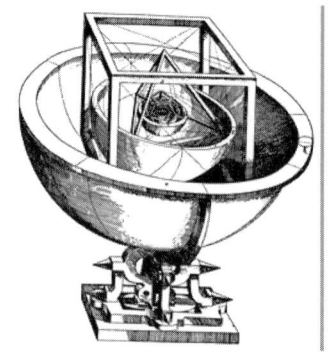

図 6.6 ケプラーが最初に考えた宇宙の幾何学的調和．（左）土星と木星天球，（右）水星〜火星天球．各球殻は周転円の大きさに相当する厚みがある．正多面体の順序は，外側から正 6，正 4，正 12，正 20，正 8 面体である．

形体（惑星の幾何学的配置）には超自然的な意思が反映されているという強い神学上の信念が彼にはあった．本書の初期の原稿には，太陽は父親，惑星天球は息子たち，そして惑星の間を隔てる空間は精霊，というケプラー独特の宇宙観が随所に現れているという．加えて，彼の考えをいまだ満足のいく数理的な理論に仕上げられないのは，精密な惑星の観測データが利用できないためであることも認識していた．

ケプラーはグラーツを新教徒狩りで追われて，1600 年にティコの招きに応じてプラハに移った．そこでわずか 1 年であったがティコと火星軌道の協同研究を行ない[5]，ティコの死後，後継者として召し抱えられるとともにティコの長期間にわたる火星観測データを引き継ぐことになる．このデータをもとに，6 年に及ぶ文字通り，"火星との戦争"をケプラーは経験して，ようやくケプラーの第 1 法則と第 2 法則を発見するのである．

[5) ケプラーの 3 法則は，2 人の友好的な協同研究の成果として生まれたと従来はされてきた．100 年ほど前にティコの墓所から発掘された彼の口ひげが 1996 年に粒子線による微量元素分析法で調査され，ティコは水銀系薬物による急性中毒で毒殺された可能性が高まった．J. ギルダーと A. ギルダーは『ケプラー疑惑』(2006) の中で，ティコを取り巻く人びとを詳細に分析し，彼を殺害する動機の点では，懇願してもティコの観測データを充分に見せてもらえなかったケプラーが唯一，容疑者としてもっとも黒に近いと結論している．

ケプラーの光学への寄与

ティコの没後，ルドルフ2世の宮廷数学官に就任したケプラーは，ティコの残した火星の観測データの研究と，ティコがケプラーのために計画してくれた天文表（「ルドルフ表」）の製作のかたわら，光学の研究にも着手するようになった．それは，彼が1600年に行なった月運動論の研究に関して，皆既日食の影の周囲にできる光の環，皆既月食の影の赤い色など，大気の屈折現象に強い興味を引かれたからである．その研究の成果を，『天文学の光学的部分』(*Astronomiae Pars Optica*) として1604年に出版した．この著書には，平面および曲面の鏡による反射，ピンホールカメラの原理，光の強度は距離の2乗に比例して減衰すること，天体の見かけの大きさと視差の原理，などが議論されている．また彼は，光学を眼球の働きにも適用して，物体の像が眼のレンズを通して網膜に倒立して投影されることを正しく述べ，倒立像にもかかわらず我々が正立像として認識するのは，それが眼球の作用ではないことも示唆した．以上から分かるように，『天文学の光学的部分』は天文現象の光学的理解に重要な貢献をしたが，ケプラーは7年後，さらに重要な光学の本を出版する．

次章でも述べるように，1610年にガリレオは望遠鏡を用いて数々の天文学的発見を成し遂げた．ガリレオの仕事を聞いたケプラーは，知人から1本の望遠鏡を借り受け，早速レンズの光学的研究を開始した．そして1611年には，『屈折光学』(*Dioptrice*) を出版した．本書の中でケプラーは，屈折の法則と全反射，凹レンズ，凸レンズの光線と結像の原理，実像と虚像，レンズの焦点距離と倍率，など，現代のレンズ光学の基本を大部分議論していた．また，凹凸レンズによるガリレオ式（オランダ式）望遠鏡と，2枚の凸レンズを使用するケプラー式（天体用）望遠鏡の理論も展開している．したがって，ケプラーはまさに近代光学の建設者と呼ばれるにふさわしい．

6.4　ケプラーの3法則

ケプラーの第1法則と第2法則は1609年，『新天文学』(*Astronomia Nova*) に発表された．通常いわれるケプラーの3つの法則とは，次のものを指す：

(I) 惑星の軌道は楕円で，その焦点の1つを太陽が占める．

(II) 太陽と惑星を結ぶ動径が単位時間に掃く面積は一定である．
(III) 惑星の平均軌道半径の 3 乗と公転周期の 2 乗の比は，全惑星に共通である．

第 1 法則，第 2 法則に至る試行錯誤の様子は『新天文学』に詳細に記述されているので，ケプラーの思考過程をたどることができる．これに対して，かなり後に発表された第 3 法則では結果だけが示されている．

まず，「太陽からの距離が大きな惑星ほどその公転周期も大きい」という規則性の原因が太陽にあると想定してケプラーはそれを追究したことである．この発想は，単に運動を記述する数学的モデルとしての天文学から，運動の要因を求める物理学への転換という意味できわめて重要である．ケプラーは，太陽からの駆動霊 (anima motrix) が各惑星に働いて惑星を動かし，駆動霊の強さは太陽からの距離に反比例する，とした．この考えには，光は光源から遠ざかるほど明るさが減少することや，イギリス人医師，ギルバート (William Gilbert, 1544–1600) がその著作『磁石論』(De Magnete, 1600) の中で論じた，磁石の性質と磁石としての地球の理論の影響がうかがえる．後にケプラーは駆動霊を現在の "力" の概念に近いものに改めた．さらに，各惑星の軌道面がみな太陽を通る事実をケプラーが知ったことによっても，太陽が惑星に何らかの作用を及ぼしているという確信はいっそう強まったのだった．

ケプラーが 2 つの法則を発見できたのはもちろん彼の天才に負うところが多いが，ティコの 10 回もの衝における火星観測結果を利用できたことと，火星の離心率[6]が大きかった（太陽系の中で水星の次に大きい）ことも楕円軌道の発見に幸いしている．ティコまでの惑星軌道研究は不自然なエカントをいかに廃するかであったが，ケプラーは逆にトレミーのエカントを進んで採用した．最初，離心円[7]とエカントの組み合わせを火星の観測に合わせようと悪戦苦闘して不成功に終わった後，火星をしばし諦めて地球の軌道の形をまず決めることに方向転換した．図 6.7 は，火星 (M) がある衝（地球は E_0）のときから測って火星の 1 公転周期後 (E_1)，2 周期後 (E_2)，3 周期後 (E_3) の地球の位置を示す

---

[6] 楕円の扁平の度合いを示す量で，楕円の長半径を a，短半径を b とすると，離心率 (e) は $e = \sqrt{a^2 - b^2}/a$ で表わされる．
[7] 地球軌道のように，円からわずかしかずれていない場合には，円の中心を少しずらした離心円がこの楕円の良い近似になる．

（火星の公転周期ごとだから，火星はいつも天球上で同じ位置 M にくる）．天球上で衝の方向に対する ME_1，ME_2，ME_3 の方向の関係はティコの観測から分かる．太陽の位置を S とすると SE_1，SE_2，SE_3 の方向は見かけの方向だけが必要なのだからティコの太陽理論からの計算値が使える．すると三角形 SME_1，SME_2，SME_3 の形が決まるから E_1，E_2，E_3 の位置も決定することができる．そしてこの 3 点を通る円の中心 (C) が求まる．SC の距離と円の直径の比から地球軌道の離心率を計算して 0.018 を得た．

次にケプラーは地球の公転速度が軌道上でどう違うかを調べにかかった．図 6.8 で，地球軌道の近地点 B と遠地点 A（今は SC の方向）付近での動きを考えてみよう．エカント点 (P) とは軌道上の動きの角速度が一定に見える点のことである．そこで，一定時間に観測された地球の動き AA' と BB' から等速に見える点 (P) を決定して見ると，PC = CS となって確かに P はエカントであることが分かった．このことから弧の長さ，つまり軌道上の速度 AA' と BB' の比は，S（太陽）からの距離 SB (= AP) と SA (= BP) の比になっていることがいえる．すなわち，軌道上の速度は太陽からの距離に反比例すること：

$$AA' \cdot SA = BB' \cdot SB$$

をケプラーは示したのである．

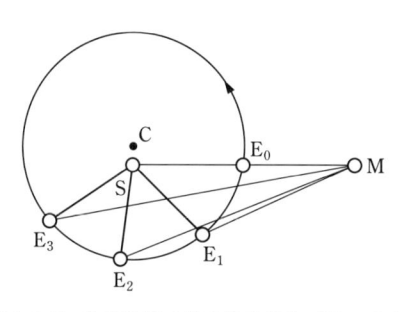

図 **6.7** 地球軌道の形を決めるケプラーの方法．S：太陽，E：地球，M：火星，C：地球軌道の中心．太陽は地球軌道の中心から少しずれたところに位置する．

ケプラーはこの関係を近日点と遠日点付近でのみ示したにすぎないが，太陽からの作用で惑星が運動するというケプラーの直感は，この関係が軌道上のすべての部分で成り立つことを信じて疑わなかった．とはいっても，太陽からの距離は刻々変化する（動径と呼ぶ）ので，上式は短い時間に対してしか使えない．そのため，まだ積分法を知らなかったケプラーは，ある有限の時間については，上式の関係を短い弧と動径の積の総和と考えたのである（つまり，ニュー

トンが発見した積分法でいえば，ある時間内に掃く扇型の面積であり，上に述べたケプラーの第 2 法則に相当する)．そして，惑星が太陽の駆動霊によって動かされているのなら，この関係は地球以外の他の惑星にも当てはまるはずだとして，火星の運動に適用することを試みた．

地球の場合と同じ方法で火星軌道の暫定的な離心率をまず計算し，面積速度の法則と離心円を火星の観測にあてはめてみると，軌道に沿って図 6.8 の AB 軸から反時計回りに測って 45 度と 135 度の位置では角度で 8 分もの誤差が生じた．そこで離心円を捨て，卵型曲線 (ovoid) をあてはめようとした．しかし卵型曲線は計算が困難だったので，さしあたりギリシア時代から性質が良く知られた楕円で近似してみることにした．実はこれが功を奏して，楕円軌道と面積速度の法則で火星の観測をぴったり合わせることに成功したのだった．以上の説明から，第 2 法則が最初に発見されたことが理解できると思う．

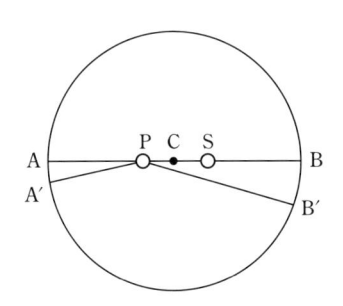

図 6.8 近地点・遠地点の軌道速度からケプラーの第 2 法則を導く．S：太陽，A：遠地点，B：近地点，P：エカント点，C：地球軌道の中心．

第 3 法則は，1619 年に出版された『世界の調和』(*Harmonices Mundi*) の第 5 巻，第 3 章に，惑星の公転周期の 2 乗と軌道半径の 3 乗の比はどの惑星でも同じであると述べられている．ケプラーの著書中のデータを用いてその関係を示したものが表 6.1 である．当時，観測データがあまり精密でなかった土星を除くと，周期 (p) の 2 乗と軌道半径 (r) の 3 乗はどの惑星でもみなよく一致していることが分かる．これはコペルニクス以来のテーマであり，ケプラーが若い頃から探し求めていた周期と軌道の大きさの関係を初めて具体化したものであった．第 2 列の数値では，小数点以下は当時用いられた 60 進法から 10 進法に直し，第 3 列は天文単位の数値に直してある．

これらケプラーの 3 法則は後に，ニュートンが万有引力の法則を導き出す直接の手がかりになったもので，このことからケプラーも現代人に近い科学的な宇宙観を抱いていたと思いがちであるが，実はまったくそうではない．ケプラーの 3 法則が紹介されているのは『世界の調和』の第 5 巻中の一部だけで，大部

表 6.1 ケプラー自身のデータによる第 3 法則の成立関係

惑星	周期 p（日）	平均距離 r	r^3	p^2（年）
土星	10759.20	9.510	860.09	867.72
木星	4332.62	5.200	140.61	140.71
火星	686.98	1.524	3.5396	3.5376
地球	365.25	1.000	1.000	1.000
金星	224.70	0.724	0.3795	0.3785
水星	87.97	0.388	0.0584	0.0580

分は占星術的解釈や音楽理論と惑星系の秩序の関係が延々と書かれているのである[8]．『宇宙誌の神秘』で主張した正多面体と惑星軌道の大きさとの関係に似た議論から，惑星運動の幾何学的特徴を音楽における弦の整数比分割の音程に結びつけて，各惑星に合う音階律の楽譜を大真面目で図示したりしている．そこには神による世界創造の神秘的な合理性を追究しようとする前近代的な姿勢が色濃く残されていた．

無限宇宙と有限宇宙

恒星世界の宇宙を，無限と見るか有限と考えるかは，宇宙観の立場としては大きな違いであるから，ここではその変遷の歴史を簡単に述べておこう．前章に紹介したように，ブルーノやディッグスは，宇宙の大きさは無限であると主張した．とくにディッグスは，1576年に出版した著作の中で，後の章で触れる「オルバースのパラドックス」の原型ともいうべきテーマ，つまり，もし宇宙の拡がりが無限であれば，夜空は昼間のようになぜ輝かないのかという疑問を指摘した．そしてディッグス自身は，大部分の星は眼に見えないくらい遠いから夜は暗くなるのだと説明していた．ディッグス以降，この問題は天文学者の関心を引くようになる．

ケプラーは，無限宇宙論には反対した．星が無限の遠方まで分布しているのなら空は星の光で覆われ，つねに昼のように明るくなければならないはずだ，

---

[8] 『世界の調和』全 5 巻の構成は次の通りである．第 1 巻：調和比のもとになる正則図形の可知性と作図法から見た起源，等級，序列，相違，第 2 巻：調和図形の造形性，第 3 巻：調和比の起源および音楽に関わる事柄の本性と差異，第 4 巻：地上における星からの光線の調和的配置と気象その他の自然現象を引き起こす作用，第 5 巻：天体運動の完璧な調和および離心率と軌道半径と公転周期の起源．

と 1610 年に公表した小冊子で述べている．ニュートン力学的宇宙観を打ち立てたニュートン（第 7 章）は，宇宙自体が自己重力で崩壊しないために，有限の大きさではなく一様な無限宇宙を好んだ．ハレーも無限宇宙を想定したが，ディッグスと同じ誤った結論に達した．星が無限に分布していれば，夜空も太陽のように輝くことを初めて数理的に正しく導いたのは，スイスの数学者ド・シェゾ (Jean-Philippe Loys de Chésaux, 1718–1751) で，1744 年のことだった．こうして 19 世紀になると，この問題はオルバースのパラドックスとして知られる，深刻な宇宙論のテーマになってゆく[9]（第 12 章参照）．

ルドルフ表

ケプラーは自分の惑星理論を用いて新しい惑星表を計算し，1627 年に『ルドルフ表』(*Tabulae Rudolphinae*) として出版した．この表の驚くべき正確さが

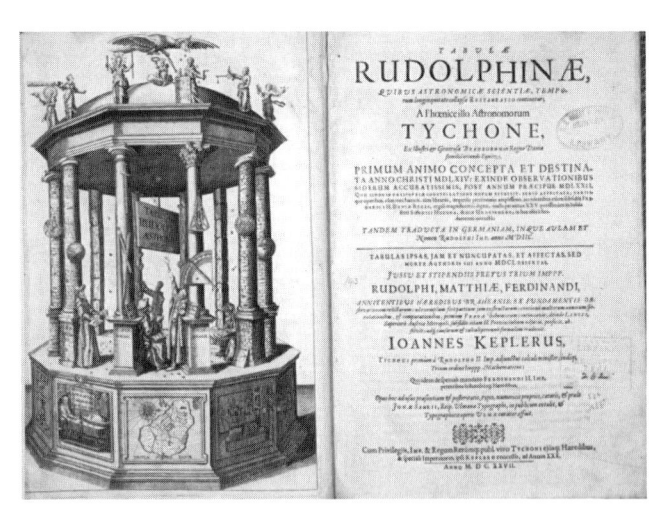

図 **6.9** 『ルドルフ表』の扉とタイトル頁 (1627)．左頁の「天文学神殿」の台座正面には，ティコのフベン島の地図が描かれている．

---

[9] 近年の研究によれば，夜空はなぜ暗いかというオルバースのパラドックスに，定性的ながら，初めて科学的に正しい解釈を与えたのは，米国の詩人・小説家，ポー (Edgar Allan Poe, 1809–1849) だった．それは，晩年の 1848 年に出版されたエッセイ集『ユーレカ：散文詩』の中で述べられている．彼は，宇宙の大きさは無限かもしれないが，宇宙の年齢は有限なので，ある限界の距離より遠方にある星の光は（光速度が有限なために）地球には届かないのだと考えた．

証明されるチャンスが1631年にやってきた．ケプラーの予報にしたがってフランスの天文学者ガッサンディ (Pierre Gassendi, 1592–1655) は，水星の太陽面経過観測[10]に初めて成功したのである．『ルドルフ表』の誤差は太陽直径のわずか3分の1（角度で約10分）であったのに対して，コペルニクスによる『プロシャ表』の誤差はその30倍もあったのだった．このような輝かしい学問的成果をあげたのに反してケプラーの私生活は不運が続いた．新教徒狩りで次々に職場を追われ，自著の出版費用にも事欠き，三十年戦争の最中に，旅行中のレーゲンスブルグで高熱に見舞われ客死するのである．1630年のことだった．

6.5 デカルトと幾何学的宇宙

近代的宇宙観の成立に関して，ケプラーとニュートンの間を取り持つ人物はフランスのデカルト (René Descartes, 1596–1650) であろう．初めて出版された彼の記念碑的著書『方法序説』(1637) には，近代哲学の方法としての分析と総合，懐疑論，解析幾何学など，近代科学の要点がちりばめられている．ガリレオ事件に配慮して出版を見合わせた『宇宙論』には，慣性の法則をはっきりと述べていた．空間の中での位置や運動を記述する手段として3次元直交座標（デカルト座標）を導入して，宇宙を機械論的に考察する道を拓いた．

しかし彼は，空疎な空間というものを認めることはできなかったし，したがって原子論を受け入れることもなかった．デカルトの宇宙観では，アリストテレスと同様に，すべての作用は接触することによって働くのであり，途中に何の媒質もない遠隔的な作用は考えられなかった．宇宙はエーテルのような物質で満たされていて，この流体の渦運動が天体の運動を引き起こす，惑星の運動は渦に沿う流れに乗って起こる，渦運動の中心は太陽や恒星が占めていて，これら渦のセルは宇宙に無限に広がっているから，宇宙には特別な位置や方向はない，というのがデカルトの信じた宇宙であった（図6.10）．

---

[10] 水星，金星の太陽面経過現象：内惑星である水星，金星が地球と太陽とを結ぶ線上にくると起きる，日食に似た現象．実際には，水星，金星は小さな黒い円盤となって，太陽表面を横切るように見える．とくに，金星の太陽面経過は稀な現象で，1874年，1882年，2004年に起こっている．1874年のときは，天文単位の値を正確に決めるために，世界中で観測が行なわれた．

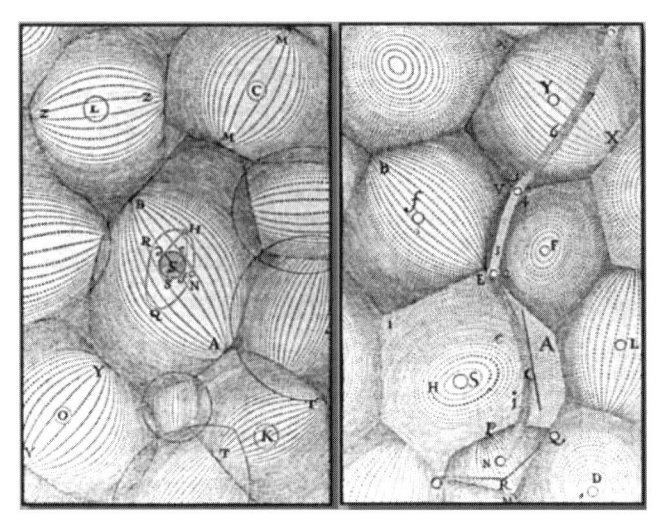

図 **6.10** デカルトが考えた渦巻宇宙．渦巻の中心は太陽や恒星である．現代の渦巻銀河とはまったく関係ないことに注意．

　デカルト以前には，太陽を他の星々と区別して特別視する傾向が強かったが，デカルト以後，太陽はありふれた星の1つにすぎないという考えがしだいに広まっていった．（中村士）

7 宇宙像の拡大
望遠鏡の発明と万有引力の法則の発見

　17世紀に入ると，私たちの宇宙像はそれ以前に比べて2つの面で大幅に拡大した．1つは望遠鏡の発明で，肉眼で見ることのできなかった遠方の世界を見たり，月面上の模様をより詳しく調べたりすることが可能になった．もう1つは，ニュートンが運動の法則および万有引力の法則を発見したことである．これによって，地上界の運動だけでなく，宇宙の万物の振舞いは重力の法則で解釈できるという，いわゆる"ニュートン力学的宇宙観"が広まった．

7.1 望遠鏡の発明がもたらした新たな宇宙観

　第6章では，惑星の真の運動は楕円運動であることがケプラーによって解明されたことを述べた．しかし，宇宙観とは当然ながら惑星の運動だけからなるのではない．惑星や恒星の物理的特性が明らかにされて初めて近代的な宇宙観に発展していくのだが，これには望遠鏡の発明まで待たなければならなかった．
　ガリレオ (Galileo Galilei, 1564–1642) は幼い頃イタリアのフィレンツェで過ごし，ピサ大学を卒業したあと，そこの教授となって3年間を過ごした．1592年からはパドヴァ大学に移り，そこで数学教授として数学，力学，天文学を長年教えていた．この間に，アリストテレス自然学が物体の運動を説明するやり方に疑問を持つようになり，落体の法則などを研究するための測定装置を作って実験を行なった．「ピサの斜塔」で同じ材質で重さの異なる物質を落として，重い物体ほど早く地表に到達するという，アリストテレスの教えが誤っている

ことを確かめる実験をしたという逸話は有名であるが，このことはガリレオ自身の著作には述べられていない[1]．

1604年にへびつかい座に新星が出現した．この新星は，プラハにいたケプラーが詳しく観測して2年後に『新星について』として出版したので，"ケプラーの新星"として知られている（実際は超新星だった）．この新星についてガリレオもパドヴァで講演を行ない，視差の観点から天上界の出来事であると主張している．この頃からアリストテレス的宇宙観に疑いを抱いて天文学の研究を進めたようである．また，ガリレオは1597年からケプラーと文通をしており，自分は数年前からコペルニクスの地動説を信じていると書き送っている．

ガリレオが成し遂げた数々の発見

1609年にガリレオは，遠方の物がすぐ近くに見える，レンズを組み合わせた新奇な器具が1608年にオランダで作られたという噂を聞き，フランス貴族だった友人からの手紙でそれが事実であることを知った（当初はスパイグラスと呼ばれ，後に望遠鏡と命名された）．そこで，レンズ光学を研究し，それにもとづいて自ら望遠鏡を製作した．ガリレオが作った望遠鏡は凸の対物レンズと凹の接眼レンズを組み合わせたもので，オランダ式，またはガリレオ式と呼ばれている[2]．これら望遠鏡を用いてガリレオは天体の観測を始めた結果，当時一般に信じられていたアリストテレスの教えが誤っていることを示す重要な発見を次々に成し遂げるのである．

まず，月の表面は，アリストテレスらが主張していたような，滑らかで完全な球体からはほど遠く，多くの凹凸，ごつごつした山脈と暗い平坦な海，へこんだクレーター（これはガリレオの命名で「おわん」という意味）が散在する地

---

[1] ガリレオの弟子であったヴィヴィアーニが1654年にガリレオの伝記を執筆した．それが60年後に出版された．その本に書かれているのがこの逸話の初出で，後世にいろいろ尾ヒレが付いて伝説化したらしい．しかし，当時のガリレオ関係の史料によれば，彼がそのような実験を行なった証拠は見つからないそうである（渡辺正雄編著中の伊東俊太郎による論考，1987）．
[2] オランダにおける1608年の望遠鏡の発明は，一般にリッパヘイ（Hans Lipperhey, 1570–1619）によるとされることが多い．しかし実際には複数のオランダ人がほぼ同じ頃，眼鏡レンズを試行錯誤で組み合わせていて偶然発明したらしい．ガリレオの場合は，20–30倍という高倍率が得られる望遠鏡のレンズを自ら研磨・製作できたことが，数々の天文学上の発見につながった大きな要素である．なお，レンズ光学の原理という観点ではガリレオの理解はむしろ誤っており，ケプラーの『屈折光学』のほうがずっと近代の光学理論に近かった（田中一郎，1990）．

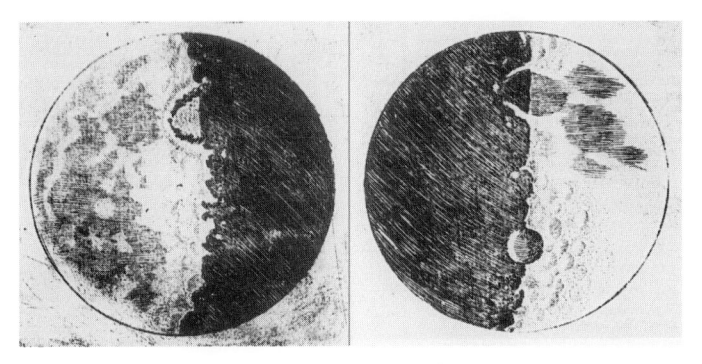

図 7.1 ガリレオによる初期の月面スケッチ．右図中央下部の丸いクレーターはアルバタニークレーター（直径 130 km）が誇張されて描かれたもの．

上の景色に近いことをガリレオは見つけた．そしてそれら地形の見え方は，月面上での太陽高度の違いによる影の変化で説明できることを知った（図 7.1）．

また，肉眼では見えなかった微細な星が望遠鏡によって見えるようになることを，オリオン座三ツ星付近のスケッチやプレアデス星団（すばる）のスケッチでガリレオは示している．とくに天の川が多数の星に分解されて見えたので，古代ギリシアの哲学者デモクリトスが BC 5 世紀に天の川は星の集まりであるとした推定を確かめることができた．望遠鏡を使うと惑星は円盤として拡大されて見えたのに対して星は依然点状のままであった．このことは恒星が非常に遠いとするコペルニクス説を支持する有力な証拠であるとガリレオは考えた．

なかでもガリレオを興奮させたのは，木星の周囲を回る 4 個の月（衛星）を 1610 年 1 月に発見したことである（図 7.2）．ガリレオは自分の発見した衛星を彼の庇護者メディチ家に敬意を表わしてメディチの星と称したが，後にガリレオ衛星と呼ばれるようになった．この発見の意義は，地球だけが宇宙における運動の中心であるとする伝統的な宇宙観に明白な反証を見つけたことにある．4 個の衛星を従えた木星が太陽の周りを運動するなら，月を従えた地球も太陽を回る惑星であって悪い理由があろうか，とガリレオは地動説への確信を深めたのである．これらの成果は発見の先取権を確保するために，ベニスにおいて『星界の報告』(*Sidereus Nuncius*, 1610) として大急ぎで出版された．この本は天文学者以外のヨーロッパの人びとにも大きな反響を引き起こした．ケプラー

7.1 望遠鏡の発明がもたらした新たな宇宙観

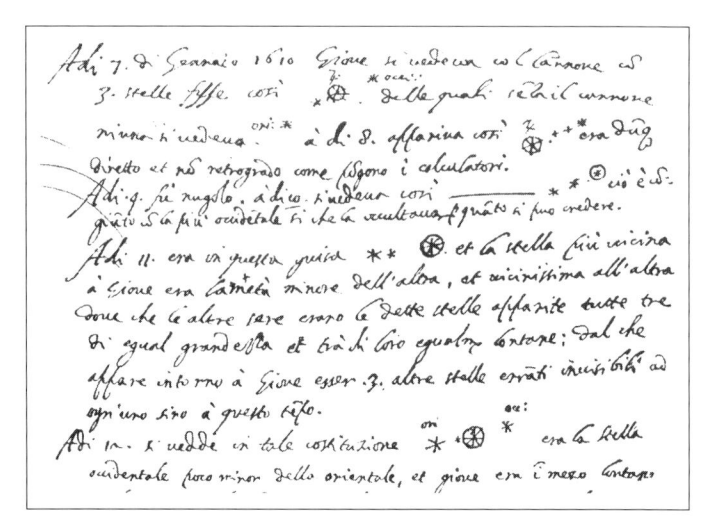

図 7.2 木星の衛星の発見を記したガリレオの観測ノートの第1頁(部分).最初の行に,1610年1月7日と書かれている.○の中の星印が木星,左右の＊印が衛星である.

も称賛を送り,自身でも望遠鏡でガリレオ衛星を観測している.

　この後もガリレオはいくつかの重要な発見を行なう.第1に,太陽面にしみのような黒点を発見したことである(これも太陽表面は完璧な球体と見なしたアリストテレス自然学への明らかな反証だった).観測を続けた結果,黒点は太陽表面に貼りついていること,その動きから太陽自身が約1カ月の周期で自転していることを確認した.黒点は黒く見えるが,実際には満月の面より明るいのだという議論までガリレオはしている.しかし黒点の発見に関しては,その先取権をめぐってイエズス会の天文学者シャイナーとの争いとなった.

　第2の発見は,土星本体の両側に奇妙なコブを見つけたことである.しかし観測を続けていくとコブが消えてしまったり,後には形を変えて現れたりしたため,ガリレオは過去の自分の観測すべてに疑いを抱いたほどであった(図7.3).土星の不思議な附属物はその後も観測者を悩ませ続け,それが土星を取り巻く環としてオランダのホイヘンスが正しく認識したのは,かなり後の1656年になってからで,望遠鏡の性能が向上した結果だった.

　第3に,金星も月と同様に完全な満ち欠けをすることを見つけた.金星の満

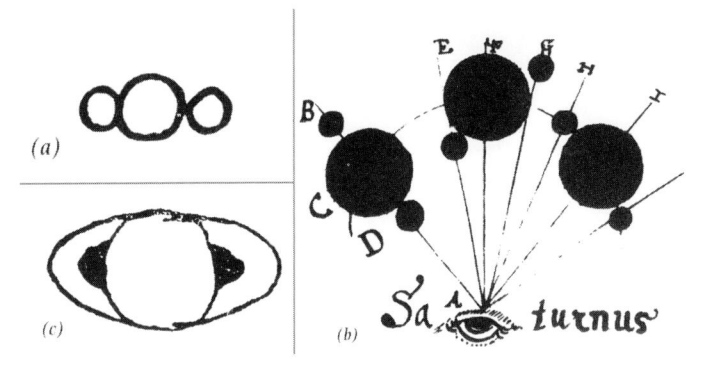

図 7.3 土星の両側にある奇妙な付属物の発見．(a) ガリレオ（1610 年 7 月），(b) シャイナー（1616 年），(c) ガリレオ（1616 年）．

ち欠けは，トレミーによる宇宙とは違って，金星が太陽の向こう側に行くことができること，つまり金星は太陽の周囲を実際にめぐることを疑いなく証明したものであった．

『星界の報告』出版の後まもなく，ガリレオはその評判と功績でフィレンツェのトスカナ大公付きの数学者に任命された．この頃から，自分の発見にもとづく宇宙観に自信を深めたせいか，コペルニクスの地動説を公然と擁護しはじめて，ガリレオへの敵対者が天文学者ばかりでなく教会関係者の間にも多くなる．そのために 1616 年になって，ローマの検邪聖省からコペルニクス地動説を公に支持しない誓約をさせられた．しかしその後，ローマ教皇が旧知の人物に交代したので（ウルバヌス 8 世），先に自分に科された禁制が緩和されるだろうと推測し，1632 年にはラテン語ではなく母国語のイタリア語で書いた『天文対話』(*Dialogo sopra i due massimi sistemi del mondo*) を出版した（図 7.4）．この中でガリレオは，新たに海の潮汐現象を地球が運動する有力な証拠として再びコペルニクス地動説の有利さを主張した[3]．

---

3) 実はガリレオのこの論拠はまったく誤っていた．海の潮汐現象は月が原因とする説も当時からあったが，ガリレオは重力のような"遠隔力"を知らなかったから，月による作用などは占星術と同類と見なした．海水の容器としての地球は，全体が一様運動をする時は「慣性の法則」によって海水の移動は起きない．しかし，地球の公転と自転の両方を考えた場合，場所による相対速度の違いがあるため，その結果潮汐現象が生じると考えた．

7.1 望遠鏡の発明がもたらした新たな宇宙観

地動説をめぐる教会との確執

『天文対話』は，3人の登場人物による4日間の議論で構成されている．1人はガリレオの分身ともいうべき先進的な才能に満ちた地動説の支持者，2人目は中庸な立場で前者の説明に質問したり補足するベネチアの貴族，3人目は古い天動説の伝統に固執するアリストテレス主義者という設定だった．しかし，このアリストテレス主義者の役割が，教会の無知を嘲笑するがごときものであったために，ついに教皇の怒りを買った．ローマの宗教裁判に召喚され，1633年6月，有罪の判決を受けた．判決の内容は，自説の破棄，『天文対話』を禁書とすること，ガリレオの身柄を自宅幽閉すること，などであった．ただ，この判決には3名の裁判官が署名を拒否しており，検邪聖省の中にガリレオを擁護しようとした人びとがまだ残っていたことを示していてたいへん興味深い（ガリレオは知らなかったが，教皇を後押ししたブルボン家と，ガリレオのパトロンであるトスカナ大公の背後にいたハプスブルグ家との間の政治闘争に，この事件が実は利用されたという面もあった）．幽閉中は天文学のかわりに以前からの力学研究を再開し，1638年にはイタリア語の『新科学対話』(*Discorsi e dimostrazioni matematiche, intorno a due nuove scienze*) を発表した．この時分からガリレオの視力は急速に衰えをみせ，死亡の年1642年の数年前には全盲になっていた．

ガリレオは落体・投射体の法則や「円慣性」[4]の研究で力学理論の基礎づけに

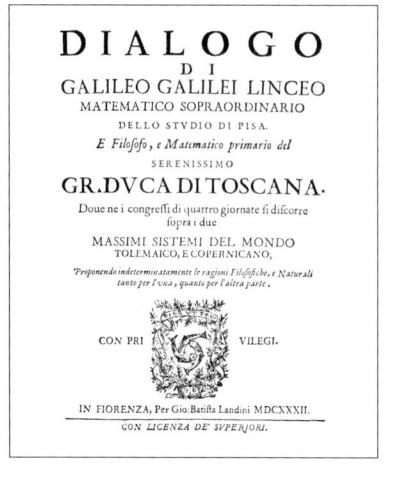

図 7.4　イタリア語で書かれた『天文対話』(1632)．タイトルは「2つの主要な宇宙体系に関する対話，トレミー系とコペルニクス系」である．

---

[4] 一様な等速円運動はそれ自体でそのまま持続されるというガリレオの考え方で，古代ギリシアにおける円運動理論の影響が見られる．アリストテレス自然学では，運動には必ずその原因が必要であった．ガリレオの円慣性は後に，デカルトによる直線運動の慣性則を経て，ニュートンによって運動の第1法則として定式化された．脚注5を参照．

は大きな貢献をしたが，複雑な数理は得意ではなかったらしい．上に述べたようにケプラーは，ガリレオによる木星衛星の発見に熱狂して自らも望遠鏡で観測をした．また，ガリレオ衛星の公転周期が測定されて後，この系にもケプラーの第3法則が成り立つことを確かめている．これとは対照的にガリレオのほうは，友人からガリレオに宛てた1612年の手紙の中で，ケプラーの『新天文学』に書かれた楕円軌道論について知らされても，理解も興味も示さなかったという．もっともこれはケプラーの著書の神秘主義的でくどいスタイルにも原因の一部があったとされている．

ガリレオ以外の天文学者による発見

『星界の報告』の影響があまりに大きいので私たちは見落としがちだが，望遠鏡を用いた天文学上の発見はガリレオだけによってなされたのではないことを忘れてはならない．

その代表は，インゴルシュタットのイエズス会大学の天文学者シャイナー (Christoph Scheiner, 1573/5–1650) である．彼は最初，匿名でガリレオに太陽黒点発見の先取権を主張した．しかしシャイナーは，黒点が太陽の周りを回る衛星であるという誤った見解を述べたため，ガリレオによる発見の優位が定着してしまった．ただし，太陽黒点の専門家という意味では，シャイナーのほうがずっと上だった．彼は黒点の観測を長期間続け，1630年に太陽黒点論に関する4巻の大著『ウルシネ公のバラ，または太陽』(*Rosa Ursina sive Sol*) を出版した——このタイトルには自分のパトロンとその紋章バラへの讃辞が込められている．本書には黒点の運動から導いた精密な太陽の自転軸の方向や，大気差のため地平線近くで太陽は楕円形に見えることを議論しており，この本はその後1世紀にわたって太陽研究の標準書の地位を保った．そのほかシャイナーは，ケプラー式望遠鏡にもう1枚の凸レンズを加えて正立像が見える最初の望遠鏡を製作したこと，現在でも一般に使われる赤道儀式望遠鏡架台を考案したことでも有名である．

ドイツの天文学者マリウス (Simon Marius, 1573–1624) は，アラブ世界では中世の頃から知られていたアンドロメダ星雲を望遠鏡で観測した．見かけの直径を測り，星雲の中心部ほど光が強いことを1614年に報告している．また，シャイナーの弟子だったスイスのイエズス会天文学者シサット (Johann Baptist

Cysat, 1588–1657) は，1618–1619 年に出現した彗星に関する著書の中で，オリオン座の大星雲について記述した．1630 年代以降になると，倍率の点でも視野の広さの点でも，ガリレオ式望遠鏡よりずっと高性能なケプラー式望遠鏡が出現し，土星の付属物の正体解明や土星の衛星の発見などにつながっていった．

望遠鏡とガリレオによる発見の東洋への伝来

ここで，宇宙像の拡大に革命的な役割を演じた望遠鏡の発明が，中国や日本など東アジアにどのように伝えられたかを簡単に見てみよう．オランダで発明された望遠鏡が我が国にはじめてもたらされたのは 1613 年で，英国東インド会社の船長，J. セーリスが徳川家康に黄金の望遠鏡を献上したことが，日本側と英国側の両方の記録に残されている．つまり，望遠鏡は発明後 4–5 年で日本に伝えられたことになる．当時，貿易船がヨーロッパから喜望峰を回って日本に来航するのに数年を要したことを考えれば，これは非常にすばやい文化の伝来といえるだろう．

ガリレオ式望遠鏡は視野が狭く，ケプラー式は像が倒立する欠点があった．これらの点を改良して，視野の広い正立像を与える真の意味での近代的望遠鏡を公表したのは，ドイツのイエズス会宣教師シルレ (Anton Maria Schyrle of Rheita, 1604–1660) で，1645 年のことである．このタイプの望遠鏡をシルレ型と呼ぶ（図 7.5）．我が国に現存する最古の望遠鏡は，徳川家康の九男で尾張名古屋藩の創始者であった徳川義直が所持していた望遠鏡である．義直公は 1650 年に死亡しているから，この望遠鏡は同年かそれ以前に製作されたことになる．筆者らの調査結果によれば，材料でも製作法の面でもまったくヨーロッパ的要素は見られず，中国南部の沿岸地方か，長崎あたりで作られた可能性が高い．しかも，義直望遠鏡は凸レンズ 4 枚からなる，シルレ型だった（完全な形で残っているシルレ型としては世界最古である）．ヨーロッパから持ち込まれた物ではないから，3 枚凸レンズ望遠鏡を考案したシャイナーの系統で中国に渡来したイエズス会宣教師が中国人に製作法を教えたか，または眼鏡磨きが盛んだった蘇州附近出身の中国人が独自に考案した可能性も考えられる．

ところで，ガリレオの望遠鏡による発見のニュースも，わずか 5 年で中国に伝えられた．それは，イエズス会士ディアズ (Emmanuel Diaz, 中国名：陽瑪諾, 1574–1659) が 1615 年に北京で出版した『天問略』によってである．図は土星

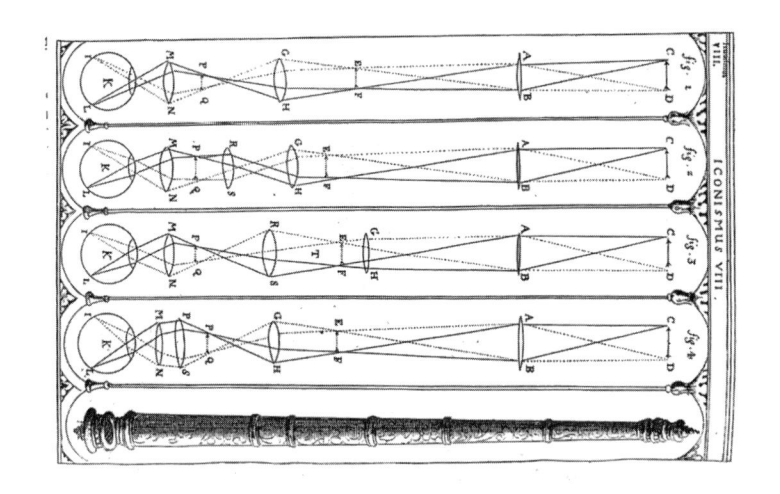

図 **7.5** シルレが 1645 年に発明を公表したシルレ型望遠鏡．4 種類のレンズの組み合わせを描いている（左側の丸は眼球）．シルレによる望遠鏡の筒は対物レンズのほうが細いのが特徴で，この点からも義直望遠鏡とはまったく異なることが分かる．

のコブの稚拙な絵しか載っていないが，『星界の報告』の内容は全部紹介されている．ついで，1629 年には，湯 若 望（とうじゃくぼう）（アダム・シャール，Adam Schall von Bell, 1591–1666）が『遠鏡説』を出版した．これは，反射・屈折とレンズの基本原理や望遠鏡の簡単な構造を初めて中国に紹介した本として重要である．さらに，ガリレオの天文学的発見と，天動説と地動説を折衷したティコの宇宙体系についても説明していた．しかし，当時の中国や日本には，望遠鏡を空に向けて自ら天体を調べてみようと考えた人は残念ながらいなかったようである．

7.2 ニュートンと万有引力の法則の発見

次に，理論面における宇宙観の発展に眼を向けてみよう．惑星運動の物理的な理解への手掛かりはコペルニクスとケプラーによって与えられたが，これを現在の力学理論の体系に完成させたのはニュートン (Isaac Newton, 1642–1727) である．ニュートンはイングランドのウールスソープに生まれ，自然の事物に

1人で親しむ少年期をおくった．親戚の援助で1661年にケンブリッジ大学トリニティカレッジに入学した．大学では，コペルニクス，ケプラー，ガリレオ，デカルトらの著作を好んで学んだ．やがてその優れた数理的才能は，ルーカス数学講座の初代教授だったバロー (Isaac Barrow, 1630–1677) によって高く評価されるようになった．学位の取得後ロンドンではペストが大流行したため，ニュートンは故郷に避難したが，そこでのわずか1年半の滞在中に，ニュートンの主要業績になる微分積分学，光学，万有引力に関した研究の大部分を行なったのである．1669年にはバローの後任としてルーカス教授職についた．

惑星が太陽の周囲を回る原因については，光源から放射される光の強度の弱まり方などがヒントになったのであろうが，1680年頃には太陽から惑星に働く作用が距離の2乗に反比例するのではないかと感づいていた人びともいた．フック (Robert Hooke, 1635–1703) は1680年にニュートンに手紙を送り，距離の2乗に反比例した大きさの，太陽に向かう何かの作用によって惑星は運動しているのでないか，と問い合わせている．そのため後に，"距離の逆2乗則"のアイデアの先取権に関してニュートンとフックの間で確執が起こる．しかし，残された草稿によれば，ニュートンは1667–1669年頃に，力のつり合いの問題としては，ケプラーの第3法則を適用して距離の逆2乗則をすでに得ていたのである．それを現代流に説明すると次のようになる．

今，円運動の場合を考えよう．円運動の軌道速度をv，円の半径をrとすると，太陽に向かう加速度（ニュートンはこの頃は太陽から遠ざかろうとする"衝動"と表現している）は，運動学的な考察から$v^2/r\,(=r\cdot\omega^2)$で表わされる．ここで，ωは公転の角速度を表わす$(v=r\omega)$．公転周期は$2\pi/\omega$となる．一方，ケプラーの第3法則によって，$\omega^2\cdot r^3 = v^2\cdot r = $ 一定 (c) の関係があるから，これを使って上の加速度の式からvを消去すると，加速度（単位質量に働く力）$=c/r^2$，つまり距離の逆2乗の力が得られる．

運動の法則

フックは1679年にもニュートンに手紙で，「惑星の運動は，太陽に引っ張られる運動とそれに直角な方向への直線運動の合成である」とする自分の仮説について意見を求めている．これに対してニュートンは誠意のない返事を書くが，実は内心フックの考えに大きな刺激を受けたのである．早速，現在の運動の第

1 法則[5]）および運動方程式（第 2 法則）に相当する仮定と，フックの示唆である運動の平行四辺形合成則のアイデアをもとに，求心力（この言葉はニュートンが導入した）の作用で運動する天体の場合，微小時間内に惑星が描く軌道弧と中心とを結んでできる三角形の面積が運動に伴って保存されることを幾何学的にまず示した（面積速度保存の法則）．ついで，楕円軌道を描き楕円の 1 つの焦点に向かって引かれる運動では，引力は焦点からの距離の 2 乗に逆比例することを，特殊な場合と一般の場合との 2 段階に分けて証明してしまった．しかし，このことを誰にも明かすことはなかった．

1684 年になって，ハレーがニュートンを訪れ，「中心から距離の逆 2 乗の力に従って運動する天体の軌道は何か」の教えを乞うた．これに対してニュートンは即座に楕円であると答え，その証明を後日ハレーに手紙で書き送った．これに感銘を受けたハレーは，ニュートンの研究をまとまった書物にして出版するよう強く説得する．これに応えてニュートンは 2 年後，『自然哲学の数学的原理』（通称，プリンキピア（$Principia$)，正式タイトルは $Philosophiae\ Naturalis\ Principia\ Mathematica$）の第 1 巻原稿を王立協会に届けるのである．深くニュートンに傾倒したハレーは出版費の援助まで行なった．1687 年 4 月までに全 3 巻が発刊された．

宇宙観の統一

フックやニュートンが発見した逆 2 乗の法則は，惑星から地上の小石に及ぶあらゆる物体に等しく働く力という意味で，「万有引力」（重力）と呼ばれる．上に述べた 1667 年頃のニュートン草稿には，地上の物体に働く地球の重力が月にまで及んでいると想定して，月に働く重力と地上物体に働く重力との最初の比較を行なっている（ホイヘンスが見つけた，地球自転による物体への遠心力の効果はもちろん考慮されている）．そして，あまり一致はよくないが両者はだ

---

[5] ニュートンによる運動の 3 法則とは，次のものをいう．第 1 法則：物体は力を受けない限り，静止の状態あるいは等速度運動を続ける（慣性の法則）．第 2 法則：物体が力を受けると，その力の方向に加速度を生じる．加速度の大きさは，力に比例し，物体の質量に反比例する（運動方程式）．第 3 法則：2 個の物体が互いに及ぼし合う力は，大きさが等しく向きは反対で，2 物体を結ぶ直線の方向に作用する．なお，第 2 法則において，力がゼロの場合は等速直線運動になるから，第 1 法則は第 2 法則の特殊な場合で，前者は不要なのではないかと思うかもしれない．しかし，これは誤りである．なぜなら，慣性の法則が成り立つ座標系（慣性系）が存在してはじめて，第 2 法則の運動方程式が使えるからである．

いたい距離の2乗に逆比例する関係にあることを確かめた．だた，予想したほど良い一致ではなかったので，失望したニュートンは月に働く力は重力の他に，デカルトによる渦運動の吸引効果（6.5節）も入っていると想像した．これはニュートンがデカルトの宇宙観から大きな影響を受けていたからである．ニュートンの計算における不一致の原因は実は，彼が誤差の大きなその当時の数値を使って計算していたためであった．

ニュートンの「万有引力の法則」によって，アリストテレス以来2000年，天上界と地上界とに別々に分けられていた運動法則は，ここにようやく統一されることになった．これはまた，"宇宙観の統一"をも意味していた．

7.3　万有引力の法則の普及とニュートン力学的宇宙観

ハレーとハレー彗星

ニュートンの『プリンキピア』の恩恵を早い時期にもっとも受けたのはハレー (Edmund Halley, 1656–1742) である（図7.6）．彗星はそれまでの観測では，直線運動または放物線のような軌道に沿って運動していると思われてきた．しかし『プリンキピア』は，天体である彗星も万有引力の法則に従って運動する結果，実際には非常に細長い楕円軌道を持つことも可能で，その場合には発見されて後，再び太陽のそばに戻ってくることを述べていた（周期彗星）．このことを確かめるため，ハレーは中世から彼の時代までに観測された24個の彗星の軌道をニュートンの理論によって求め比較してみた．その結果，1531年，1607年，1682年の彗星が75–76年間隔で出現しており，軌道も互いによく似ていることを発見した．そして，これらを同一の彗星の回帰であろうと考え，次の出現を1758年と予言した．その予言はみごとに的中し，1758年のクリスマスの晩に発見された彗星がまさしくハレーが予言した彗星であることが示された（ハレーはこの15年前に死亡していた）．今ではこの彗星はハレーの功績を記念して，ハレー彗星と呼ばれている．ハレーにはこの他，月の永年加速[6]の発

---

[6]　地球の自転周期は潮汐作用のために長年月かけて少しずつ長くなっている．そのため，地球の自転にもとづく従来の時刻系で月の運動を測定すると，見かけ上月の運動が加速しているように見える．

見，恒星の固有運動の研究，オーロラと地磁気の関係の発見など多数の業績があり，1720 年には王立天文官としてグリニッチ天文台長に任命された．

天体力学の時代

ハレーらによるニュートン力学の目覚しい適用に印象づけられて，ニュートン力学は天文学者の間にしだいに普及していった．その後 18 世紀に入ると，ニュートン力学にもとづく重力論的宇宙観が支配的になる．ダランベール (Jean le Rond d'Alembert, 1717–1783)，クレロー (Alexis Claude de Clairaut, 1713–1765)，オイラー (Leonhard Euler, 1707–1783)，ラグランジュ (Joseph-Louis Lagrange, 1736–1813)，ラプラス (Pierre-Simon Laplace, 1749–1827) らが輩出して，ニュートン力学によって天体の運動を研究する天体力学と呼ばれる学問分野が確立されていった．

図 **7.6** エドモンド・ハレー．ハレーの名で死後に出版された『天文表』(1752) に付された肖像．

海王星の予言と発見

ニュートン力学の勝利をもっとも象徴的に示した出来事は，海王星発見の物語であろう．第 8 章でも触れるハーシェルが自作の望遠鏡で天王星を発見したのは 1781 年のことである．天王星の発見によって，太陽系の大きさはそれまでの 2 倍に拡大した．天王星のおおよその軌道を求めてみると，ハーシェルより約 100 年も前から天王星は何度か恒星として観測されていたことが判明した．その結果，過去の観測データも使って長期間にわたる正確な天王星の軌道を決定することができた．ところが時間がたつにつれて，その正確なはずの軌道予測が実際の観測からずれ始め，1820–30 年代にはとうてい許容できないほどの差になってしまった．

その原因としてはじめは，万有引力の法則は厳密に距離の逆 2 乗則には従わ

図 **7.7** ルベリエ（左）とアダムス（右）．

ない可能性と，未知の惑星の重力作用が天王星の軌道を乱している可能性，の2つが考えられた．だが19世紀までには，万有引力の法則は他の多くの分野で成功をおさめていたからこの法則を疑う人はなくなり，天文学者たちは未知惑星の存在のほうを真剣に考えはじめた．

この難問題に挑んだのは，2人の若き天文学者，パリ天文台のルベリエ (Urbain J.J. Le Verrier, 1811–1877) とケンブリッジ大学の学生だったアダムス (John Couch Adams, 1819–1892) である（図 7.7）．1845–1846 年にルベリエは，惑星軌道の配列に関する規則性（ボーデの法則）[7]が未知惑星についても成立すると仮定して，高度で面倒な計算を駆使し，未知惑星の位置を予測した．ルベリエは計算結果をベルリン天文台に送り彼の予測位置を捜索するよう依頼する．ベルリン天文台ではガレ (Johann Gottfried Galle, 1812–1910) らが，作られたばかりの新しい星図を使って，捜索観測を始めた最初の晩（1846 年 9 月 23 日）に，ルベリエが予言した位置の近くに未知の惑星を発見することに成功した（図 7.8）．一方，アダムスのほうは，ルベリエよりも少し早い時期にルベリ

---

[7] 惑星の平均軌道半径が $0.4 + 0.3 \times 2^n$（天文単位）で近似できるという経験則（ただし，水星から順に $n = -\infty, 0, 1, 2, \cdots$ とする）．ティティウス (Johann D. Titius, 1729–1796) が 1766 年に発見し，ボーデ (Johann E. Bode, 1747–1826) が 1772 年に自著で紹介した．1781 年に発見された天王星と 1801 年に見つかった最初の小惑星セレスの軌道半径がボーデの法則をよく満たしていたので，この法則が広く知られるようになった．ルベリエとアダムスは，未知惑星に対しては $n = 7$ と仮定したが，実際の海王星の軌道半径はこの予測値よりずっと小さかった．

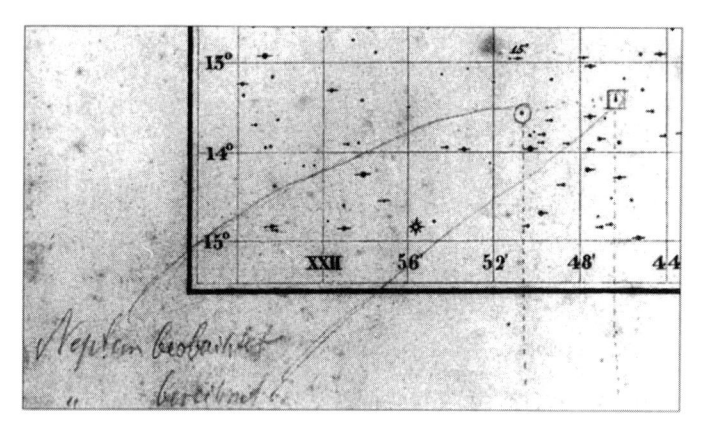

図 7.8　海王星発見の星図．ルベリエの予想位置 (□) とガレが実際に発見した位置 (○) とが鉛筆で示されている．両者の差は角度で約 1 度．

エの値に近い予測位置を計算して，グリニッチ天文台長に知らせていた．しかし，英国側では不運と対応のまずさが重なって，アダムスが予言した新惑星を発見するには至らなかった．この新惑星は，後に海王星と命名された．

　海王星の発見によって，ルベリエとアダムスとは国家的英雄にまで祭り上げられた．このことは，ニュートン力学の勝利，言い換えればニュートン力学的宇宙観が一般大衆にまで浸透しはじめたことを意味していた．

フーコー振り子の実験

　19 世紀中頃には，ニュートン力学は天文学だけでなく科学のあらゆる分野で活用され，工学のほうでも機械工学などでは大きな成果をあげるようになっていた．したがって，現在では高校や大学初年で習う単純な振り子の運動などは，当時はすっかりその力学的性質が解明されたと考えられていた．ところがその裏をかくように，簡単な振り子を使用してフーコー (Jean Bernard Léon Foucault, 1819–1868) は，思いもかけない実験，すなわち地球の自転運動を誰の目にも見えるようにする実験を行なったのである（図 7.9）．

　フーコーは数学・物理学の専門教育は受けたことはなかったが，子供の頃から 1 人で種々の実験や工作を行ない，雑誌などにたびたび寄稿しながらたたき上げた独学の優れた技術者だった．彼は 1851 年にまず自宅地下室で，次にはパ

図 7.9 フーコーの墓石に刻まれた肖像と銘盤．パリのモンマルトル墓地にある．

リ天文台の"カッシーニの間"で，ついでパンテオンでは 67 m の高さから重量 28 kg の振り子を吊るして公開実験をしてみせた．観衆は振り子の振動面がゆっくり回転することに驚いた．この一見不思議な現象は，フーコー振り子の発見後，ニュートン力学によって次のように説明された．地球のような回転している座標系の上で運動する物体は，その速度に応じてコリオリ力と呼ばれる力が作用する．その結果，振り子が振動する面は，その場所の緯度に応じた速さでゆっくりと回転する[8]．つまり，フーコーはフーコー振り子の実験によって，私たちが住む地球が実際に回転していることを目に見える形で証明したのである．この実験は後に，フーコーによるジャイロスコープの発明へと発展していくことになる．

　フーコーは，後にパリ天文台に入所し，天体物理学のさきがけである種々の実験や光学装置の開発を行なった．当時，海王星の理論的発見で名声を博したルベリエがパリ天文台長になっており，帝王のような権勢を振るっていた．彼は天体力学のような数理的天文学以外には学問的価値をあまり認めず，フーコーのような仕事をする実験家を正当に評価しなかった．このことは，当時まだ天体物理学が天文学のコミュニティでも確たる市民権を得ていなかったことを示唆している．（中村士）

---

[8] フーコー振り子の振動面が回転する角速度 (Ω) は，ニュートン力学では，$\Omega = \omega \sin\phi$（ω は地球の自転角速度，ϕ は緯度）で与えられる．この式から，振り子の振動面は東京あたりの中緯度地帯では約 9 度/時，南極や北極では自転速度と同じ約 15 度/時で回転し，赤道地帯では振動面は回転しないことが分かる．フーコーは，Ω の緯度 (ϕ) 依存性を，理論力学の素養もなしに実験と直感だけから導き出してしまったのである．

8 地動説の検証から恒星天文学の誕生へ

　第7章で述べたようにガリレオは，望遠鏡による自分の発見のいくつかを太陽中心説の証拠と考えた．たとえば，木星を巡る4個の月（ガリレオ衛星）である．しかし，ガリレオ衛星の場合，地球の周りを回る月のように，木星という惑星の周囲を巡る天体があるということがわかっただけで，地球が太陽の周囲を回るという真の意味の証明にはなっていない．地動説のもっとも直接的な証明は，地動説の反対者も指摘していたように，年周視差 (annual parallax) の検出であった．しかし，年周視差を観測的に検出するのはきわめて難しく，多くの優れた天文学者の努力にもかかわらず，実際に年周視差が発見されたのは，ずっと後の時代，1830年代の終わりになってからであった．

8.1 年周視差発見の前史

　前章で取り扱ったニュートン力学が普及してきて，惑星の運動がほとんどすべて万有引力の法則で説明できることが理解されてくると，星の年周視差を検出する意味が，地球の運動を証明することから別の物へ微妙に変わっていった．
　惑星の運動はどれも，ごくわずかなずれ（摂動と呼ばれる）を除くと，太陽を中心として固定した楕円軌道を描く．このようなことは，ニュートンの万有引力の法則と運動方程式が教えるところによれば，太陽の質量が惑星に比べて圧

倒的に大きい場合にしか起こり得ない[1]．このことが理解されるようになると，惑星運動の専門家ではない人びとにも，ネズミがゾウを振り回すのはいかにも不自然である，すなわち，地球が地球よりずっと大きい太陽の周囲を回るほうが，その逆の場合よりももっと自然で説得力のあるものに思われてきた．その結果，年周視差測定の目的は，地動説の検証よりもむしろ，恒星はどのくらい遠いのか，つまり恒星の距離測定のほうに変質していったのである．

ガリレオが提案した年周視差の測定法

年周視差が19世紀まで検出されなかったのは，年周視差を観測する方法が分からなかったためではない．ガリレオはすでに第7章で紹介した『天文対話』(1632)の中で，年周視差を検出する方法を提案していた．それは対話の第3日目，地球の年周回転に関する話題の中ほどに，図を用いて議論されている．ガリレオは，大地の年周運動の結果，2種類の変化，つまり星の見かけの大きさと見かけの方向とが変化する，それらの変化は近い星ほど顕著であると述べていた．見かけの方向に関する変化を，星が黄道（地球軌道）面内にあると仮定して，ガリレオの考え方に沿って図8.1で説明しよう．p_1やp_2が本来の星の視差であるが，これらを単独で直接測定する方法はない．かわりに，地球から見て，見かけ上接近したこの2つの星の相対角距離を地球軌道上の両端の位置から精密に測定すれば，遠い星に対する近いほうの星の相対的な年周視差が検出できるというのがガリレオのアイデアだった．図8.1によれば，$p_1 = p_2 - \varphi' + \varphi$，つまり$\varphi - \varphi' = p_1 - p_2$の関係があるから，$\Delta\varphi = \varphi - \varphi'$の測定で，星2に対する相対視差$p_1 - p_2$を求めることができる（$\varphi$，$\varphi'$は角度を測る向きによって，正と負の値を取ることに注意）．原理的には地球軌道上の2点で測ればよいが，$\Delta\varphi$は地球軌道の反対側（図でA，Bの2地点）で最大になるので，図のように半年間隔たった点A，Bでの差を測定するのが普通である．

以上の話は，説明をごく単純化した場合であり，実際には一般の星は黄道面内にないから，相対角距離$\Delta\varphi$は1年の周期で複雑な変動を示す．しかしこの

---

1) 2つの天体（質量m_1，m_2）が相互の引力で楕円運動をする場合（2体問題と呼ぶ），各天体は両者の共通重心の回りに，m_1とm_2の値に反比例する大きさの楕円軌道を描く．また，1体から他の1体を見たときの相対運動も楕円運動になる．太陽の質量は惑星全体の質量より圧倒的に大きいから，太陽の運動は太陽系の重心の回りにわずかに揺れ動く程度にすぎない．

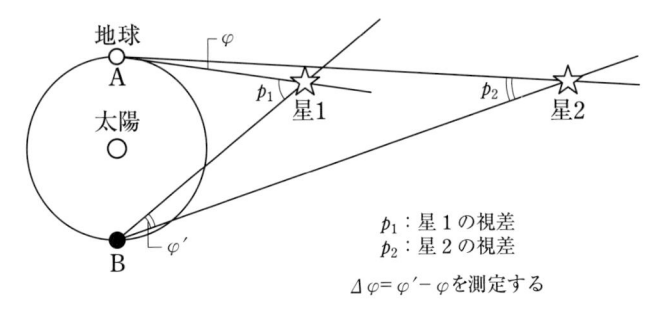

図 8.1　ガリレオが提案した視差の相対的測定法（『天文対話』の説明にもとづく）.

場合も，$\Delta\varphi$ は地球軌道の反対側で最大になるので，半年間隔たった軌道上の2地点での差を測定するのが一般的である．なお，星2が星1よりずっと遠方にあれば（その場合，星2は一般に暗い星である），$p_2 \sim 0$ だから，$\Delta\varphi$ は星1の年周視差 p_1 そのものになる[2]．

接近した2星を使う案は，角度の精密測定を阻む大気差（第3章を参照）や，測定装置の誤差などの効果を打ち消すことができるきわめて優れた方法である．現代においても星の年周視差を測定するときは，ガリレオのアイデアと基本的には同じ方法が使われている．だが，ガリレオ以後100年以上たっても，観測器械の測定能力はこの方法が実行できるほどには向上していなかった．

8.2　光行差の発見

天頂附近にある星は大気差の影響を受けない．そのため，天頂にある星を観測して年周視差を測定する試みを始めたのはフックである．フックから約半世紀後，オックスフォード大学天文学教授のブラッドレー (James Bradley, 1693–1762) は，モリヌー (Samuel Molyneux, 1689–1728) の協力を得て新しい天頂筒望

---

[2]　年周視差 p は，図8.1のように，太陽と星を結ぶ直線が直径 AB と直角になるときの角度で定義する場合と，地球・星・太陽のなす角度（角度 p の2分の1）で定義する場合とがある．年周視差以外にもガリレオは，地球運動による星の見かけの直径（彼の望遠鏡の観測による経験から，角度で5秒以下としている）の変動を測る可能性についても述べているが，途方もなく巨大な装置が必要となるだろうと予想していた．

遠鏡 (zenith sector) を建設した（図 8.2）．この特殊な望遠鏡は，天頂（真上）に向けて建物に堅固に固定してあり（南北方向には微調整できる），天頂を通る星のわずかな位置変化を測定するのである．

ブラッドレーは 1725 年後半からフックが試みたのと同じ星，りゅう座 γ 星の観測を開始した．この星は，ロンドンあたりでちょうど天頂を通ることが知られていたからである．計算によれば，この星は年周視差のために 12 月 18 日頃にもっとも南に位置するはずであった．ところが観測を続けるとこの日付を過ぎてもどんどん南に移動し，3 月には 12 月の位置から南に 20 秒角も動いてしまった．そこでやっと南行は停止してその後は北に向きを変え 6 月まで北行し，また戻って 12 月に最初の位置に復帰した．つまり変動の周期は 1 年だったが，年周視差から予測される振舞いに比べて，3 カ月（角度で 90 度），位相がずれていたのである．

光行差の解釈

この予期せぬ位置変化の原因をめぐってブラッドレーは頭を悩ました．ある日，テムズ川に浮かぶ曳船に取り付けられた風向計の動きを見ていた．風向計は風向きが変わると当然動く．しかし，風向がそのままでも船が向きを変えれば風向計の向きはやはり変化することに気づいた．このことから，光の速度と地球の軌道速度が関係する現象，光行差 (aberration) を思いついたという逸話は有名であるが，真偽のほどはよく分からない．

図 8.2 ブラッドレーが使用した天頂筒望遠鏡．

光行差はしばしば，傘を持って静止した人と歩行する人に対する，傘および雨が降ってくる方向との関係にたとえられる．歩行している人は濡れないために傘を少し前方に傾ける必要がある．それと同様に，黄道の極方向にある星を望遠鏡で測定するときは，地球が軌道速度 v で運動しているために，望遠鏡の筒をわずかに前方に傾けなければならない（図 8.3）．その傾きの角度がすなわち光行差 $(\Delta\theta)$ で，それは $\sin\Delta\theta \sim v/c$ の関係で与えられる（c：光速度）．よっ

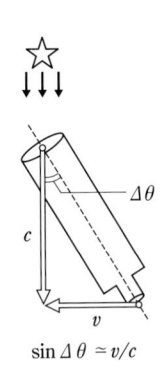

図 8.3 星の光行差と地球軌道速度および光速との関係. $c = 300000\,\mathrm{km/s}$, $v = 30\,\mathrm{km/s}$ として, $\Delta\theta$ は角度で約 20 秒になる.

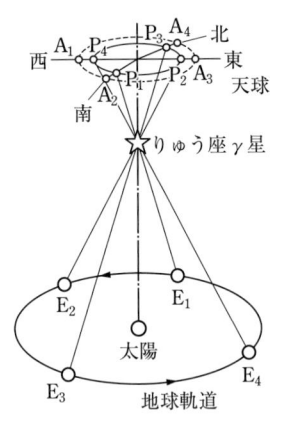

図 8.4 光行差と年周視差による, 黄道の極附近の星の位置変動. $A_1 A_2 A_3 A_4$ が光行差の, $P_1 P_2 P_3 P_4$ が年周視差の軌跡. 光行差の円は実際には年周視差の円より少なくとも 20 倍以上大きい.

て逆に光行差の大きさが測定できれば, 光速 c が求められることになる.

次に, 光行差と年周視差の関係を, もう少し実際に即して黄道の極附近にある星 (たとえばりゅう座 γ 星) の場合に調べてみる. 図 8.4 で, たとえば地球が E_2 にあるとき (3 月頃) は, 年周視差によって天球上では星は P_2 の方向に見えるはずである. ところがブラッドレーの観測では A_2 の方向に見えた. 地球が $E_2 \to E_3 \to E_4 \to E_1$ と公転すると, 星の位置は $P_2 \to P_3 \to P_4 \to P_1$ と年周運動をするはずなのに, 実際には $A_2 \to A_3 \to A_4 \to A_1$ と星は動いた. つまり, 星はいつも年周視差で予測される方向から 90 度ずれた方向に見えたので, ブラッドレーはこの発見が地球の公転速度の向きと大きさによる現象であると気づいたのだった. 黄道の極から離れた星では, 光行差と年周視差の運動の軌跡は一般に楕円になる.

光行差発見の意味

ここで光行差発見の意義についてまとめておく. 第 1 に, 星の位置に 1 年周期の新しい変動が見つかったことである. 第 2 に, 年周視差とは別種の, 光の速

表 8.1　天体の位置に影響を与える種々の天文学的効果．章動とは，周期約26000年の歳差運動よりずっと短周期で変化する地球自転軸の揺らぎである．

現象名	発見年	変化の大きさ
大気差	キリストの頃	約30分（地平線）
光行差	1727	約40秒
章動（歳差）	1745	約20秒
固有運動	1718	約5秒/年以下
年周視差	1838	1秒以下

度が関係する予期せぬ現象によって地動説が証明されたという意義がある．これには，1670年代にデンマークの天文学者レーマー (Ole Rømer, 1644–1710) が，ガリレオ衛星の食現象の観測から光速が有限の大きさであると推定していたことが背景にあった[3]．ブラッドレーはレーマーの研究を意識していたから，光行差の現象を説明できたのだった．第3に，光行差の発見は，図8.3の式から，光の速度の測定を可能にした意義がある．ブラッドレーは光行差の観測値から，太陽からの光が地球に到達する時間を8分12秒と計算した．これは現在の正しい値と8秒以内で合っていた（約2%の誤差）．第4の意義は，依然として年周視差は検出できない，つまり年周視差の値は非常に小さい（星は非常に遠い）ことが確認できたことである．

とくに最後の点は，光行差が発見される前に年周視差が発見されることはあり得なかっただろうという意味で重要である．なぜなら，光行差が年周視差の測定に及ぼす影響が充分把握できなければ，年周視差そのものが検出できないからである．表8.1には，天体の位置を変化させる他の効果の大きさを年周視差と比較して示しておいた．

---

[3] 4個のガリレオ衛星は，木星の影に隠れたり（食），木星面に衛星の影が映る現象を頻繁に起こす．ガリレオの発見以後，これらの現象を地球上の観測地点の経度を決定するための"天に掛った時計"として利用する研究が始まった．レーマーはティコのフベン島やパリ天文台のカッシーニのもとで，主に衛星イオの食現象を多数観測し，その過程で，木星が地球に近いときと遠いときとで現象が起こる時刻が系統的にずれることに気づいた．この原因が，光速度が有限であるためと最初に示唆したのはカッシーニである（1676年）．レーマーは研究を進め，ずれの時間と地球・木星間の距離との関係を求めた．ホイヘンスらはレーマーの結果を利用して，光が地球軌道を横切るのに要する時間を計算した．

8.3 年周視差の検出

図 8.1 から分かるように，近い星ほど年周視差の値 (p) も大きいから，年周視差を検出するポイントはまず近い星を探すことである．初めは明るい星が近いと思われていたが，星の絶対光度は非常に明るいものから暗いものまで広い範囲に分布することが分かってくると，今度は固有運動 (proper motion) の大きな星を求めはじめた．一般に，近い星ほど見かけの動き，つまり固有運動も大きいはずだからである[4]．

1810 年代になると，固有運動が 5 秒/年と大きいはくちょう座 61 という名の星が近距離星の有力候補として浮かび上がってきた．しかし，まだ当時の望遠鏡観測からは確実な結果は何も得られなかった．明らかに，系統的な探索の方法と，より高性能な望遠鏡が要求されているのだった．

年周視差の検出競争

ストルーベ (Wilhelm Struve, 1793–1864) は 1837 年の論文で，近距離星の条件として，a) 明るいこと，b) 固有運動が大きいこと，c) 離角が大きな連星の一員であることをあげて，それらの有力候補星を示した．

1830 年代後半になると，エストニアのドルパットではストルーベが口径 24 cm の屈折望遠鏡を用いてこと座 α 星（ヴェガ，織姫）を，ドイツのケーニヒスベルグではベッセル (Friedrich Wilhelm Bessel, 1784–1846) が 16 cm のヘリオメータ（太陽の直径を測定するための特殊な屈折望遠鏡）ではくちょう座 61 星の精密観測を開始させた．これらの望遠鏡はともに，フラウンホーファーが製作したきわめて優秀な屈折望遠鏡だった．1837 年になってストルーベは，3 年間の観測を使いヴェガの予備的な視差として約 8 分の 1 秒という値を発表したが，多くの天文学者は懐疑的であった．翌年末に，今度はベッセルが約 3 分の 1 秒の視差を公表した．この観測データは，年周視差の理論が予測する変化パターンによく一致したので，長年の夢であった年周視差がようやく検出され

---

4) 動かない"恒星"と呼ばれる星々も長年月の間には天空上をゆっくり移動していて，これを固有運動という．固有運動は，恒星が空間内で太陽と相対的に運動することにより生ずる天球上の位置の変化であり，角度秒/年という単位で測る．

表 8.2 年周視差が発見された星々.

発見者	発見年	星名	年周視差	距離（光年）
ストルーベ （ロシア）	1837–40	こと座 α （ヴェガ）	0.12–0.26 秒	約 25
ベッセル （ドイツ）	1838	はくちょう座 61 番	0.32 秒	11.4
ヘンダーソン （南アフリカ）	1839	ケンタウルス座 α 星	約 1 秒	4.3

たと初めて認定されたのである．

　ベッセルの発表後ほんの数週間で，もう 1 つの視差決定が南アフリカの喜望峰における観測からもたらされた．南天のケンタウルス座 α 星で視差の大きさは 1 秒あまりであった．これら年周視差の発見競争の成果を表 8.2 にまとめておいた．ケンタウルス座 α 星は実は私たちの太陽にもっとも近い恒星で，その距離は 4.3 光年である．その年周視差ですら角度でわずか 1 秒の大きさにすぎなかった．このことからも，年周視差の発見がいかに難しい仕事であったかが理解できるだろう．

宇宙の距離はしご

　古代ギリシアの時代から 2000 年もかかって，人類はやっと恒星の距離が測定できるようになったのである．その進歩の歴史は，地球の大きさを初めて測定したアレキサンドリアのエラトステネスから始まり，その大きさを単位にして，より遠い次の目標物の距離を測定する過程だったといってよい．この過程は，人がはしごを 1 段ずつ登ることに喩えて，よく「宇宙の距離はしご」(cosmic/cosmological distance ladder) と呼ばれる．太陽系内の範囲では，ヒッパルコスが行なった地球半径を単位とする月までの距離の測定，アリスタルコスによる月と太陽との距離比の測定，コペルニクスが最初に求めた地球軌道半径を単位とする各惑星の平均軌道半径，ルベリエとアダムスによる海王星の発見とトンボーによる冥王星の発見，などが距離はしごの各段階に相当する．

　そして年周視差は，地球の軌道半径を基準にした恒星の距離であった．恒星の距離より遠い距離はしごについては第 9, 11 章で述べられる．

8.4　ハーシェルと恒星天文学の誕生

　大部分の天文学者が万有引力の法則によって天体の運動を説明したり，恒星の年周視差や距離を測定したりすることに明け暮れしていた一方で，それまでとはまったく違うやり方で新しい天文学の分野を生み出した人がいた．それが，ウィリアム・ハーシェル (Sir Frederick William Herschel, 1738–1822) である．

　ハーシェルはドイツのハノーバーで 1738 年に生まれた．20 歳の頃，プロイセンとオーストリアとの間で起きた七年戦争の余波を避けて英国に移住した．音楽の達人だったハーシェルは，そこで教会オルガン奏者としての職を得てから経済的なゆとりができて，天文学に興味を持つようになった．より暗い天体まで見たいために，彼はレンズでなく，より多くの光を集められる凹面鏡を用いた反射望遠鏡を自作して 1774 年から観測を始めた．空に見える「星雲」と呼ばれるものが，星の集団なのか，また，オリオン大星雲はその形や明るさが時間変化するのかどうかを確かめるのが最初の目的だったようだ．

アマチュア天文家から大天文学者へ

　ハーシェルは，天文観測に新しい方法論を持ち込んだ．それは，星雲や連星（二重星）を非常に多数観測し，統計を取ったり分類したりして研究する方法である．その初期の過程で，1781 年 3 月には天王星を発見する．ハーシェルは，はじめは尾のない彗星を発見したと考えていた．天王星の発見で，古代から知られた太陽系の大きさは一挙に 2 倍，20 天文単位に拡大した．この功績によって王立協会からコプリーメダルを授与され，ハーシェルはプロの天文学者として自立する道が英国国王ジョージ 3 世から約束された[5]．

　彼は次々に大きな反射望遠鏡を製作し，反射鏡の口径が 1.2 m，長さは 12 m

---

[5]　ハーシェル自身は新惑星の発見よりも，恒星の統計的な研究のほうがずっと価値があると考えていた．終身年金が付いた王室天文官に任命されたが，音楽家のときに比べて減った収入を補う目的で，非常に多数の反射望遠鏡を作成・販売した（生涯で磨いた反射鏡は 2000 枚以上）．同時に 70 台あまりの注文を抱えていた時期もあったと自ら述べている．ハーシェルはしばしば数千倍という非常識なほど高倍率の接眼レンズで観測したので，プロの天文学者は彼の観測結果に疑いを抱いた．しかし，当時最良と評判の高かった J. ショート社製の望遠鏡で分解して見えなかった二重星がハーシェルの望遠鏡では明瞭に見えたことや，天王星や土星の新衛星を複数発見したために，ハーシェルの望遠鏡は世界最高の性能を有することがしだいに認められるようになった．

もある大反射望遠鏡（40フィート望遠鏡）まで建造した．当時の鏡は青銅のような硬くて重い合金で，しかもそれらをすべて自分で磨いた．望遠鏡の建屋も，現在のようなドーム式のものはまだ存在せず，屋外に剥き出しで，主に子午線近くの空しか観測ができなかった．しかし，妹であるカロリン・ハーシェルの献身的な協力で，多くの星雲や連星を精力的に観測していった．

統計的な手法による恒星天文学の確立

恒星も実は空間運動をしていることを発見したのは前章に述べたハレーである．彼はこの運動を固有運動と名づけた．個々の星の固有運動における大きさと方向は一見ばらばらに見える．ゲッチンゲンのマイヤー (J. Tobias Mayer, 1723–1762) は，太陽が星々の空間を運動しているとすれば，星の固有運動にはランダムな部分と，太陽運動が原因で起こる星々に共通な成分とがあるはずだと考えた．マイヤー自身は太陽運動の検出には成功しなかったが，1783年にハーシェルは同じアイデアにもとづき，恒星の固有運動に共通な成分があるかどうかを調べてみた．図8.5は，10個あまりの明るい星に共通する固有運動の向きをハーシェルが天球上に投影して描いた図である．太陽は中心に示されている．この図から共通な固有運動の方向を示す曲線（大円）は天球上のほぼ1点に集まることが分かった（太陽背点）．つまりこれは，太陽がその反対方向に動いていることの反映である．このようにして，星間空間内で太陽が運動する方向（太陽向点, solar apex）が初めて発見された．

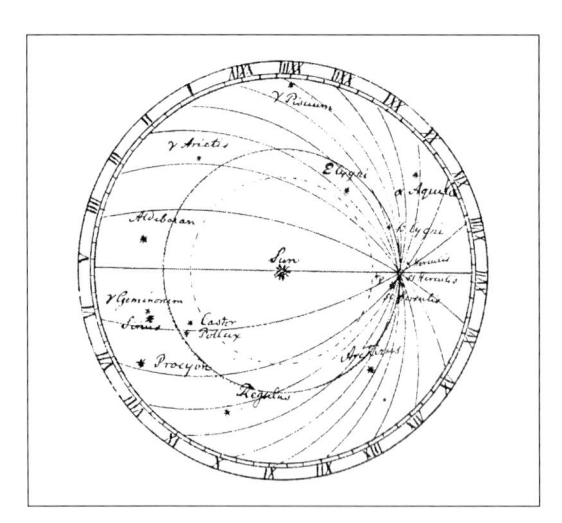

図 8.5 ハーシェルによる太陽向点の発見（1783年）．各明るい星の系統的な固有運動の反対方向が，ヘルクレス座の方向に集まっている．図の中心は太陽．

さらにハーシェルは，

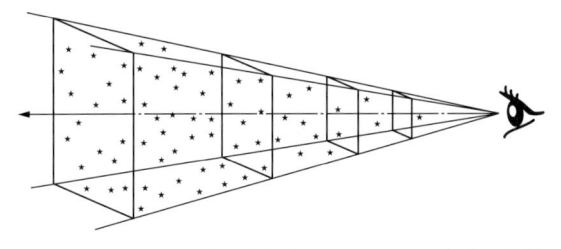

図 8.6　星の数密度が空間のどこでも不変とするハーシェルの仮定．多数の星が分布する天域ほど，遠方まで星が存在することになる．

　統計的な方法を天の川（銀河系）構造の推定にも適用した．今，銀河系の中では，星は近似的に一様な数密度で分布していると仮定する．すると，ある方向の一定の視野内に見える星の数は，星が遠くまで拡がっているほど，多く見えることになる（図 8.6）．この原理を元に，ハーシェルは天の川のいろいろな方向，683 領域の方向の星数を数えて，銀河系の構造を図 11.1（161 頁）のように求めた．図 11.1 は巨大な凸レンズのような構造の断面を表しており，中央付近の大きい星印が太陽である．ハーシェルが描いたこの銀河系の姿は現在の銀河系とはかなり違っているが，新たな宇宙観の提示，つまり銀河系天文学の誕生を宣言する記念碑的業績であった[6]．

8.5　天文学の総合的発展と近代の天文台の役割

　近代になると天文学は飛躍的な発展を見せ，私たちの宇宙像も大きく進展する．そこには，単に観測をする場所ではなく，天文学を総合的に研究する組織としての天文台が大きな役割をしていた．それが近代的天文台である．

---

[6]　図 11.1 の分布は，大 20 フィート望遠鏡の観測が天の川の端まで見通しているという仮定のもとに求められた．しかしその後，ハーシェルは図 11.1 の結果を放棄している．その理由は，後に完成した 40 フィート大反射望遠鏡の観測によれば，20 フィート望遠鏡では見えなかった微星がたくさん見えたことと，星の集団と思われる星雲が多数見つかったために，星の数は空間に一様に分布するという前提がもはや成り立たないと認識したためである．

近代的天文台の技術的要素

ここでは近代的天文台としての重要な側面をいくつか見てみよう．

(1) 大型望遠鏡

言うまでもなく，遠い天体，暗い天体を見ようとすれば，口径の大きな望遠鏡が必要となる．望遠鏡が光を集める能力は口径の2乗に比例し，天体をより詳しく分解して見る能力（分解能）は口径に逆比例するからである．そのため，ハーシェル以後も，宇宙の拡がりと星雲，星団の特性を調べるために，さらに大きな望遠鏡が作られた．その代表である図8.7は，英国のロス卿 (William Parsons, the third Earl of Rosse, 1800–1867) がアイルランドで1839年に建設した，口径1.8 m の反射望遠鏡である．当時，「リバイアサン」(Leviathan, 怪物) と呼ばれた．人と大きさを比べてほしい．大きすぎて簡単に動かせないために，子午線附近の空に向けて固定し，その視野を通過する天体だけを観測した．

この望遠鏡を用いてロス卿が描いたりょうけん座の渦巻銀河 (M51) を図8.8（左）に示す．また，図8.8（右）は同じ銀河を写した現代の写真である．彼の時代には，M51星雲と呼ばれていた単なる淡い光の塊が，はっきりした渦巻状の構造を持っていることをロス卿は見つけた．他にも渦巻星雲をいくつか発見

図 **8.7** ロス卿が建設した巨大反射望遠鏡「リバイアサン」．1.8 m 金属鏡は重量が4トンあり，使用可能な鏡2枚を得るのに5回も鋳込み直しが必要だった．

図 8.8 （左）ロス卿がリバイアサンを使って描いたりょうけん座の渦巻銀河 (M51)．（右）ハッブル宇宙望遠鏡が写した M51．

したが，オリオン大星雲がガス星雲なのか星の集団なのかの明確な結論は得られなかった．それは，リバイアサンの能力を充分に引き出すための技術的問題を解決できなかったのも一因だが，基本的にロス卿は政治家が本業のアマチュア天文学者で，第 2 のハーシェルにはなり得なかったと言ってよいだろう．

(2) 写真術の発明

1839 年にフランスのダゲール (Louis Jacques Mandé Daguerre, 1787–1851) が，沃化銀の板を現像・定着する方式（ダゲレオタイプ）の写真術を発明した．このニュースが知れわたると，天文学者たちは早速写真術を天文観測に利用することを考えた．写真術は，天体の形や明るさを，それまでの眼によるスケッチと違い，客観的に記録できる上に，後からでも精密に測定できるという点で，天文学にとっては画期的な意味を持っていた．図 8.9 は，1845 年に初めてダゲレオタイプで撮影された太陽の写真である[7]．なお，英語で写真を意味する photography という言葉は，ハーシェルの息子でやはり著名な天文学者になったジョン・ハーシェル (John Herschel, 1792–1871) が初めて使用した．

ダゲレオタイプはその後，湿板写真，乾板へと進化し，ほぼ 100 年にわたって可視光天文学の中心的な検出器となった．しかし 1970 年代後半頃からさまざまな電子撮像素子が使われるようになり，現在では CCD（電荷結合素子）が主流となっている．広視野のシュミット望遠鏡などで使われていた大型写真乾板もしだいに使われなくなり，写真乾板は 2000 年代初頭に先端の天文観測の

---

[7] 次に，太陽に比べ 10 万分の 1 以下の明るさしかない月が撮影されたのは約 20 年後だった．明るい恒星の撮影に成功するのは，さらに後の時代である．

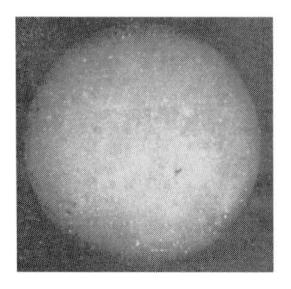

図 8.9　パリ天文台のフィゾーとフーコーが 1845 年に初めてダゲレオタイプで撮影した太陽．中央右寄りと左手下に黒点が写っている．

図 8.10　ラムスデンが発明した目盛分割エンジン．

世界から姿を消した．

(3) 精密な測定目盛

天体の位置や動きは角度でしか測れないから，天文学の発展のためには，角度を測る測定器の目盛を精密に刻むことが，大きな望遠鏡と同じくらい重要である．望遠鏡による像の拡大能力が天文学における精密測定の重要な要素であるが，測定精度を左右したのは測定器の目盛誤差のほうであった時代が，望遠鏡の発明後もかなり長い期間続いた．このことを見ても，測定目盛の重要性がよく理解できる．図 8.10 は，英国のラムスデン (Jesse Ramsden, 1735–1800) が 1774 年に発明した，円弧の目盛盤の上に，角度で 10–20 秒といった微細な目盛を自動的に刻む機械である（目盛分割エンジンと呼ぶ）．無限ねじの一種であるマイクロメータねじを利用している．この機械の出現で，それまでは三角関数表を扱える職人が手作業で刻んでいたために，非常に高価だった精密な目盛を持つ角度測定器が，比較的安く製作できるようになった．

(4) 精密時計

天体の位置を高精度で観測するためには角度だけが精密に測定できてもだめで，その瞬間の時刻も精密に知る必要がある．天文台に据え置いて使用する場合には，従来から使われた振り子時計でもよかった．しかし，世界各所の経度

図 8.11 （左）ハリソンが最初に製作に成功したしたクロノメータ H1 号と，（右）バルバドス島への遠洋航海で優秀さを証明した H4 号．

を測定するような場合には，振り子時計は振動を止めずに海を越えて持ち歩くことは不可能だから，移動しても狂わない精密な時計の要求が強かった．英国のハリソン (John Harrison, 1693–1776) が，王立協会が募集した懸賞に応募して 1735 年に製作した最初の精密時計（クロノメータ）は H1 号と呼ばれ，1 日の誤差は数秒以下であった（図 8.11（左））．後に，1764 年には H4 号と命名された大型の懐中クロノメータも作られた（図 8.11（右））．この時計はハリソン自身とともに西インド諸島のバルバドス島へ往復の航海を行ない，その非常に優秀な性能を証明したのだった．天文用の精密時計は後世になって，電気回路と組み合わせた水晶時計，さらに原子時計へと発展していく．

近代的天文台の代表例

● パリ天文台

この天文台はヨーロッパで最古の近代的天文台である．1666 年にルイ 14 世の大蔵大臣コルベール (J. B. Colbert) がパリ科学アカデミーを創立，その決議によってパリ天文台が設立された[8]．図 8.12 は，パリ市の南部にある少し小

---

[8] 本来は，科学全般を議論する科学アカデミーの集会所と実験室を提供する場所として建設された．しかし，パリ市の中心部から離れていて不便なためアカデミーはあまり利用せず，実質的に天文学の研究所になってしまった．初期の天文学研究の主なテーマは，地球の大きさと形とを精密に決めることだった．

図 **8.12** パリ天文台の建設当時を描いた陶器の皿絵.

高い敷地に天文台が完成した状況を描いた皿絵である.1672年に完成した.フランスはヨーロッパ中から優れた天文学者を招聘した.イタリア人のカッシーニ (Jean-Dominique Cassini, 1625–1712) が初代台長に任命された.その後ずっとパリ天文台は,英国のグリニッチ天文台と並んで,天文学の研究と優れた観測装置の開発とで,ヨーロッパ近代天文学のメッカの役割をしてきた.歴代の台長も,それぞれ天文学史に名を残した錚々たる天文学者が多い.後に,パリの郊外に1870年代に建設されたムードン天文台は,それまで古典的天文学を担ってきたパリ天文台に対して,新しい天体物理学を研究することが主な目的とされた.

● グリニッチ天文台

清教徒革命の後の王政復古で復権したチャールズ2世は,1673年に,海外植民地や遠洋航海の船舶の位置(経度)を知るための磁気コンパス委員会を設置した.しかし彼は,あるフランス人が示唆した,星々の間を運行する月を観測して経度を決める方法に魅力を感じるようになった.その目的のために,月の運動理論を精密化し,同時に恒星の大規模な位置星表を作成することを主な目的として,グリニッチの丘に天文台を建設させた(1675年).初代台長には,フラムスティード (John Flamsteed, 1646–1719) が就任した.以後,王立天文官 (Astronomer Royal) がグリニッチ天文台長を務めることになる.著名な台長には,ハレー,ブラッドレー,マスケリン (Nevil Maskelyne, 1732–1811),

エアリー (George Biddell Airy, 1801–1892) などがいる．19世紀後半に，大望遠鏡の建設と天体物理学の研究で米国が台頭してくるまでは，パリ天文台と並んでグリニッチは天文学研究の世界的中心地だった．

● 東京天文台

明治維新以降，我が国に設立された近代的天文台の最初である．明治21 (1888) 年に東京市内の麻布に設立された．その後，関東大震災で大きな被害を受けたのを契機に，大正13 (1924) 年に現在の三鷹市の敷地に移転し，現在では国立天文台と呼ばれている．

子午環（儀）という天体の位置を精密に測定する望遠鏡は，麻布時代から100年近くもの間使われ続けた．昭和のはじめには口径65 cmのツァイス社製屈折望遠鏡が設置され，長い間我が国で最大の望遠鏡であったが，研究の面では目覚しい活躍をするチャンスに恵まれなかった．東京天文台で長く行なわれたのは，天体の運動を理論的に研究したり，小型の観測装置で天体の位置を精密に測ったりするような仕事が主であった．東京天文台が大型の望遠鏡を建設して，遠方の銀河などの物理的特性を調べる天体物理学と呼ばれる研究分野に進出するようになるのは，昭和40年代以後である．（中村士）

第III部
天体物理学と銀河宇宙

9 新天文学の台頭と発展

近世以降，私たちの宇宙像は太陽系を越えて恒星の世界まで拡大したことは第 8 章ですでに述べた．しかし，そこでの主な関心は天体の位置と運動とに限られていた．ところが，1850 年前後から，それまでとはまったく異なる，星の明るさや色などの物理的特性を調べる研究分野が新たに起こってくる．当時それは，「新天文学」[1]と呼ばれた．本章以降では，新天文学が勃興し，天文学の主要な分野に発展してゆく歴史的過程を見ていく．古典的，伝統的な天文学から物理的な天文学へ関心が移ったことは，大きな宇宙観の転換だった．

9.1 新天文学の誕生

星の光度と距離

古代ギリシアのヒッパルコスが初めて星表を作成し，その中で星の明るさを 1 等から 6 等まで等級で区別したことはすでに述べた．人間の感覚で決められたこの等級は 2000 年もの間，ほとんど改良されることなく使われ続けた．

19 世紀前半にボン大学天文台のアルゲランダー (Friedrich Wilhelm Argelander, 1799–1875) が，変光星の光度変化をある基準星の明るさと比較して測る方法（光階法と呼ぶ）を提案して以来，星の明るさを精密に測定する

---

[1] 現在ではこの分野を天体物理学 (astrophysics) と呼ぶ．ツェルナーがこの言葉を最初に使ったとされている．オックスフォード英語大辞典によれば，astrophysics という言葉が本に初めて現れたのは，E. Dunkin による *Midnight Sky* (1869) の中である．

ことに関心が高まった．人工光源の明るさと星の明るさを比べる観測装置が作られた．とくにドイツのツェルナー (Johann Karl Friedrich Zöllner, 1834–1882) は種々の測光計を開発したことで知られている (図 9.1)．その結果，人の眼に感じる明るさ (等級) は光の強度の対数に比例することが分かってきた[2]．インドのマドラスで活動したイギリス人天文学者，ポグソン (Norman Robert Pogson, 1829–1891) は，1856 年に等級と光度との関係を定式化し，「明るさが 100 倍異なる 2 つの星は，等級では 5 等の差になるように定義する」ことを提案し，20 世紀初めにようやく国際的に承認されるようになった．

星の年周視差の検出は地動説のもっとも直接的な証明と長年考えられてきたが，1830 年代末にベッセルらが地球に近い星の年周視差の観測に成功すると，今度は恒星の距離を知る目的で年周視差が測定されるようになった．現在の天文学では，星の距離を示すのにパーセク (parsec，または pc) いう単位を使う．これは年周視差が角度 1 秒の星の距離を 1 パーセクと決めたことからきている[3]．

星の見かけの等級はその星までの距離によって違ってくる．そのため，星が放射する光の強度を星同士で比較したいような場合には見かけの等級は役に立たないから，仮にどの星もある一定の距離に置いたとしたときの等級を標準として用いるようになった．とくに，星が 10 パーセクの距離にあるとした場合の見かけの等級を「絶対等級」(absolute magnitude) と呼ぶことはオランダのカプタイン (Jacobus Cornelius Kapteyn, 1851–1922) が提唱し，1922 年の国際天文学連合の会議で受け入れられた．星の距離 (視差) が測定されれば，絶対等級は見かけの等級から計算で求められる．

赤外線・紫外線の発見

太陽からの光を細い光線にし，プリズムに通して分散させることで，白色光

---

2) この対数関係は，耳に聞こえる音の強さと音源の強度との間や，味覚と化学物質の濃度の間にも普遍的に成り立つことが知られ，心理学では刺激と感覚との関係を表わすウェーバー–フェヒナー (Weber-Fechner) の法則と呼ばれている．

3) パーセクという言葉は，イギリスの天文学者で地震学者のターナー (Herbert Hall Turner, 1861–1930) が 1913 年の出版物で提案し，以後広く使われるようになった．年周視差を角度の秒 (second) で表わした数値の逆数がパーセク (parsec) で，parallax と second を組み合わせて作られた．たとえば，年周視差が 0.1 秒の星の距離は 10 パーセク．また，1 パーセクは約 3.3 光年 (約 20 万天文単位，約 3×10^{13} km) に相当する．

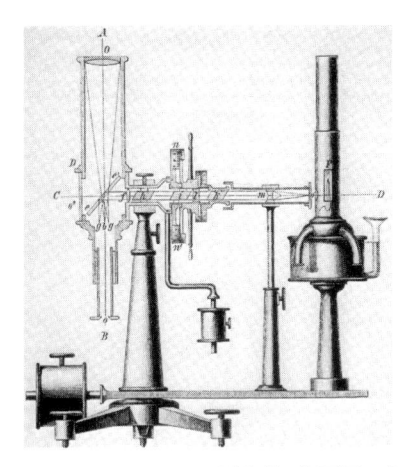

図 9.1 ツェルナーの測光計の断面図．右側の灯油ランプからの光を，望遠鏡架台の回転軸の中と反射鏡を通して左の望遠鏡の接眼部に導き，肉眼で星の明るさと比較する．光源からの光路の中ほどに光量を調整する絞りが見える．

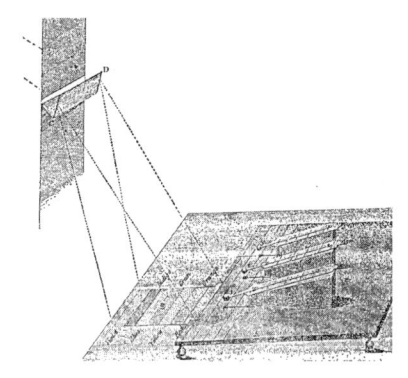

図 9.2 赤外線を発見したハーシェルの実験．太陽光を左上のプリズムを通して机の上に分散させ，各部分に温度計を置いて温度を測定した．

は連続する7色の光成分の混合であることを初めて示したのはニュートンである（1671年）．分散した光の帯をスペクトル (spectrum) と名づけた．屈折望遠鏡による像の縁が虹色に色づいて輪郭がぼやける現象（色収差）を調べることがこの研究の動機だった．後にニュートンは『光学』(*Opticks*, 1704) という著書を出版し，このときの光学実験について詳しく書いた．その中でニュートンは，光がプリズムを通過するときに色に分かれるのは，各色の光は種類の異なる微粒子で，それらがガラスの中を走る速度が粒子ごとに異なるために色分散が起きるとする，いわゆる光の粒子説を提案したことでも有名である．

1800年頃ハーシェルは，各色の光がどんな温度効果を示すかを，太陽スペクトルの上に温度計を置いて調べていた（図9.2）．そして，予期せぬことに，眼に見えない赤色光より外側の部分でもっとも高い温度上昇が起こることを偶然見出した．これが赤外線の発見である．この翌年の1801年に，ドイツの物理学者リッター (Johann Wilhelm Ritter, 1776–1810) は，塩化銀の水溶液を塗った紙がどの色の光に対する感光性が高いかを調べる実験を行なった．その

結果，菫色より短い波長の光で紙がもっとも黒くなることに気づいた——紫外線の発見である．すなわち，2人の実験から，太陽光の成分は眼に感じる可視光だけではないことが初めて明らかにされたのだった．

太陽のフラウンホーファー線の発見

11歳のときに孤児になったフラウンホーファー (Joseph von Fraunhofer, 1787–1826) は，ババリアのガラス工場で徒弟奉公の労働をしている最中に，工場の建物が崩壊する事故にあい瀕死の重傷を負った．そのとき死傷者の救出にあたったババリア選帝侯に見出されて，教育を受ける機会が与えられた．その後，同地の光学研究所に入り，1818年にはその所長に就任するなど，当時ヨーロッパ最高の光学技術の研究者になった人である（図9.3）．

図 9.3　フラウンホーファーの肖像．

フラウンホーファーはレンズの色収差を研究する目的で適当な単色の光源を探し求めていた．試行錯誤のすえ，細い入射光にするためのスリットとスペクトルを詳しく観察できる望遠鏡を備えた現代の分光器の原型ともいうべき装置を作り上げた．そしてこの装置に太陽光を入れて見た結果，虹色の連続な太陽スペクトルに重なって非常に多くの細い暗線を発見したのである．彼は300本あまりの暗線の位置を測定して，主要な線に赤いほうからA, B, C順の名前を付け，太陽スペクトルの図を1817年に出版した．これらはフラウンホーファー線 (Fraunhofer lines) と呼ばれて，後に太陽に含まれる物質を調べる大きな手掛かりとなった．

なかでも，実験室で物質を燃やしたときの炎のスペクトルにしばしば見られた黄色の明るい線（輝線）の位置がフラウンホーファー線の1つであるD線と同じであることに興味を持ったが，輝線と暗線の関係やその原因を追究するには至らなかった．

フラウンホーファーは自分の分光器を明るい星にも向けてみて，太陽に似た

暗線がいくつか見えることを知った．また，月と金星のスペクトルを観察して，基本的に太陽と同じフラウンホーファー線が見えることを確かめた．

ブンゼンとキルヒホッフによる実験室分光学

分光学は元来，炎や電気スパーク中の化学物質を同定するために実験室で始まった研究手段である．ハイデルベルグ大学の化学者ブンゼン (Robert Wilhelm Bunsen, 1811–1899) と物理学者のキルヒホッフ (Gustav Robert Kirchhoff, 1824–1887) とは共同して，ブンゼンが発明した光を出さない特別なバーナーで物を燃やした炎を分光器で調べる実験を行なっていた．1859 年にはスペクトルに現れる線はそれぞれの化学物質に特有であることを発見した．セシウムとルビジウムはこのときブンゼンが新たに見つけている．

キルヒホッフは，暗線である D 線を示す太陽光を，ナトリウムを燃やした黄色の炎を通してみれば，この輝線が太陽スペクトルの暗線を打ち消すだろうと期待して実験をしてみた（図 9.4）．ところが反対に，太陽の暗線はさらに暗くなったのである．キルヒホッフはこの予期せぬ結果を説明するためにさらに研究を進め，スペクトルの生成に関する次のような基本原理を発表した．

(1) 高温に熱された固体や液体は虹色の連続スペクトルを発するが，高温の気体はその物質に固有の輝線スペクトルを示す．
(2) 連続スペクトルを発する高温物体（たとえば太陽）を低温の気体を通して観測すると，この気体の示す輝線は同じ波長の位置で暗線（吸収線）となって見える．

この原理からキルヒホッフは，太陽スペクトルと実験室のスペクトルを比較することによって，太陽に含まれる化学物質を推定する道を開いた．実際彼は，鉄，マグネシウム，クローム，ニッケルなどの金属を太陽スペクトル中に容易に同定することができた．謎だった D 線もやがてナトリウムの発する光であることが分かった——スペクトル法は非常に鋭敏なため，試験に用いた化学物質中にわずかに残った不純物の塩類（ナトリウム）が，いつも D 線として見えていたのである．1862 年には，ウプサラ大学の物理学教授オングストローム (Anders Jonas Ångström, 1814–1874) が，太陽光には水素原子が出す光も含まれることを発見した．1880 年代末には，50 種類以上の地上の元素が太陽スペクトル中に同定されるようになり，太陽が特別な物質でできているのでは

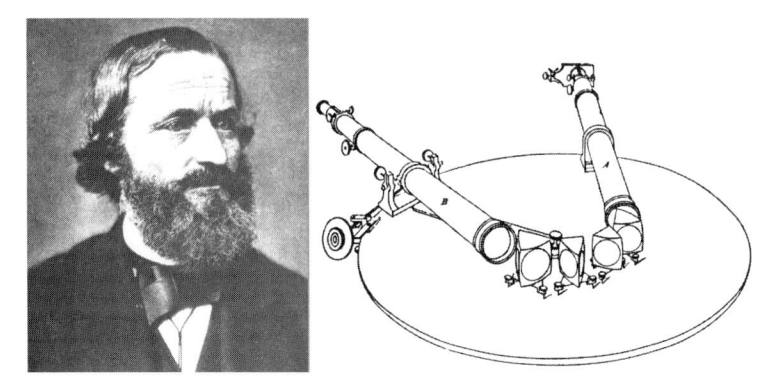

図 9.4 キルヒホッフの肖像（左）と使用した分光器の図（右）．右の筒（A）がコリメータ，左の筒（B）は測定用の望遠鏡．ミュンヘンのシュタインハイル社が製作した．

ないことはもはや明らかだった．

　キルヒホッフが彼の原理から得た太陽に関するもう1つの重要な結論は，太陽の本体は高温の液体で，その周りを気体が取り巻いていると考えた点である．太陽が白熱の高温天体であることを今の私たちは当たり前と思っているが，当時キルヒホッフの考えは革新的な説だった．というのはその頃まで，太陽は低温の固体でその表面を光る雲の層が覆っているとする考えが普通であり，ハーシェルのような大天文学者でさえ，太陽の固体表面上に生物が棲む可能性を真面目に検討していたのである．

　新天文学の発展に，日食も大きな役割をしている．19世紀半ば頃の日食観測から，太陽面近くにプロミネンス（紅炎）などが見つかり，太陽の物理的性質がさらによく分かるようになった．パリの天文学者ジャンセン（Pierre Jules César Janssen, 1824–1907）は，1868（明治元）年にインドで起きた皆既日食のときに見えたプロミネンスのスペクトルを観測して，明るい輝線を発見した．そしてその経験から，日食の時以外でもプロミネンスを分光観測できる装置を考案して観測を行なった．英国のロッキヤー（Sir Joseph Norman Lockyer, 1836–1920）もほぼ同時に観測に成功している．また，イタリアのセッキ（Pietro Angelo Secchi, 1818–1878）は，太陽の縁ではどこでも赤色の強いスペクトル線が検出されることに気づき，それは水素の出す輝線であることを明らかにし

た．なお，これらの業績に貢献した人びとの多くは，アマチュア天文家的興味から研究を始めた点でも共通した特徴があった．

この頃，室内実験から，アイルランドの物理化学者アンドルース (Thomas Andrews, 1873–1912) が，高圧下でも，気体の状態でしか存在できない臨界の温度が必ずどの物質にもあることを示した．また，ボン大学のプリューカー (Julius Plücker, 1801–1868) らは，固体や液体だけでなく，ガスも高温高圧にすると連続スペクトルを発することを実験的に証明したので，太陽の表層でも同じことが起こっていると考えられた．このようにして，太陽が高温ガスの塊であることに疑いを抱く人は少なくなった．

9.2 恒星スペクトルの分類

初期のスペクトル分類

太陽スペクトルの観測に成功すれば，次は分光器を星に向けてみたくなる．1860年代に恒星のスペクトル観測にもっとも熱心に取り組んだのは，セッキと英国のハギンス (William Huggins, 1824–1910) であった．とくにセッキはキルヒホッフの法則から大きな影響を受けて，約4000個の星のスペクトルを辛抱強く調べ上げた．まだ写真術は感度が低く星の観測に応用される以前で，セッキの肉眼観測は大変な苦労を伴った．その結果，1868年にセッキは，大部分の星は次の4種に分類できるという説を発表した．

(1) 第1種：シリウスに似た青白い星，水素による暗線が見えるが金属の吸収線は弱い．
(2) 第2種：カペラなど太陽に似た星，連続スペクトルは黄色の部分がもっとも強く，無数の暗線が特徴．
(3) 第3種：ベテルギュースなどの赤色の成分が強い星，ミラのように変光を示す星が多く，規則的な間隔のバンドのようなスペクトル線が特徴．
(4) 第4種：さらに赤い星で，バンドのスペクトル線は第3種のように規則的ではない．

この分類は次に述べるハーバード分類の先駆である．セッキらはまた，実験室で加熱した金属片の温度とスペクトルの特徴との関係から，この頃からすで

に，星のスペクトルの差は温度の違いを表わしており，星の年齢や進化に関係すると考えていた．たとえばツェルナーは，星は青い高温の星として誕生し，それが冷えるにつれて黄色から赤い星に進化していくと想像した．

一方，ハギンスはセッキのように多くの星を調べるのでなく，特定の天体を詳しく調べる方法を取った．その結果，シリウスやベテルギュース，アルデバランなど明るい星のスペクトルの眼視観測を通して，地球と太陽とに存在する元素の多くが星にも見られることを知ったのである．またハギンスは，後に述べるスペクトル線のドップラー効果を観測で検出しようと試みた最初の天文学者でもあった．

ハーバード分類法

セッキやハギンスの後，星の像が写真撮影されるようになると，肉眼では明るく見える星が必ずしも写真では明るく写るとは限らないことが分かってきた．これは，写真は青い光により感じやすいためで，眼で見る等級と写真による等級の差（色指数，color index という）が星の色，つまり温度の目安になることを示しており，色指数[4]は後に広く使われるようになる．なお，写真観測法の導入は，写真乾板上の星やスペクトル線の位置を客観的で精密に測定できることと，微かな天体の光を長時間積分できることなどのために，それまでの肉眼観測に比べて革命的な進歩をもたらした．

米国ではドレーパー (Henry Draper, 1837–1882)[5]が，初めて恒星シリウスのスペクトル写真撮影を成功させた．セッキの分類法を発展させる観測を行ない，A，B，C の順で星を 16 種類のスペクトルに分類した．ドレーパーは若くして死亡したため，その遺志を継いだハーバード大学天文台台長のピッカリング (Edward Charles Pickering, 1846–1919) は，南天の星も含めた全天の星のスペクトル観測を 1880 年代に開始した．彼は屈折望遠鏡の先端に薄い

---

[4] 現在よく用いられるのは B–V 色指数である．青色光を透過させる B バンドフィルターと緑〜黄色の光を透過させる V バンドフィルターで測定し，両者の等級差を求める．太陽では B–V = 0.65，青白いシリウスは B–V = 0.0，さそり座の赤い星アンタレスは B–V = +1.8 である．

[5] 元来は医学の学位を持った医者で，母校であるニューヨーク大学医学部の教授と学部長を務めた．その後医学部を辞して，写真術を応用した天文学に打ち込み，天体写真術のパイオニアとして有名になった．なお，ハーバード分類の順序を記憶するための，"Oh, Be A Fine Girl, Kiss Me Right Now, Smack!" という替え歌が有名であるが，これはハーバード大学の学生が考え出したと伝えられる．

プリズムを付けて（対物プリズムと呼ぶ），分解能は低いが多数の星のスペクトルを同時に撮影できる効率の良い観測法を採用した．その成果として，1890年に出版された最初の星表はドレーパー星表と名づけられ1万個以上の星を含んでいた．スペクトル写真の測定と分類の作業には，キャノン（Annie Jump Cannon, 1863–1941）をはじめ十数名の女性アシスタントたちが大きな貢献をしていることを忘れてはならない（図9.5）．

1918年から出版されたヘンリー・ドレーパー（HD）星表には，実に22万個あまりの星の等級とスペクトル型が記され，現在でも役に立っている．当初のドレーパーの分類を少し修正して，O, B, A, F, G, K, M, R, N, Sの順に並べられたスペクトル型は，キャノンが分類した序列である．高温の星から低温の星への系列になっており，今ではハーバード分類の名で知られている．これらが後にヘルツシュプルング–ラッセル図を生む基礎データとなった．

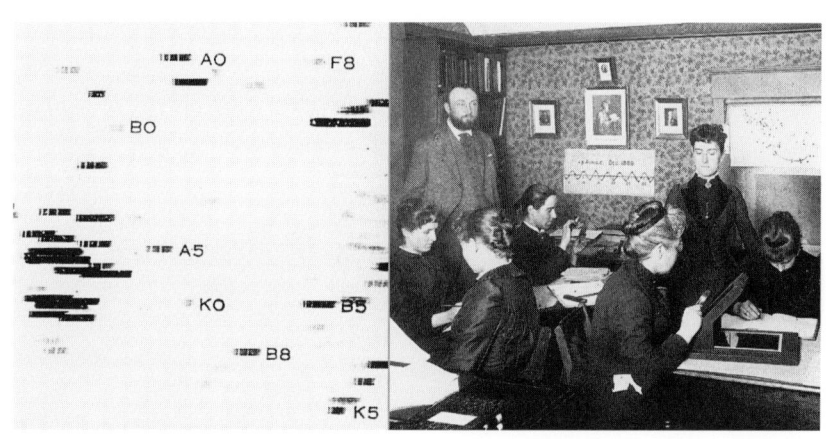

図 **9.5** （左）対物プリズムを用いて撮影された星のスペクトル．ネガのため白黒が反転している．黒い帯がそれぞれの星のスペクトルで，その中の縦の細い白線が吸収線である．英数字の記号は，ハーバード分類による星のスペクトル型を示す．（右）ハーバード天文台における台長ピッカリング（左端）と女性アシスタントたち．立っている女性がリーダーのW. フレミング．

ドップラー効果と天文学への応用

オーストリアの物理学者だったドップラー（Johann Christian Doppler,

1803–1853, 図9.6) は，1842 年にプラハ工科大学で，光が波の性質を持つことの応用として，光源が観測者に対して運動しているときは，静止した場合に比べて色が異なって見えるという，ドップラー効果についての論文を発表した（『連星と単独の星の着色した色について』）。音のドップラー効果については，オランダ人がまもなく，走る車に楽団を乗せて演奏させることで証明したのに対し，光のドップラー効果には反対する学者も多かった．ドップラーは，星の本来の色は白色だが，星同士がお互いを回る連星の場合に星に

図 9.6　ドップラーの肖像．

色が付くのだと誤解していた．やがて，星の線スペクトルならドップラー効果でずれるのを測ることが可能かもしれないとある天文学者が指摘した．しかし，実際のずれはごくわずかな量のため容易に検出されず，最初の確実な観測成功は 1890 年になってからだった[6]．

　星のドップラー効果の測定は大きな意味を持っていた．それまでは天球上の固有運動など横方向の運動しか分からなかったが，それに直角な視線方向の速度が知られるようになったからである．それまで単一の星と考えられた天体が，吸収線にドップラー効果が見られたことで連星と分かった星が次々に発見されるようになった．それらは望遠鏡では分離して見えないほど接近した連星で，分光連星 (spectroscopic binary) と呼ばれた．分光連星の発見は，ドップラーによる当初のアイデアの実現と見ることもできるだろう．

太陽近傍の星の視線速度分布

　前章に述べたようにハーシェルは，星の固有運動を用いて太陽運動の向点方

---

[6] 観測者と移動天体との相対速度を v とすると，ドップラー効果によるスペクトル線の波長 (λ) のずれ $\Delta\lambda$ は，$\Delta\lambda \sim v/c \cdot \lambda$ 程度である (c：光速度)．天体の視線速度が $v = 30\,\mathrm{km/s}$ の場合でも，ずれ $\Delta\lambda$ は元の波長の 1 万分の 1 にすぎないから，いかに測定が難しかったかが理解できる．

向を発見した．スペクトル線のドップラー効果から測定できる視線速度は，固有運動に直角な方向の速度成分である．とすれば，固有運動の場合と同じ考え方で，視線速度を用いても，やはり太陽運動が決定できるはずだ．米国リック天文台のキャンベル (William W. Campbell, 1862–1938) はこの考えをもとに，長年かかって集めた 2000 個あまりの星の視線速度データを使い太陽向点を計算した結果，赤経 = 272 度，赤緯 = +29 度，速度 = 20 km/s を得た（1925年）．この方向は実際，ハーシェルが求めた値にほぼ近かった．

他方，オランダのカプタインは，当時利用できた天球上の固有運動データを利用して，太陽近傍の星々は異なる速度ベクトルを持つ 2 つのグループからなることを示した（二星流説，1904 年）．1907 年には，ドイツのシュワルツシルド (Karl Schwarzschild, 1873–1916) が，カプタインの発見に対して，恒星の速度が 1 つの楕円体として分布するという解釈を提唱した（速度楕円体説）．これらの研究は後に，銀河系全体の回転運動という考えに発展していく（銀河回転の発見）．

9.3　ヘルツシュプルング–ラッセル図

HR 図の発見

20 世紀初めには，星に関する 2 種類の基本的データ，すなわち，スペクトル型（または色指数，温度）と，星の距離から求まる絶対等級（光度，星の放射エネルギー）がかなりの数の恒星について利用できるようになっていた（距離の推定には，視差より測定が容易な天球上の固有運動のデータが主として使用された）．

この両者の関係に最初に注目したのはデンマークの天文学者ヘルツシュプルング (Ejnar Hertzsprung, 1873–1967) である．まず，星を青，白，黄色，橙色，赤の順で，つまり温度の順に並べると，それらの光度は明るい星から暗い星の順に整列する傾向があることに気がついた．もう 1 つの重要な発見は，G 型から M 型までの星は，同じスペクトル型でありながら絶対等級が大きく異なる 2 つのグループが存在するという事実である（表 9.1）．同じ温度の星の場合，表面の単位面積当たりから放射されるエネルギーは同じと仮定すれば，光

表 9.1 ヘルツシュプルングによる巨星の発見．＊印の星が巨星

星	スペクトル型	絶対等級
＊ぎょしゃ座 α	G	−0.09
ケンタウルス座 α	〃	+4.76
＊うしかい座 α	K	−2.10
へびつかい座 70	〃	+5.53
＊オリオン座 α	M	−1.47
ラカイユ 9352	〃	+9.76

度の非常に大きな星は表面積もそれに比例して大きいことを意味する．たとえば，表 9.1 で，オリオン座 α ととかげ座 9352 とは絶対等級で約 10 等の差があるから，ポグソンの法則によって表面積は約 1 万倍，半径は約 100 倍違うことになる．ヘルツシュプルングはそれらの大きな星を「巨星」(giant) と名づけた．

1913 年になると，プリンストン大学のラッセル (Henry Norris Russell, 1877–1957) は多数の星のスペクトル型を横軸に，絶対等級を縦軸にプロットした図を発表した（図 9.7）．この種の図を現在は 2 人の名を記念して HR 図 (Hertzsprung-Russell diagram) と呼ぶ．大部分の星は左上から右下に伸びる帯状の領域に乗ること（「主系列星」という），低温の星では主系列星より約 100 倍も半径の大きな巨星があり，他方で半径がずっと小さい「矮星」(dwarf) と呼ばれる種類の星も存在することなどが HR 図から分かる．なお，ラッセルは，星の進化の研究を初めから念頭に置いて HR 図の作成を行なったと言われている．

HR 図と分光視差

初期の HR 図は，視差（距離）が測定されている比較的近い星について作成されたが，やがてプレアデスやヒヤデスなど，星団（星の集団）についても作られるようになった（図 9.8）．その訳は，星団に属する星々は個々の視差が分からなくても地球からほぼ同じ距離にあると考えられるので，見かけの等級が星相互の相対的な光度を表わしていると見なして，HR 図が描けるからである

こうして HR 図上の星の分布の特徴が近距離の星々や星団の星に対して確立されてくると，星の距離を知って HR 図を描くという行き方とは逆に，HR 図が星の距離を推定するのにも使用されるようになった．具体的には，観測から星のスペクトル型が分かると，標準的な HR 図を用いて絶対等級を求め，それ

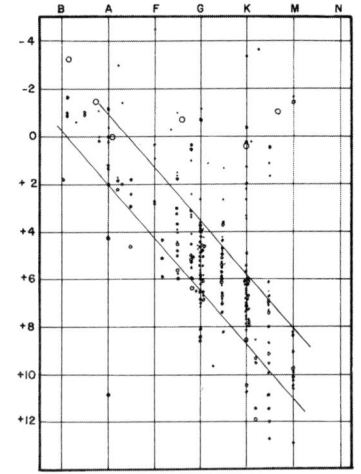

図 9.7 ラッセルが1913年に発表した星の分光型（横軸）と絶対等級（縦軸）との関係を示した図．後にHR図と呼ばれるようになった．左下に1点だけ見えるのが白色矮星である．

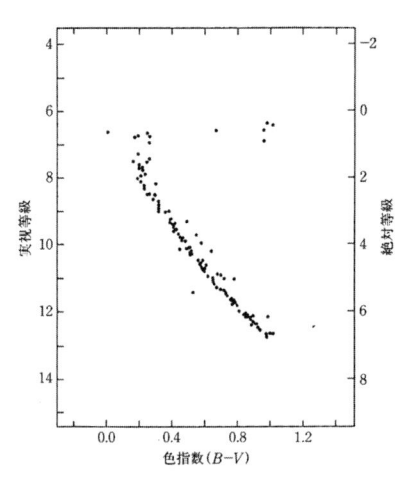

図 9.8 プレセペ星団 M44（かに座）のHR図．左上から右下に伸びるバンドが主系列星，右上の5点が巨星である．

と見かけの等級とから視差（距離）を計算する方法である．この方法で求めた視差は「分光視差」(spectroscopic parallax) と呼ばれて，年周視差が測定できないほど遠距離の星の距離を推定する道を開くことになった．

連星発見の意義

上に述べた分光連星に加えて，ハーシェルの時代から，望遠鏡による詳しい観測から実視連星（目で見て分離して見える連星）の数もしだいに増加していった．見かけ上近くに見える二重星ではなく，実際にお互いの周囲を回る連星である．ハーシェルの息子ジョン・ハーシェルは父の遺業をついで，南半球で多くの連星を発見，研究した．とくにロシアのストルーベは，約3000組の連星（3重星を64個，4重星を3個含む）についてまとめた連星カタログを1873年に出版し，連星天文学の創始者と呼ばれている．

連星研究の進展で重要な点は，太陽系外の星の世界でも，万有引力の法則が

確かに成り立っていること，つまりニュートン力学的宇宙観は宇宙全体に適用できることが確認されたことである．

その結果，連星をなす星同士の距離とお互いを回る公転周期が観測されると，ケプラーの第3法則によって，星の質量（正確には2星の質量の和）が計算できるようになった[7]．このことは，単独の星では分からない質量が連星では求められるという意味で，次章で述べる星の質量–光度関係や星の進化の理論計算に関係して，きわめて大きな価値を持つ前進だったのである．（中村士）

---

[7] 2星の軌道半径を A，公転周期を P，星の質量を M_1, M_2 とすると，ケプラーの第3法則によって，$A^3/P^2 = G(M_1 + M_2)/4\pi^2$ の関係がある．G は万有引力定数．

10 太陽・星の物質の解明へ

前章に述べた天体分光学の進展によって,恒星も地球や太陽と同じ元素からできていることが確かめられた.その後 1920 年代に入ると,量子力学,原子核物理学が天体分光学で得られた観測結果の解釈に適用されるようになり,昔からの謎だった太陽の熱源問題が解決された.また,星の進化に伴って星の内部で重い原子核が次々に生成されるメカニズムもやがて明らかになっていった.これらの事情をこの章では紹介する.太陽や星にも生き物と同じような寿命があり,宇宙の基本構成要素である元素は生成・消滅するという考え方も,天体に物理法則を適用した結果生れた,新しい宇宙観ということができるだろう.

10.1 太陽の物理学

太陽黒点の観測

ガリレオらによる太陽黒点の発見後,その性質の一部は解明されたが,およそ 1650–1700 年の期間,なぜか黒点がほとんど現れなくなったため,太陽黒点に対する天文学者の関心も失われた[1].1826 年になって,ドイツの薬剤師でアマチュア天文家だったシュワーベ (Samuel Heinrich Schwabe, 1789–1875)

---

[1] 現在ではこの黒点が消失していた期間 (1645–1715) のことを,発見者マウンダー (Edward Walter Maunder, 1851–1928) の名にちなんで「マウンダー極小期」(Maunder minimum) と呼ぶ.彼は,太陽表面上の有名な黒点分布である「蝶形図」の発見や,英国天文協会の創立者としても知られている.

が，小望遠鏡で太陽黒点を辛抱強く観測しはじめた．それは，当時話題になった，太陽のごく近くを回ると想像された惑星バルカン (Vulcan) を探すためだった．バルカンが太陽面を通過するとき，黒点に似た黒い小円板として見えると予想したからである．しかし，17年間捜索を続けてもめざす惑星は見つからなかったかわりに，シュワーベは黒点の総数が約10年の周期で盛衰をくり返すという事実を突き止めた．

シュワーベの発見自体はあまり注目を引かなかったが，後にアイルランドの著名な科学者サバイン卿 (Edward Sabine, 1788–1883) とスイスのヴォルフ (Rudolf Wolf, 1816–1893) が，地上で起こる磁気嵐やオーロラとシュワーベによる黒点活動の周期との間に強い相関があることを指摘したために，地球は光などの電磁波以外でも太陽からの大きな影響を受けているという認識が高まった（このすぐ前1851年に，スコットランド生まれの天文学者ラモント (Johann von Lamont, 1805–1879) は，地磁気の強度が約20年の周期，つまり黒点周期の2倍で消長することを見つけていた）．さらにイギリスのカリントン (Richard Christopher Carrington, 1826–1875) は，1850年代を通して黒点の位置観測を行ない，太陽の自転周期は場所によって異なり赤道から極のほうに向かって増加する，つまり，太陽は差動回転をしているのであり，過去に考えられたような固体ではけっしてあり得ないことを証明した．

日食観測から分かった太陽像

1860–70年代の日食観測では，日食のたびごとに重要な新事実が明らかにされた．皆既日食になると，太陽の周囲にプロミネンス（紅炎）や彩層，拡がった淡い光のコロナなどが見える．これは従来，月の大気ではないかと疑われていた．しかし前章で述べたように，1868年の日食の経験から，ジャンセンとロッキヤーが，日食時以外のときに常時，太陽の縁でプロミネンスや彩層を分光器で観測できる装置を考案したことにより月の大気説は否定され，太陽自身の現象であることが明確になった（図10.1）．とくにプロミネンスは短い時間で大きさや形を変えたため，太陽表面は激しい活動の場であることを示唆していた．

ジャンセンとロッキヤーの方法によって，日食ではない平時に充分時間をかけて太陽周辺のスペクトル観測が可能になったおかげで分かったもう1つの重要な発見は，強い光を放つオレンジ色の輝線である．はじめこの線はナトリウ

ムのD線と考えられたが，正確に測定するとD線より波長が若干短いことをジャンセンが指摘した．結局，実験室内で測られたどんな化学物質のスペクトル線とも一致しなかったため，ロッキヤーは未知元素による線と結論し，それをヘリウムと呼んだ（ギリシア語で太陽神を意味する言葉ヘリオス (Helios) による）．この未知元素はかなり後になって（1895年），スコットランドの化学者であるラムゼー卿 (William Ramsay, 1852–1916) が実験室で，放射性鉱物が崩壊した後の副産物として取り出したガスと同じであることを示し，このガスは改めてヘリウムと命名された[2]．

太陽の分光観測で見つかった未知のスペクトル線がもう1つあった．緑色の明るい輝線で，米国の太陽研究者ヤング (Charles Augustus Young, 1834–1908) らが1869年の日食のときにコロナのスペクトル中に発見した．彼らはこれも未知の物質による線と考えて，仮にコロニウム (coronium) と名づけたが，コロニウムの正体は長い間謎のままだった．スウェーデンのウプサラ大学の天文学者エドレン (Bengt Edlén, 1906–1993) は，1930年代から，電離した金属元素のスペクトルを測定研究していた．1940年にドイツの天文学者グロトリアン (Walter Grotrian, 1890–1954) による理論計算からの示唆を受けて，エドレンはコロニウム線の同定に取り組んだ．その結果，1941年になって，このスペクトル線は新物質によるものではなく，コロナという特別な条件下で，多くの電子を剥ぎ取られた鉄の原子が発する輝線であることが明らかにされた[3]．

太陽の熱源問題

太陽が発する莫大な光と熱は何が原因で生じ，どのくらい長く持続できるのかは，昔から天文学者の大きな関心事だった．この問題に初めて定量的に取り組んだのはドイツの物理学者マイヤー (Julius Robert von Mayer, 1814–1878) である．力学的エネルギーと熱とが等価であるとする考え方（エネルギー保存則）にもとづき，太陽の熱源は何かを問うたのだった．彼は流星体が太陽の重力に引

---

[2] ラムゼー卿は大気中から不活性ガスであるアルゴンを分離した功績（1894年）で，1904年のノーベル化学賞を受賞した．ヘリウム以外の希ガス，ネオン，クリプトン，キセノン，なども発見している．

[3] コロナの中では，ガスが非常に希薄だが温度は百万度という高温状態にある．そのような異常な条件下で，鉄の原子が本来持つ26個の電子のうち，13個もの電子が剥ぎ取られた結果，コロニウム線のような特殊な輝線が生じたのだった（禁制線と呼ぶ）．

図 10.1 ジャンセンとロッキヤーの功績を称えてフランスの貨幣鋳造所で作られた記念メダル.

図 10.2 エディントンの肖像.

かれて太陽に降り注ぎ，表面に衝突したときのエネルギーが太陽熱の源であるという説を唱えた——彗星による似たような衝突説は，早くも 1745 年にフランスの博物学者ビュフォン伯爵 (Georges-Louis Leclerc, Comte de Buffon, 1707–1788) が議論している．しかし，計算してみると，流星の衝突によって太陽が発する熱量を維持するためには，太陽質量の約 5 万分の 1 の物質が毎年太陽に付け加わることになる．すると地球の公転周期は 100 年ごとに約 3 分短くなる必要があるが，実際にはそのようなことは起こっていないので，結局流星の衝突説は否定された．マイヤーはまた，太陽エネルギーを石炭の燃焼でまかなう場合も計算してみたが，わずか数千年しかもたず問題外だった．

1850 年代に入ると，英国のトムソン (William Thomson, 1824–1907)[4] とドイツのヘルムホルツ (Hermann Ludwig Ferdinand von Helmholtz, 1821–1894) が，別なアイデアを提案した．太陽は自分自身の重力作用によってゆっくり収縮し，その際に解放される重力位置エネルギーが太陽を圧縮し，熱に変わって光らせているというのである．この説では，太陽からの放射は少なくと

---

[4] トムソンは，通称ケルビン (Kelvin) 卿とも呼ばれる．熱力学の第 2 法則を発見した．絶対温度の単位であるケルビン (K) はケルビン卿の名前に由来する．その他，電磁気学や熱力学の分野で非常に多くの業績を残した．

も数百から一千万年の間維持することができる．だが，19 世紀の終わりには，地質学的な証拠から地球の堆積岩は 10 億年より古いことが知られるようになったから，重力説からは，地球より太陽のほうがずっと若いというあり得ない結論になってしまうのだった．それでも，他に適当なアイデアがなかったため，重力収縮説はその後 20 世紀に入っても，太陽熱源の説の主流として生き続けた．

1919 年にはフランスの物理学者ペラン (Jean Perrin, 1870–1942) が，水素がより重い元素に変換することでエネルギーが生れるのではないかと示唆した[5]．翌年，ヘリウム原子の質量は 4 個の水素原子の質量より 1%ほど少ないことが英国で実測された．仮にこの質量差 (Δm) が，アインシュタイン (Albert Einstein, 1879–1955) が 1905–1907 年に発見していた質量とエネルギーの等価の式 ($E = \Delta mc^2$, c は光速度) に従って，太陽内部でエネルギーに変換しているとすれば，重力エネルギーに比較して莫大なエネルギーが得られるだろうと英国の理論天文学者エディントン (Sir Arthur Stanley S. Eddington, 1882–1944) は考えた (図 10.2)．ただし，当時のニュートン力学的な理論計算では，4 個の水素原子の核が同時に衝突合体する確率はほとんどゼロになってしまうため，質量がエネルギーに変換する可能性には多くの人が半信半疑だった．

10.2 星内部での原子核生成と星の進化

HR 図の精密化

HR 図が多くの星で作られ，物理的な解釈も進むにつれて，HR 図は恒星の分類と進化の研究にとってきわめて基本的で重要な図であるという共通認識が広まってゆく．まず理論面では，ドイツの物理学者プランク (Max Karl Ernst Ludwig Planck, 1858–1947) が有名な量子説，つまり，光など電磁波の放射と吸収は，従来考えられたような連続量としてではなく，微小なエネルギーの塊を単位（量子）として起こるという説を提案していた．そしてこの仮説にもとづき 1900 年に，温度の関数として波長ごとの放射エネルギーが計算できる

---

[5] ペランは，液体中の微粒子の不規則な運動（ブラウン運動と呼ぶ）の実験的研究によってアヴォガドロ数を測定し，分子の存在を証明して (1908 年)，ノーベル物理学賞を受賞した (1926 年)．

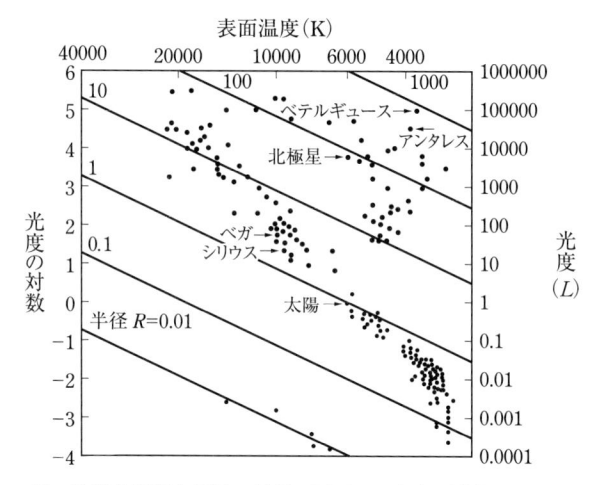

図 10.3 HR 図の物理的解釈と巨星・矮星の区別．たとえば半径 $R=1$ の直線は，図上で太陽半径に等しい星が存在できる位置を表わしている．これらの直線は，星の光度 $\propto$ (表面積) × (絶対温度)^4 の関係にもとづく．下端の 5 星は白色矮星である．L と R は太陽の値が単位．

有名な「プランクの放射式」[6]を理論的に求めた．この公式からは，星から放射される全エネルギー（光度）は，表面温度（絶対温度）の 4 乗に比例することも導かれる．その結果，星の色（温度）と，絶対等級（光度）や星の表面積（直径）の関係が明らかになり，HR 図の物理的意味もより明確になっていった（図 10.3）．そのほか，観測面では，スペクトル線の特徴（鮮鋭度，濃度など）からも巨星，矮星の区別ができることが分かってきた．

量子力学・原子核物理学からの寄与

太陽や星の内部における物理状態と物質の生成が真の意味で理解されるようになるのは，量子力学や原子・核物理学が誕生してからである．プランクが量子論を創始して以後，ニュージーランド出身で英国に渡り活躍した物理学者ラザフォード (Ernest Rutherford, 1871–1937) と彼の弟子たちは，原子の中心に

---

[6] プランクの公式とも言う．また天文学では黒体放射の式と呼ぶことも多い．

は微小な重い核があることを実験で示した．また，コペンハーゲン大学のボーア (Niels Henrik David Bohr, 1885–1962) は，プランクの量子論とラザフォードや長岡半太郎（1865–1950）による原子模型を組み合わせて，ボーアの原子模型（モデル）を 1913 年に提案した．このモデルによって，スペクトル線は，原子核を球殻状に取り巻く電子の配列に応じて固有な性質を持ち，電子がその軌道を離散的に変えることによってスペクトル線の放射と吸収が起こることが知られるようになった．

インドの物理学者サハ (Meghnad Saha, 1893–1956) は，上に述べた量子論の成果を熱統計力学と組み合わせて発展させ，太陽大気から発せられるスペクトル線の強度を，温度や圧力などの関数として計算できる理論を作り上げた（サハの電離公式，1920 年頃）．サハの理論のおかげで，それまで太陽と星のスペクトル観測から得られた多くの事実が定量的にしかも統一的に理解できるようになった．たとえば，星の物質組成はあまり違わないのに O 型から M 型までの異なるスペクトル型が生じるのは主に温度が原因であること，低温の星では中性の原子のスペクトルが顕著なのに対して，O 型など高温の星では原子は電子が剥ぎ取られ電離した状態にあること，同じスペクトル型を示す巨星と矮星のスペクトル線における微妙な特徴の違い，などをみごとに説明できたのである．

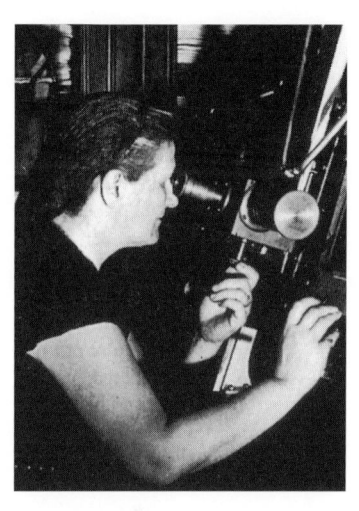

図 10.4 測定器を操作するペイン–ガポシュキン．

イギリスのケンブリッジ大学で，エディントンの影響のもとに天文学を学んだペインという女性がいた（Cecilia Payne, 1900–1979, 後に結婚してペイン–ガポシュキン Cecilia Payne-Gaposchkin）．当時のケンブリッジ大学は女性に学位を出さなかったので，渡米してハーバード大学天文台の大学院生になった．彼女は，サハの理論を適用して，観測された星の温度とスペクトル線の強度から，星の大気に含まれるいろいろな元素の相対的な存在量を求める研究に

表 10.1 ペインが求めた恒星の元素存在度（1925 年の論文の表を簡略化）．存在度が対数 (Log) で示されている（対数で 1 の差は 10 倍の存在度の違いに相当する）．現在の存在度比とはかなり違うが，水素とヘリウムが非常に多いことは正しい結果だった．

原子番号	元素	Log（存在度）	原子番号	元素	Log（存在度）
1	H	11.0	13	Al	5.0
2	He	8.3	14	Si	4.8
3	Li	0.0	19	K	3.5
6	C+	4.5	20	Ca	4.8
11	Na	5.2		Ca+	5.0
12	Mg	5.6	22	Ti	4.1

着手した（図 10.4）．そして 1925 年に提出した学位論文で彼女は，星の中で圧倒的に量が多い元素は水素であり，その次に豊富なのがヘリウムであると結論づけた（表 10.1）．この結論は従来の常識からはあまりに予想外だった．当時，米国の天体物理学の大御所だったラッセルなどは，水素が金属元素より 100 万倍も多いというペインの結果はあり得ないと述べて，ペインに論文の修正を要求したほどだった．しかし，やがて英国やドイツの天文学者がペインの結果の正しさを確認し，後にはラッセル自身も太陽と星の主成分は水素であることを積極的に主張するようになった．

現在では普通の恒星に含まれる元素は，原子数で水素が約 90%，ヘリウムが約 10% で，他のすべての元素は 1% にも満たないことが分かっている．また，水素とヘリウムを除けば，星のケイ素や炭素などの相対存在量の比は，地球の地殻や太陽における存在比とほぼ同じであることをペインは指摘した．これは惑星が太陽や星と似た始原物質から生れることを初めて観測的に示唆した点で重要である．

古典的なニュートン力学の範疇では不可能と見なされていた，4 個の水素の原子核がヘリウムに融合する困難は，ウクライナ出身の物理学者ガモフ (George Gamow, 1904–1968) によって最初に解決の糸口が与えられた．彼は後に，ソヴィエト連邦内で強まった政治的な弾圧運動を避けて，ロシアから米国に亡命した．ガモフらは，量子力学が原子核にも適用できることを証明し，量子力学におけるトンネル効果[7]を考慮したことにより（1928 年），同種の電気を帯び

---

7) ニュートン力学では，ある高さの位置エネルギーの壁がある場合，粒子にこのエネルギーよ

た粒子同士でも衝突して合体することが可能であることを示したのである．詳しい計算の結果，1000万度を超える太陽の中心部では，ある割合で実際に水素からヘリウムへの変換が起こることが確かめられた．

その後1930年代を通じて，ナチズムに追われてドイツから米国に移住したベーテ (Hans Albrecht Bethe, 1906–2005) や，ドイツの天文学者ワイゼッカー (Carl Friedrich Freiherr von Weizsäcker, 1912–2007) らが，原子核の反応を広く調べることにより，水素同士の衝突や，より重い原子核を触媒にしてヘリウムが生成される道筋を明らかにした．また後の時代になると，星の内部ではヘリウムはさらに重い炭素や酸素に順次変換（核融合反応）されることも分かってきた（12.3節参照）．

星の進化

この節では，HR図の精密化と，星内部での核融合反応のメカニズムが解明された結果，星はどのように進化するかが理解できるようになった歴史を簡単に述べる．英国のエディントンは星・太陽の熱源の正体が分かる以前から，星内部の力学的および熱的な構造を詳しく調べ，米国の天体物理学者レーン (Jonathan Homer Lane, 1819–1880) やドイツの物理・天文学者エムデン (Jacob Robert Emden, 1862–1940) ら先行者の研究をふまえて，1926年に『星の内部構造』という本を出版し，「星の内部構造論」という研究分野を完成させた人である．そこでは，光や熱が星の内部で運ばれる放射平衡の理論も大きな役割をしている．

エディントンのもう1つの重要な貢献は，1924年に彼が公表した星の質量–光度関係である．星の質量は，その密度や表面での重力を知るのに不可欠な量である．星の質量は，連星の観測から求めるのが唯一の方法であることは前章で紹介した．エディントンは当時利用できた，太陽質量の1/5倍から25倍までの質量を持つ星に対して，質量と絶対等級の図に描いてみた（図10.5）．図から，星の光度は質量の3–4乗の割合で増加し，たとえば太陽の10倍の質量を持つ星は数千倍も多くのエネルギーを放射していることが分かる．このことは，

り大きな運動エネルギーを与えないと粒子は壁を越えることはできない．しかし，量子力学では，たとえば時間とエネルギーの間に成り立つ「不確定性原理」のために，低いエネルギーでも，ある確率で上記の壁を通過することができる．これをトンネル効果と呼ぶ．ガモフは原子核の α 崩壊現象を，トンネル効果によって初めて説明することができた．

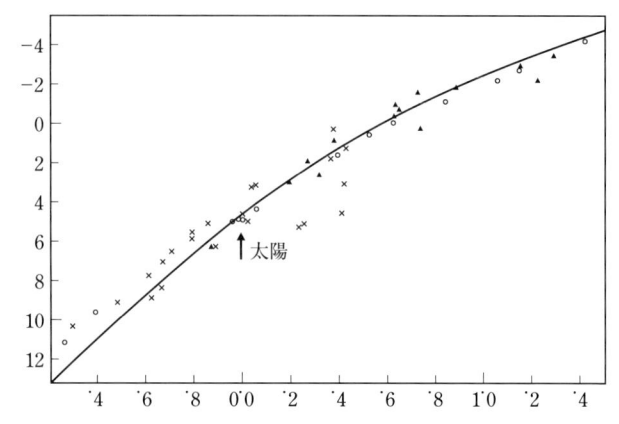

図 10.5 エディントンが求めた恒星の質量–光度関係（1924 年）．縦軸が絶対等級，横軸は対数で示した星の質量．0.0 が太陽質量，1.0 は太陽の 10 倍の質量に相当する．

質量の大きな星はその寿命はずっと短いことを意味していて，質量–光度関係の発見は星の一生を考える上で大きな前進となった．

　星のスペクトル分類を模索していた初期の頃，星の起源には 2 種類の考え方があった．1 つはツェルナー（9.1 節参照）の説で，星は高温の青白い星として生れ，冷却するとともに黄色から赤色の低温の星に変わっていくという考えである．他方，ロッキヤーは，太陽の熱源の説明に使われた流星の衝突説が不成功に終わった後もこの説に執着していた．そして，1880 年代の後半になって，星の起源に関して流星説を再度生かすことを思いついた．すなわち，星の誕生は，過去に大量の流星物質が集積したり衝突したりして起こったとする説を唱えた．低温起源説である．ロッキヤーは星の誕生から終焉までの様子を，図 10.6 のような模式図で説明している．

　その後，HR 図上で巨星と矮星の区別がはっきりしてくると，この世代の天文学者はロッキヤーの低温起源説に似た進化の経路を HR 図上に描いてみせた．たとえば 1914 年にラッセルは，重力収縮を仮定して次のように考えた（図 9.7 および図 10.3 を参照）．星はまず M 型の赤色巨星として誕生する，次に星が収縮して温度が上昇するとともにスペクトル型は HR 図上の巨星が水平に分布している領域を左方向に，つまり A，B 型である早期型の星まで移行する．それから主系列の帯の上を右下へ向かって冷却・収縮していき，再び低温の M 型

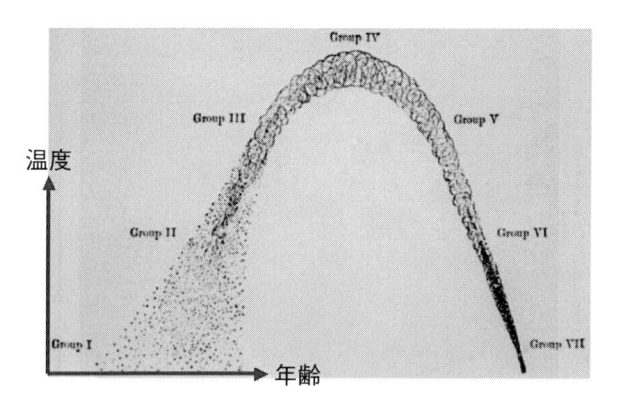

図 10.6 ロッキヤーが描いた星の進化を示す模式図（1880年代）．低温の星として誕生し，その寿命の中程で最も高温に達し，その後冷却して死滅すると考えた．

の星になって一生を終えるのだと．この説は，星内部の熱源の謎が解けるまで信じられた．

　原子核融合反応が知られるようになった初期の頃（1938年頃），その知識をふまえて星の進化を最初に論じたのはガモフとエストニアの天文学者エピック (Ernst Julius Öpik, 1893–1985) だった．エピックによれば，星の中心部（コア）で水素が燃焼してヘリウムに変わる反応が起きる．コアの成長につれてコアは収縮し温度も上昇するが，収縮で開放された重力エネルギーが星の外層部を膨張させて巨星に進化していくという考えである．このシナリオは現在の星の進化理論に照らしても基本的には正しい．その後，エピックらの説は改良されながら，原始星の誕生から星の死までの進化の全体像が構築されていった．

　それらの研究によれば，星の進化経路と一生の時間は星の質量によって大きく異なることが明らかになった．太陽程度の質量の星は，最後にはおおいぬ座の1等星シリウスの伴星に代表されるような白色矮星となり，その内部は地上では想像もできないような高密度の物質（太陽の平均密度の約100万倍）で満たされている．これに対して大質量の星（太陽の10倍程度以上）は，太陽の年齢45億年よりずっと短い時間で生涯を終え，最後は超新星爆発を起こして，鉄より重い元素もこの時に作り出されるのである．

　その後，上に述べた単独星の進化の理論と計算の結果は，変光星の振る舞い，連星系の進化，新星と超新星における観測結果の解釈，X線を放射する連星，

アインシュタインが一般相対性理論から予言した重力波を放射する天体としての中性子星連星，などの研究へと応用されていく[8]．

10.3 変光星と星雲の正体

変光星の発見と解釈

ある種の星が明るさを変化させることはかなり昔から知られていた．ドイツとオランダにまたがる北海に面した地方フリジアの神学者・天文学者だったファブリチウス (David Fabricius, 1564–1617) が 1596 年に発見したくじら座の星ミラ (Mira)[9]が代表的な変光星（脈動変光星）である．また，1667 年から記録されていてアラビア語で悪魔の星を意味するペルセウス座の星アルゴル（食連星）もよく知られていた．

古代から中世まで，1 等から 6 等までの区別しかなかった星の等級が，2.3 等などという端数まで明るさを指定できるようになったのは，変光星の観測を通してであった．ドイツのアルゲランダーは，変光しない基準星の明るさと比較して変光星の明るさを測る光階法と称する測定法を考え出した（1844 年）．乾板による写真法が 1870 年代末から天体観測に導入されるようになると，変光星を探し出すことがずっと容易になり，変光星は急速にその数を増した．とくにピッカリングの指導のもとに，ハーバード大学天文台は 1890 年から活発に変光星探しを開始した．

時間に対して星の明るさの変化をグラフに描いたものは変光曲線（光度曲線）と呼ばれる．ピッカリングは変光曲線の特徴をもとに，1881 年には変光星を 5

---

[8]　1960 年代に始まった X 線天文学，高エネルギー天文学の誕生と歴史については，筆者らの能力と紙幅の制約のために省略せざるを得なかった．たとえば，小田稔 (1923–2001) による解説記事 http://wwwsoc.nii.ac.jp/jps/jps/butsuri/50th/50(8)/50th-p557.html を参照してほしい．

[9]　ファブリチウスは水星の観測をしていて，位置を測る基準としてこの星をたまたま採用した．するとこの星はいったん明るくなり 2 カ月後には見えなくなったから，最初は新星だと考えた．ところが 1609 年に再び見えたので，新しい種類の星（変光星）と気づいたのだった．"Mira" という名前は，ヘベリウスが 1662 年に書いた論文，「驚異の星の記載」(Historiola Mirae Stellae) がもとになったとされる．なお，ファブリチウスは息子と協力して，カメラ・オブスキュラ（ピンホールカメラ）で太陽を観測し，黒点の存在と黒点の移動による太陽の自転を発見し，その結果を 1611 年に出版している．

種に分類していた．1）ミラ型変光星，2）ケフェウス座 δ 星型変光星，3）アルゴル型変光星（ペルセウス座 β 星），4）新星，5）不規則変光星，である．ピッカリングの後は，星の絶対等級やスペクトル型も考慮されて，変光星の分類はより細分化していく．

　星の変光が研究され始めた初期の頃，変光の原因として 2 つの説が考えられた．星の表面に大きな黒点があり，それが星の自転に伴って見え隠れするという説と，星に接近した惑星（伴星）があり，惑星によって星が食を起こすという説である．英国のアマチュア天文家だったピゴット（Edward Pigott, 1753–1825）とグードリッケ（John Goodricke, 1764–1786）は協力して 1780 年代にアルゴルの変光を研究し，星の直径の半分ほどの大きさの惑星が食を起こすという説を立てた．このモデルは基本的に正しかったのだが，後になって彼らはなぜか自説を撤回している．今では変光星は，連星が食を起こす場合と，星自体が膨張収縮をくり返す脈動変光星に大別されている[10]．こうした変光の詳しいメカニズムは，星の進化の研究が進むにつれて順次明らかになっていった．

星雲の正体

　18 世紀から 19 世紀にかけて，英国でハーシェルやロス卿が巨大な反射望遠鏡を製作したのは星雲を観測することが大きな目的の 1 つだったが，後世のハギンスはスペクトル観測によってこの星雲の正体を解明しようと試みた．たとえば，りゅう座の惑星状星雲のスペクトルには，水素ガスが発する緑色の明るい線と未知の数本の輝線を見つけた．彼は 70 個近いいろいろな星雲のスペクトルを調べた結果，星雲は輝線スペクトルと連続スペクトルとの違いによって 2 種類の星雲に区別できる，つまりガス星雲と星の集団である星雲（星団，銀河）を識別できるという重要な結論を得た．

　さらにハギンスは，オリオン星雲などを青緑色に光らせている緑色のバンド状スペクトル線にも注目したが，結局その正体は分からず，仮にネブリウム（nebulium，星雲を意味する nebula による）と名づけておいた．1927 年になって，米国のパロマー天文台にいたボウエン（Ira Sprague Bowen, 1898–1973）

---

[10] 太陽系外惑星の探査法の 1 つであるトランジット法は，惑星による食が引き起こす微小な変光を検出するものである．

が理論的考察により，電離した酸素原子などの電子が不安定なエネルギー状態に置かれたときに放射する光，すなわち禁制線と呼ばれるスペクトル線であることを示し決着をつけた．

ケフェウス座 δ 星型変光星と銀河天文学

最後に，ピッカリングが分類した変光星のうち，ケフェウス座 δ 星型変光星について簡単に触れよう．この変光星（セファイドともいう）は，恒星の天文学から銀河天文学への橋渡しを担った歴史上重要な星である．太陽近傍の星は，年周視差か分光視差を測定して距離を求めることができる．しかし，天の川銀河（銀河系）のサイズは，当時の天文学者の想像を超えて大きく，遠方の星の視差測定はもちろん不可能だった．この困難を乗り越える突破口を開いたのが，ハーバード大学天文台のリービット (Henrietta Swan Leavitt, 1868–1921) である．

彼女は，ペルーで撮影された小マゼラン雲（星雲）の多数の写真から非常な苦労の末に変光星を探し出して測定し，約 20 個の星の変光周期を決定した（図 10.7）．その結果，周期が長い星ほど明るい，言い換えれば，周期の対数と星の等級とはほぼ 1 次式の関係で表わせる（周期–光度関係）ということを見つけた（1908–1912 年）．これらの変光星がケフェウス座 δ 星型変光星と同じ種類

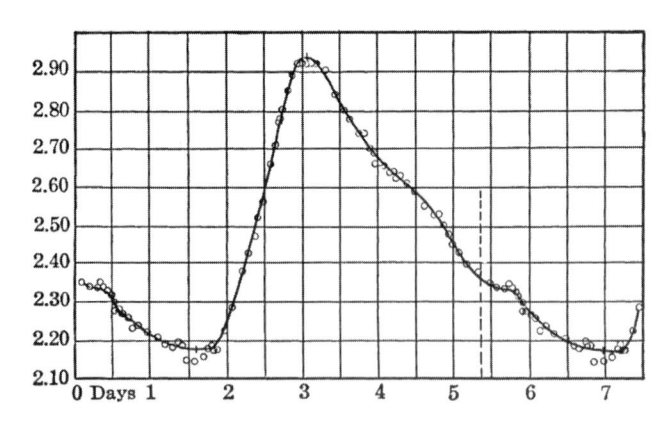

図 **10.7** リービットが見つけた小マゼラン雲中の変光星の光度曲線．縦軸が等級，横軸は時間（日）である．この星の変光周期は約 5 日．

の変光星と仮定すると,見かけの等級および変光周期から,周期–光度関係を用いて,小マゼラン雲までの距離が推定できる.この考え方を,球状星団[11]の中に見られる星団型変光星(こと座 RR 星が代表的)に適用して,銀河系の大きさを知る最初の手掛かりをつかんだのは,ハーバード大学天文台の若き天文学者シャプレー (Harlow Shapley, 1885–1972) だった.その具体的な内容は次章で述べる.(中村士)

---

[11] 数十万個の星が球状に密集分布した星団で,ヘルクレス座の M13 が代表的な天体.球状星団に属する星々の HR 図上の分布は,散開星団であるプレセペ星団(第 9 章)などとは大きく異なるのが特徴である.

11 銀河系と銀河の発見

　恒星の世界（宇宙）の広がりと形を調べた18世紀のハーシェルの先駆的な研究は，19世紀になって定量的なデータで裏打ちされるようになった．20世紀になると，渦巻星雲は巨大な星の集団であることが判明し，この集団は銀河と呼ばれるようになった．宇宙には多数の銀河が散在し，ハーシェルの調べた宇宙は，私たちの母なる星太陽が属する1つの銀河であることが判明した．私たちの住むこの銀河は他と区別して銀河系と呼ばれるようになった．本章では，現代の宇宙観の基礎である銀河系と銀河の発見の歴史を概観する．

11.1 ハーシェルの宇宙

　私たちの住む世界はどのような形であり，どこまで広がっているのだろうか？これは古代から人類が求め続けた根源的な問題である．古代から中世にかけて，さまざまな世界観（宇宙観）が生れたが，太陽系を越えた恒星界の形と大きさを，科学的な手法で描き出した最初の人はハーシェルで，1785年のことである（第8章参照）．ハーシェルの描き出した宇宙は円盤形をしており，太陽はそのほぼ中心に位置している．この宇宙を，太陽を含んで円盤に垂直な面で切った断面図が図11.1に示されている．彼は，この図を作るに当たって，星は空間に一様に分布し，望遠鏡で見ると宇宙の端まで見通せると仮定した．そうすると，さまざまな方向で望遠鏡の視野内に見える星の総数が宇宙の端までの距離の3乗根に比例することになる．この仮定のために，宇宙は多数の星が見える天の

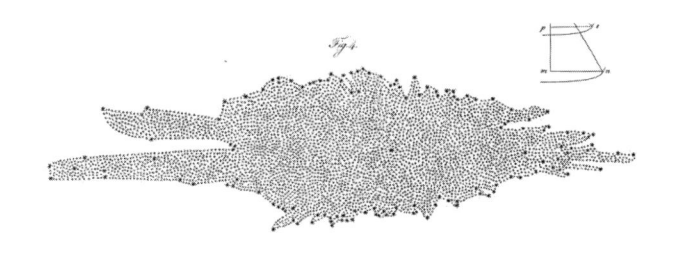

図 11.1 ハーシェルの宇宙（太陽を含む断面図）．中心やや右の濃い星印が太陽の位置を示す．

川方向に伸びた円盤形となり，天の川中心の不透視帯など吸収物質のあるところでは星の数が少ないので，断面の輪郭に凸凹や裂け目が見られる．

　重要なことは，恒星の分布する空間（宇宙）は有限の広がりを持っていることである．ハーシェルは宇宙の大きさを，直径が約 6000 光年，厚みが最大で 1000 光年と見積もった．しかし，当時は，星の距離を正確に求める方法は知られていなかったので，この見積もりは現在の値からすると大幅な過小評価であった．実際，この見積もりの改訂と精度向上，すなわち恒星の距離決定の歩みは銀河系と銀河の発見の歩みでもあった．第 8–10 章と重複する部分もあるが，次節ではこの観点から恒星の距離決定技術の進歩を概観する．

11.2　恒星の距離決定技術の開拓

恒星位置の変動の観測

　ハレー彗星で有名なハレーは，1718 年に，シリウス，アークトゥルス，アルデバランなど明るい星の位置が，ヒッパルコスが約 1850 年前に『アルマゲスト』に記録した位置よりも 0.5 度以上動いていることに気づいた．惑星ばかりでなく恒星も天球上で位置を変えること，すなわち恒星の固有運動[1]の最初の検出であった．一般的に言えば，固有運動の大きな星は近距離にある星で，固有運動の観測は近距離にある星を探し出す有効な手段である．また固有運動か

---

[1] 第 8 章脚注 4 を参照．

ら統計的な手法によって星の距離を推定する統計視差法[2]も後に開発される．

恒星の距離を決めるもっとも正確な方法は，三角測量にもとづく年周視差法である．地動説の直接の証拠となる年周視差の検出は天文学者の激しい競争となった．しかし，年周視差は，当初天文学者が予想したより格段に微小な量であった．そして，年周視差ではなく，それよりずっと大きな年周光行差を 1728 年に英国のブラッドレーが発見したことが地動説の最初の検証となった．年周視差検出の競争を制したのはドイツの数学者・天文学者ベッセルであった．彼は 1838 年，はくちょう座 61 番星の年周視差が 0.314 秒であると発表した[3]．ほとんど時を同じくしてロシアのストルーベがベガの，またスコットランドのヘンダーソン (Thomas James Henderson, 1798–1844) がケンタウルス座 α 星の年周視差を検出したが，ベッセルが一歩先んじた．まだ写真技術の用いられていない眼視観測の時代にこれだけの精度の測定が行なわれたことは賞賛に値する．

年周視差の観測が可能になって，恒星の距離を直接測定する道が開けた．しかし，年周視差の測定はごくごく近傍の星に対してだけ可能であり，宇宙の大きさを決めるにはまったく不十分なものであった．

分光視差

18 世紀までの星表では，星の天球上の位置の情報に比べると，星の明るさの情報の精度は低かった．1856 年にポグソンが星の正確な等級目盛（ポグソンの式）を提案し[4]，星の明るさの観測データも体系的に整備されはじめた．1852 年から 1859 年にかけてアルゲランダーらによって編纂された「ボン掃天星表」は，北天の 32 万 4000 個の星の位置と明るさ（等級）が記されており，20 世紀前半まで，天文学研究の基本データとして使われた．

---

[2] 同じような性質を持つ多数の星に対して，固有運動から得られる接線速度分布と分光観測から得られる視線速度分布を，たとえば両者が等しいなどある仮定にもとづいて統計的に解析して星の距離を求める多様な手法の総称．古典的には固有運動を使った星団の距離決定に用いられたが，最近では，セファイドや RR ライリ（脚注 11 参照）などの絶対等級を決めるために良く用いられる．

[3] ヒッパルコス衛星によるデータでは 0.28547 秒である．彼の測定精度はかなり高かったことが分かる．

[4] n 等級と m 等級の星から地球の大気外で単位面積に入射する光量をそれぞれ I_n と I_m とすると，ポグソンの式は $n - m = -2.5 \log(I_n/I_m)$ と表わされる．

一方，19世紀後半に大きく進展した分光学と星のスペクトル分類から，恒星の距離決定への道が開かれた．1913年にラッセルがHR図を出版すると，スペクトル型から星の絶対等級を推定し，見かけの等級と比較して星の距離を求める分光視差法が開拓され，年周視差が測れないほど遠方の星の距離を知ることができるようになった．現在のスペクトル分類の基礎となっているヘンリー–ドレーパーカタログ（HDカタログ）の編纂作業は，ハーバード大学天文台で，ピッカリング台長と女性研究助手キャノンを中心に1911年に始まり，1918年から1924年にかけて8巻に分けて出版された[5]．これには「ボン掃天星表」と対応できる22万5300星のデータが含まれている．

このように，多数の星のスペクトルが得られて，分光視差による距離決定が進んだ．しかしながら，年周視差法よりはるかに遠方まで届くとはいえ，分光視差法ですら，その適用可能範囲は太陽近傍に限られ，宇宙の大きさを決めるにはまだまだ不十分であった．

セファイドの周期–光度関係

宇宙の大きさの決定に突破口を開いたのは，ハーバード大学天文台の女性研究助手リービットの発見であった（図11.2）．ピッカリング台長のもとでスペクトル分類の研究を続けていた同天文台では，大規模な変光星探査プロジェクトも行なわれていた．ペルーのアレキパにあった観測所で1893年から1906年にかけて撮影された数百枚の大小マゼラン雲の写真乾板を綿密に調べたリービットは，1908年に1777個の変光星のカタログを作った．これを調べた彼女は，変光周期がよく決まった16個の星について，「明るい星ほど変光周期が長い」ことを発見した．大小マゼラン雲にある星は，近似的に私たちから見てほぼ同じ距離にあると仮定できるので，見かけの明るさの違いは真の明るさの違いに相当することになる．さらに彼女は1912年に，小マゼラン雲中の25個の変光

---

[5] HDカタログのもとになったのは，10351星のスペクトル分類を記載したドレーパー星表で，1890年から順次増補改訂を続けてハーバード大学天文台から出版された．そのきっかけは，ヘンリー–ドレーパーが1872年にベガの吸収線スペクトルを初めて撮影したことである．彼はその後100個以上の恒星のスペクトルを撮影したが1882年に逝去した．ハーバード大学天文台台長のピッカリングが，対物プリズムを考案し，星のスペクトルの広汎な研究に着手したことを知ったドレーパー未亡人が資産を寄附してこのプロジェクトを支援した．その最初の成果がドレーパー星表である．

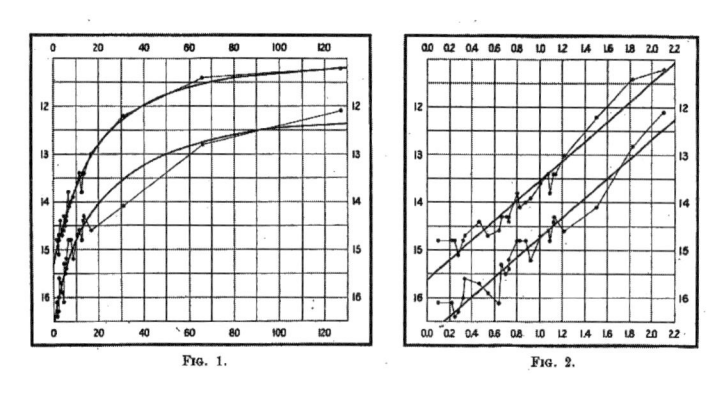

図 11.2 リービットによる小マゼラン雲中の変光星の周期–光度関係．縦軸は見かけの等級，横軸は左図では変光周期，右図では変光周期の対数．上（下）のデータ系列は変光星の最大光度（最小光度）に対応する．

星のデータから，変光周期の対数と星の見かけの等級との間の関係がほぼ直線で表わせることを発見した（図 11.2（右））．

リービットの発見した周期–光度関係では，光度は見かけの等級で表わされていた．この見かけの等級を対応する絶対等級で置き換える，すなわち周期–光度関係に絶対等級の目盛を入れることができれば，距離を測る道具として使えると考えたのはヘルツシュプルングである[6]．そのためには小マゼラン雲の距離を測ることが必要である．周期–光度関係に絶対等級の目盛がつけられれば，他の星雲で同種の変光星が見つかればその変光周期の観測から絶対等級を知ることができ，見かけの等級と比較して距離が求まる．リービットは，この種の変光星の光度曲線は，球状星団中にある変光星や，ケフェウス座 δ 星のものによく似ていることに気がついていた．ヘルツシュプルングはとくに後者との類似性に注目し，それらをケフェウス座 δ 星型変光星（今日では略してセファイドと呼ばれることが多い）と呼んだ．ヘルツシュプルングは 1913 年に，当時詳しく観測されていた銀河系内の 13 個のセファイドの距離を統計視差法から推定して，リービットの発見した周期–光度関係に絶対等級の目盛を入れ

---

[6] リービットも 1912 年の論文には，「これらの変光星の年周視差が測られることを希望する」と書いているので，距離決定への応用を考えていたのかもしれない．

た[7]．この目盛付けは後にシャプレーによって改訂され，宇宙の大きさの論争に深く関わることとなる．

11.3 「大論争」から銀河の宇宙へ

カプタインの宇宙モデル

ハーシェルに始まった，星の計数から宇宙の形と大きさを求める研究は，ドイツのフォン・ゼーリガー (Hugo von Seeliger, 1849–1924) とオランダのカプタインによって大きく発展した．フォン・ゼーリガーは，ハーシェルのようにある方向に見える星の総数を数えるのではなく，1等級暗くなるごとに星の数がどれくらい増加するかという「星数比」を調べた．宇宙が無限に広がっていて，その中に星が一様に分布しているとすると，1等級暗くなるごとに星の数は約 $4 (= 10^{0.6})$ 倍増えることが計算から導かれる[8]．この増加率からのずれは星の密度の一様さからのずれを反映する．さまざまな方向でずれを調べることにより，宇宙の形と大きさを知ろうと彼は試みた．ボン掃天星表とその南天への拡張版がすでに出版されており，ハーシェルの時代に比べれば格段に豊富なデータが利用できた．

カプタインはフォン・ゼーリガーの研究を詳細なデータにもとづいてさらに発展させ，図 11.3 に示すような宇宙のモデルを作り上げた[9]．カプタインモデルによると，宇宙は有限の広がりを持つ扁平な回転楕円体であり，長軸は約 $16\,\mathrm{kpc}$ で軸比は 5:1 である（$1\,\mathrm{pc} = 3.26$ 光年，$1\,\mathrm{kpc} = 10^3\,\mathrm{pc}$）．星の空間数密度は中心から外側に向かって滑らかに減少し，中心から $8\,\mathrm{kpc}$ のところで中心密度の約 1/100 となっている．太陽は中心近くに位置している．

---

7) 論文中では小マゼラン雲の距離は約 3000 光年とされているが，年周視差は 0.0001 秒と明記されているので，約 30000 光年の間違いと見られる．

8) 星の見かけの明るさは私たちからの距離の 2 乗に反比例して暗くなるが，その距離までの空間の体積は距離の 3 乗に比例して増える．したがって，ある天域に見える m 等級と n 等級の星の数を N_m と N_n とし，その見かけの明るさを I_m と I_n とすると，$(N_n/N_m) = (I_m/I_n)^{3/2}$ となる．両辺の対数をとってポグソンの式（脚注 4 参照）を用いると，$\log(N_n/N_m) = 0.6(n-m)$ となる．ここで $n = m+1$ とすれば増加率が $10^{0.6} \sim 4$ となることが分かる．

9) このカプタインモデルは 1922 年，彼の死の年に出版されたが，解析法や初期の結果はすでに 1901 年に出版されていた．

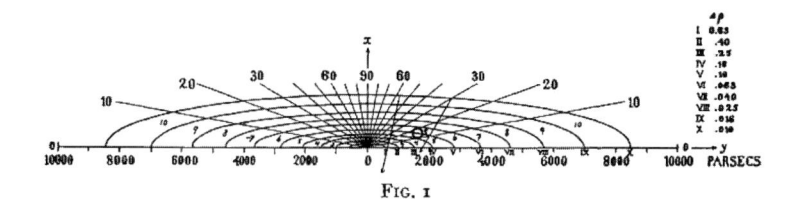

図 **11.3** カプタインの宇宙モデル．回転楕円体の中心を通る断面（上半分のみ）内での恒星密度の等高線が示されている．中心やや右上の丸印が太陽の位置．

宇宙の大きさや太陽の位置を決めるときの大きな問題の1つに星間吸収がある．距離は絶対等級と見かけの等級の比較から求められるので，星間吸収があれば見かけの等級が距離に応じたぶんよりさらに暗くなり，吸収がないとして求めた距離は過大評価となる．今日では，星と星の間の星間空間は真空ではなく，星間物質がさまざまな形で存在し，光を吸収することが知られているが，当時それははっきりと確認されてはいなかった[10]．カプタインは，太陽が宇宙の中で星の数密度最大の中心近くという特殊な位置にあるという結果になったのは，もしかすると星間吸収の影響である可能性があることに気づき，星間吸収の研究も行なった．しかし，結局吸収はほとんど無視できるとの誤った結論に至った．

シャプレーの宇宙モデル

プリンストン大学卒業後ウィルソン山天文台に勤めたシャプレーは球状星団の研究を始めた．球状星団には，変光周期は短いがリービットが発見した変光星と似た変光星[11]があり，彼は周期–光度関係を使ってその距離を決めようとしたのである．彼は，ヘルツシュプルングが用いたセファイドの中から信頼度の高い11個を使って周期–光度関係の目盛付けを改訂した．それを7個の球状星団に適用して距離を求めた．彼はさらにいくつかの球状星団では，もっとも

[10) 星間吸収の存在を紛れもなく示したのは1930年のトランプラー (Robert Julius Trumpler, 1886–1956) による論文である．
[11) 星団型変光星とも呼ばれたこれらの変光星は，今日ではこと座RR星型変光星（RRライリとも呼ぶ）と，おとめ座W星型変光星（種族IIのセファイド）とに分類されている．

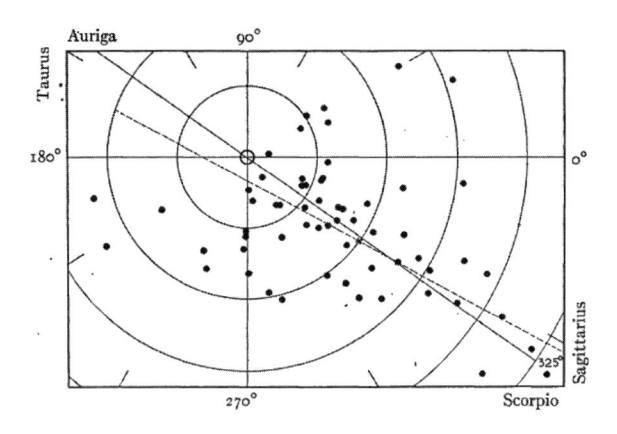

図 11.4 銀河系の円盤面に投影した球状星団の分布．太陽は 2 本の直線の交点にあり，円盤面内の経度である銀経が 30 度ごとに示されている．銀経 = 0° の方向が銀河系中心方向で，325° はいて座の方向．同心円は内側から半径 10 kpc ごとに描かれている．球状星団の分布する扁平な領域（破線がその長軸方向を示す）の広がりは 50 kpc を超え，太陽はその中心から大きく外れた位置にある．

明るい 5 個を除く上位 25 個の星の平均等級がほぼ一定であることを見いだしていた．この平均等級を一定と仮定することで，シャプレーはセファイドが見つかっていない多数の球状星団の距離も決めることができた．

シャプレーは，球状星団の分布に次のような特徴があることに気がついた．
(1) 天の川がもっとも明るくなる「いて座」の方向に集中している．
(2) いくつかの星団の距離は非常に大きく，カプタイン宇宙の外にあるように見える．
(3) 太陽は，星団の分布の中心からだいぶ離れた端のほうに位置する（図 11.4）．

このことからシャプレーは 1919 年に発表した論文で，球状星団の分布する空間が宇宙でありその形はほぼ球形，またその中心は，いて座の方向で太陽から約 20 kpc の距離にあるという，従来の考えとはまったく違った宇宙のモデルを主張した．

渦巻星雲の性質と大論争への道

シャプレーの考えは強い反対を受けた．その理由の大きなものは，渦巻星雲の

性質に関係していた．ローウェル天文台のスライファー (Vesto Melvin Slipher, 1875–1969) は，1915 年までに 15 個の渦巻星雲のスペクトルを得ていた．スペクトル線のドップラー偏移から測定された後退速度[12]は 200–1000 km/s という，星の観測では見られない大きな値であった．さらにそのうちの 1 つの渦巻銀河 (NGC4594) では，100 km/s にも上る回転運動の速度成分も検出された[13]．

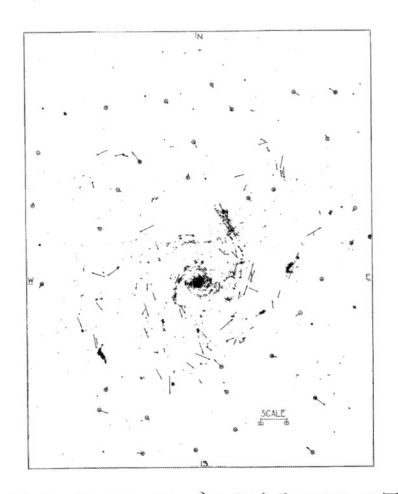

図 11.5 ファン・マーネンによる M101 の回転を示す固有運動．渦巻腕の中の点につけられた多数の線がずれの大きさと方向を示している．丸印のついている点は，位置測定の基準に使った星．SCALE と書いてある線の長さが 0.1 秒角/年である．

一方，カプタインの学生であったファン・マーネン (Adriaan van Maanen, 1884–1946) は，ウィルソン山天文台に移って渦巻星雲の回転を示す証拠を見つけようとした．渦巻星雲が回転していると，あるときに撮影した写真を何年か経過して撮影した写真と比較すると，回転の様子が天球上の位置のずれ（固有運動）として見られる．これを検出しようとしたのである．そして彼は 1916 年に，渦巻星雲 M101 が回転運動していることを示す固有運動を検出した（図 11.5）．彼は，異なる時期に撮影された複数の写真乾板を立体式測微計で測定し，平均で 0.022 秒角/年（左回り）という回転成分を検出した．回転速度はスライファーらの観測から，100 km/s 程度と推定すると，この固有運動に対応する距離は約 1 kpc となり，M101 はカプタイン宇宙の中，しかも比較的太陽の近くにあることになる．ファン・マーネンはその

---

12) 第 12 章脚注 3 参照．
13) ローウェル天文台は火星の研究で有名である．銀河のスペクトル観測で有名なスライファーも火星の分光観測を行なっている．彼が，火星のスペクトルに植物（葉緑素）の痕跡を見つけられないか調べていたことは興味深い．

後も研究を続け，1923年までに7個の渦巻星雲の回転に対応する固有運動を検出したのである．その値はすべて，M101で検出された値とあまり変わらないものであった．空のあちこちに見られる渦巻星雲がどれも，広大なシャプレーのモデルの中で太陽のごく近くに集中していることを示していたのである．

　カプタインとシャプレーのモデルの不一致は，当時の天文学者の大きな関心の的であった．太陽系は，カプタインの言うように「小さな宇宙（恒星系）の中心近くにある」のか，それともシャプレーの結果が示すように，「大きな宇宙（恒星系）の端近くにある」のか．渦巻星雲は，「私たちの住む宇宙の中にあるのか，それともずっと遠距離にある別の宇宙，すなわち「島宇宙」であるのか」．これは，宇宙の構造とその中での太陽系（人類）の位置づけを知りたいという，まさに人類の世界観に関する根源的な問題であった．そして，問題のキーポイントは距離の正確な決定であった．

宇宙の大きさと渦巻星雲に関する大論争

　1920年4月26日，アメリカ国立科学院の年会で，シャプレーとカーチス(Heber Doust Curtis, 1872–1942)が，宇宙の大きさに関して，それぞれの主張をたたかわせた討論会は，後になってその重要性に鑑み，天文学の「大論争」(The Great Debate)と呼ばれるようになった．カーチスはリック天文台で渦巻星雲の研究を指揮していた．1917年にウィルソン山天文台のリッチー(George Willis Ritchey, 1864–1945)が偶然に渦巻星雲NGC6946中に新星を発見した．これを機にカーチスは過去の乾板を調べ，他の天文台の協力もあって，2カ月の間に渦巻星雲中に現れた新星の記録が11個も見つかった．これだけの数になると，新星がたまたま渦巻星雲と同じ視線方向に出現したとは考えにくい．また，渦巻星雲の新星は通常の新星より平均して10等級暗いので，100倍距離が遠いことになる．こうしてカーチスは，渦巻星雲は多数の星を含む「島宇宙」であると確信するようになった．

　討論会のテーマは「宇宙の大きさ」であったが，ポイントは2つあった．第1は，これまで描かれてきた宇宙の大きさであり，第2は渦巻星雲の性質，すなわちそれらは我が宇宙の中にある天体[14]か，それとも我が宇宙の外にあってそ

---

14) 星が誕生しつつあるガス雲という解釈があった．

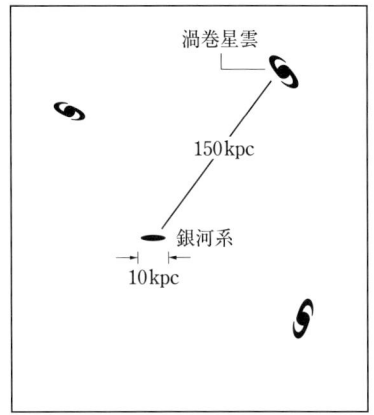

図 11.6 シャプレーとカーチスの宇宙像.

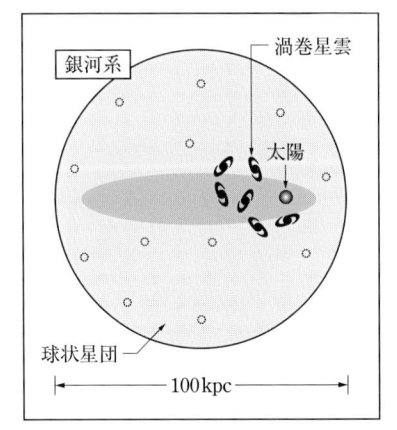

れと同程度の規模を持つ島宇宙であるかということであった．実際の議論では，シャプレーは球状星団とその研究にもとづく宇宙の大きさと構造に重点を置き，渦巻星雲の性質にはまったくといってよいほど触れなかった．一方，カーチスは，渦巻星雲の性質に重点をおいて，宇宙の大きさについてはほとんど触れなかった．2人の議論はかみ合わなかったが，それぞれが代表していた宇宙像ははっきりと違っていた．図 11.6 にそれが模式的に示されている．

　今日の目で見ると，シャプレーもカーチスも一部は正しく一部は間違っていた．シャプレーは，宇宙の構造と大きさに関してはほぼ正しかった（吸収が無視できるとしたために大きさをいくぶん過大評価した）が，渦巻星雲の性質は完全に見誤った．これは，信頼を寄せていた同僚ファン・マーネンの測定結果に深く影響されたためと言われている．一方，カーチスは，渦巻星雲の性質は正しく見抜いた（距離は過小評価であった）が，宇宙に関してはカプタインモデルを擁護してその大きさを見誤った．もしもカプタインがこの議論に参加していたら，どのような展開になっていたであろうか．歴史を後戻りさせることはできないが興味深い．

論争の決着——銀河からなる宇宙へ

ウィルソン山天文台のハッブル (Edwin Powell Hubble, 1889–1953) は，論争決着の鍵は渦巻星雲の正確な距離決定にあると考えた．そのためには，渦巻星雲の中にセファイドを見つければよい．こうして彼は，100インチ望遠鏡を用いて渦巻星雲 M31（アンドロメダ星雲）と M33 の写真を撮り続けた．そして 1923 年 10 月 6 日に撮影した M31 の写真乾板上で，ついにセファイドと見られる変光星を発見したのである（図 11.7）．

1925 年までにハッブルは M31 で 12 個，M33 で 22 個のセファイドの光度曲線を得ることができた．ハッブルは，シャプレーの目盛付けにもとづいた周期–光度関係を用いて，これらの星雲の距離が約 285 kpc であると結論した．この値は，カプタインモデルとシャプレーモデルのどちらが正しいにせよ，渦巻星雲がそのはるか外にあることを紛れもなく示すものであった．渦巻星雲は，途方もない遠距離にあって，我が恒星系と同じ規模の恒星の大集団，すなわち島宇宙であったのだ．このような島宇宙は，それ以後「銀河」と呼ばれるようになった．宇宙は，無数の銀河を含む広大な空間であることが判明した．ハーシェルに始まった宇宙（恒星系）の広がりとその形を描き出す試みが対象としていたのは，実は私たちの住む 1 つの銀河だったのである．今日それは他の銀河と区

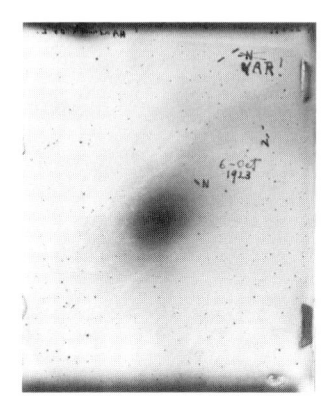

図 11.7 ハッブルが見つけた M31 のセファイド（左）．写真乾板にハッブルの手書きで，撮影月日と変光星を示す「VAR!」の文字が書かれている．右図は，左の写真乾板の撮影範囲を Digitized Sky Survey の画像の上に白枠で示したもの．

別するために「銀河系」と呼ばれている[15].

　ハッブルの発見によって問題は一挙に解決するかに見えたが実はそうはならなかった．その理由は，セファイドの周期–光度関係の目盛付けに関して天文学者の間にまだ完全な見解の一致がなかったことと，ファン・マーネンによる固有運動の測定結果であった．1935 年に短いが決定的な 2 個の論文が *Astrophysical Journal* 誌に連続して掲載された．初めのものは，ハッブル自身が，ファン・マーネンの測定した渦巻星雲のうちの 4 個の固有運動を再測定した結果を報告したものである．ファン・マーネンが用いたのと同じ写真乾板を含む，より多数の乾板を用いたにもかかわらず，固有運動は検出されなかった．続くファン・マーネンの論文は，彼自身が 3 個の渦巻星雲を再測定したところ，固有運動は以前の結果の半分くらいになったことを報告している．固有運動はそれでも検出されているものの，系統誤差[16]の影響は未知であり，ファン・マーネン自身も，「固有運動をあまり確かなものと見ないほうがよい」と述べるに至ったのである．こうして島宇宙説への最後の障壁が取り除かれた．

　後の科学史家が詳しく解析した結果，ファン・マーネンの結果の誤差は，器械誤差や計算上の誤差ではなく個人誤差によるものと推測されている．写真乾板上の点の位置の測定に，0.002 mm の系統誤差があれば，報告された回転運動が生じることがわかった．そしてこの値はまさに彼が使用した測定器の最高精度と同じ程度なのである．精度の限界で行なわれる測定は，「渦巻星雲は回転している」というファン・マーネンの信念にはからずも影響を受けたのであろう．つねに精度の限界に挑戦する観測天文学者にとってこれは貴重な教訓である．（岡村定矩）

---

15)　天の川銀河と呼ばれることもある．
16)　測定誤差には偶然誤差と系統誤差がある．前者は，特定の原因がなく何度も同じ測定をすれば改善されるのものだが，後者は特定の原因によって系統的に真の値からずれた測定値を示すものであり，原因を除かない限り測定回数を増やしても改善されない．

12 宇宙膨張の発見とビッグバン宇宙論

　宇宙の基本的構成要素は銀河であること，すなわち「銀河からなる宇宙」という描像が確立してまもなく，遠方の銀河ほど速い速度で私たちから遠ざかるという「ハッブルの法則」が発見された．この法則は宇宙全体が一様等方的に膨張していることを示すもので，それまでの「静止宇宙」という概念からの大転換となった．膨張を過去にたどれば必然的に宇宙の大きさは小さくなり密度は高くなる．初期宇宙の高密度状態における物質の研究に欠かせない原子核物理学と量子力学の発展の中からビッグバン宇宙論が提唱され，1965年の宇宙マイクロ波背景放射の発見により新たなパラダイムとして確立した．その後インフレーション理論が登場し，宇宙の進化のみならず宇宙の起源についても科学的に考察する基盤ができた．本章では，この現代の宇宙論へ至る道のりを概観する．

12.1　一般相対性理論とフリードマン宇宙モデル

　1905年に特殊相対性理論を発表したアインシュタインは，その後加速度運動を含む一般的な場合にもその理論を拡張し，1916年までに一般相対性理論の枠組みを完成した．両者は総称して相対性理論（あるいは相対論）と呼ばれる．相対論は物体の運動や質量を時間および空間と結びつけて理解する「時空の物理学」であり，空間や時間は物体の運動とは独立に存在することを前提とする古典物理学と際だって異なる体系であった．

アインシュタインは物質を含む宇宙に一般相対性理論を適用すると万有引力のために宇宙がつぶれてしまうことにとまどった．当時宇宙は時間的には変化しないとする考えが支配的であったからである[1]．そこで彼は1917年に発表した論文で，自らの方程式に，重力に対抗する斥力を表わす項（宇宙項ないしは宇宙定数と呼ばれる）を付け加えて，膨張も収縮もしない静止した宇宙が表現できるようにした．これがアインシュタインの静止宇宙モデルである．

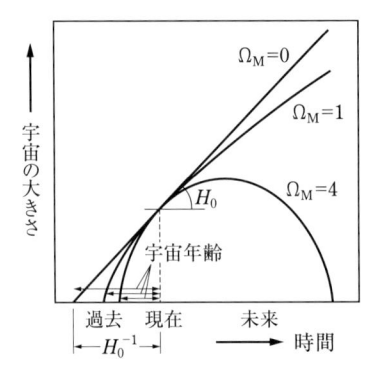

図 **12.1** フリードマンモデルによる宇宙膨張の概念図．縦軸は宇宙の大きさ（厳密にはスケール因子という量）で横軸は時間である．時間は現在から過去（左側）と未来（右側）の両側に取ってある．

相対論はアインシュタインの論文が発表されたドイツ以外では当初はあまり評価されなかったが，1919年の皆既日食の際に，一般相対性理論が予測する太陽の重力場による光線の曲がりが検出されて一躍注目の的となり，宇宙モデルの研究にも関心が高まった．1922年にロシアの数学者であるフリードマン (Alexander Alexandrovich Friedmann, 1888–1925) が，膨張や収縮をするアインシュタインの方程式の解を見いだした．これはフリードマン宇宙モデルとして知られている[2]．図12.1に，宇宙定

---

[1] 天体の視線速度（12.2節参照）がそれほど大きくないことがその根拠の1つだった．当時すでにローウェル天文台のスライファーらによって星雲 (nebulae) の視線速度が測定されつつあり，それは数百 km/s にも達する大きな値であったが，この事実とその意味はまだ広く知られていなかった（第11章参照）．

[2] アインシュタインを含む多くの学者は，実際に宇宙が膨張していることを示すハッブルの観測が明らかになるまで，このように膨張や収縮をする解は現実の宇宙を表わすのではなく，数学的な意味しか持たないと考えていた．実は1927年に，ベルギーの牧師でもあり天文学者でもあったルメートル (Georges-Henri Lemaitre, 1894–1966) が，フリードマンの結果を知らずに，同様の解を求めていた．このことは，彼の師であるエディントンの仲介で，1931年にルメートルの論文が英国王立天文学会の学術誌に公表されるまでほとんど知られていなかった．ルメートルの論文には，銀河の後退速度は宇宙の膨張によることが指摘されている．ところが2011年に，この英語の論文では，もとのフランス語の論文にあった1部分が削除されていることが判明した．それは，理論家のルメートルが，後にハッブルが1929年の論文で用いたのと同じデータからハッブル定数を計算した（その値もハッブルによる値とほぼ同じ）部分である．宇宙膨張の発見は，現在ではもっぱらハッブルの業績とする見方が一般的であるが，ルメートルの貢献も高く評価されることになりそうだ．

数がゼロのフリードマン宇宙モデルの膨張と収縮の概念図を示した．宇宙膨張の様子は，宇宙の中にどのくらいの質量が存在するかによって変わってくる．膨張を引き止める向きに働く重力（万有引力）の大きさが質量によって違うからである．これは密度パラメータ (Ω_M) という変数で表わされる．この変数は，膨張とちょうどつり合うだけの質量密度（臨界密度という）を単位としている．臨界密度とちょうど等しい密度を持つ宇宙 ($\Omega_\mathrm{M} = 1$) では，膨張はしだいに減速するが，反転して収縮することはなく，減速の度合いがしだいにゆるやかになって，無限の未来に静止する．また，$0 < \Omega_\mathrm{M} < 1$ の場合には宇宙は永遠に膨張し，$\Omega_\mathrm{M} > 1$ の場合には膨張はいつか収縮に転じて宇宙は再び 1 点に向かうことになる．図には $\Omega_\mathrm{M} = 0$, 1, 4 の 3 つのモデルの振る舞いが実線で示されている．$\Omega_\mathrm{M} = 0$ は物質のない極限に対応する．現在の宇宙の膨張率（図 12.1 の現在における接線の傾き）はハッブル定数 H_0 と呼ばれるが，それが 3 つのモデルで同じ値になるようにグラフを描いてある．ハッブル定数の逆数は時間の次元を持ちハッブル時間と呼ばれる．それぞれのモデルで宇宙の大きさがゼロとなる時刻が宇宙の始まりである．宇宙年齢（宇宙の始まりから現在までの時間）はそれぞれのモデルで異なっているが，図から分かるように $\Omega_\mathrm{M} = 0$ のモデルの宇宙年齢がハッブル時間である．$\Omega_\mathrm{M} > 0$ のモデルの宇宙年齢はハッブル時間より短い．

12.2 ハッブルの法則

ハッブルは 1929 年，『アメリカ科学院紀要』に「銀河系外星雲の距離と視線速度の関係」と題する論文を発表した．ローウェル天文台のスライファーやハッブルの助手であったハマソン (Milton Lasell Humason, 1891–1972) らによって，当時 46 個の銀河系外星雲（銀河）の視線速度[3]が測られていた．このうちの 24 個についてハッブルは，セファイドやその他の明るい星の見かけの等級

---

[3] 視線に沿って近づいたり遠ざかったりする速度成分．銀河のスペクトル線が地上で観測される静止波長からどれくらいずれているかを測って求める．銀河が遠ざかっている場合は後退速度ということが多い．ちなみに，視線に垂直な方向の速度成分は接線速度と呼ぶが，太陽近傍の星など距離が既知の天体では，接線速度は固有運動（第 8 章脚注 4）と距離から求められる．

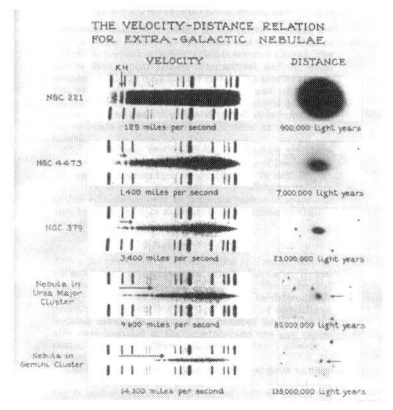

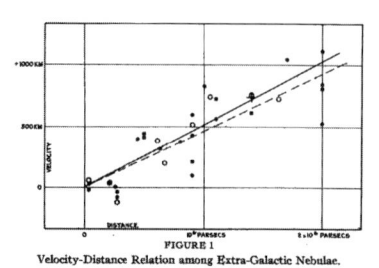

図 12.2　銀河の速度–距離関係．左図は異なる距離（下ほど遠方）にある 5 つの銀河のスペクトル（左）とその写真（右）．ネガなので，黒いところが光の当たったところ．スペクトルの吸収線（K と H のついた縦矢印が示す白抜けの 2 本線）が，水平な矢印で示すように遠方の銀河ほど右側（波長が長い赤色側）に大きくずれている．右図は，24 個の銀河に対する視線速度と距離の関係を示した図．黒丸と実線は個別の銀河に対するもの，白丸と破線は銀河をグループに分けて平均をとったもの．この図の直線の傾きがハッブル定数である．

から距離を推定した．視線速度と距離の間には図 12.2 の右図に示すように，直線的な比例関係が認められた．すなわち，遠方の銀河ほど速い速度で私たちの銀河系から遠ざかっていた．この関係は，後退速度を v，銀河の距離を r とすると

$$v = H_0 r \tag{12.1}$$

と表わされる．これが宇宙膨張に関するハッブルの法則である．この式に現れる比例定数 H_0 は図 12.1 で示したハッブル定数であり，銀河の距離と後退速度のデータから観測的に決められる数値である（図 12.2 右）．

銀河の速度–距離関係を最初に発表した 1929 年の論文でハッブルは，この結果はまだ精度の高いものではなく，「その意味するところを詳細に議論するのは時期尚早である」と述べている．さらに「この結果は（ド・ジッターの宇宙モデル[4]が予測する）ド・ジッター効果を示している可能性がある」とも述べて

---

4)　1917 年にオランダの天文学者ド・ジッター (Willem de Sitter, 1872–1934) は，宇宙定数の付け加えられたアインシュタイン方程式の解を 3 つの場合について求めた．その 3 つのモデル

いる[5]．ハッブルの見つけた速度–距離関係を，宇宙が膨張していることの帰結として正しく解釈し学界に広めたのは，アインシュタインの友人で相対論にも通じていたエディントンである．ハッブルの法則は，宇宙が一様（どの場所でも同じように）かつ等方的に（どの方向でも同じように）膨張していることを示している．このように解釈すると，式 (12.1) に現れる比例定数の H_0 が，図 12.1 に示したハッブル定数と同じものであることは簡単な計算から分かる．アインシュタインが後年，「（宇宙を静止させるために行なった）宇宙定数の導入は私の人生の最大の失敗だった」と述べたことは有名な逸話である．

ハッブルの法則は，時間を過去に遡ってみると，宇宙が過去ほど小さく，ついにはすべてが 1 点に集まってしまうことを意味している．当然そこには超高密度の状態があるにちがいない．多くの研究者がその問題に取り組んだ．ベルギーのルメートルは 1931 年に，宇宙は始源的原子から始まり，膨張とともにそれが分裂して現在の宇宙ができたとする説を発表した．しかしこの説には裏付けとなる理論的根拠が不十分であった．宇宙初期の研究には，物質が高密度の状態でどのように振る舞うかを探るための原子核物理学や素粒子論の知識が必要であり，機はまだ熟していなかったのである．

12.3 ビッグバン宇宙論の誕生

1946 年にウクライナ生まれのガモフがアメリカで，当時の先端の原子核物理学にもとづいて，宇宙が高温高密度の熱い火の玉のような状態の時に，短い時間で元素が誕生したという考えを発表した．彼はさらに 1948 年にはアルファー (Ralph Asher Alpher, 1921–2007) とベーテとの共著論文で，高温高密度の初期宇宙に起こる核反応によって，現在の宇宙にあるすべての元素が作られるという

中には天体からくる光は赤方偏移を示す（波長が伸びる）ことを予測するものがあった．

[5] ハッブルの 1929 年の論文には，「ド・ジッターの宇宙モデルでは，原子の振動数の低下と物質粒子が飛び散ろうとする一般的な性質でスペクトル線が偏移する．この 2 つの効果の相対的重要度によって速度–距離関係の形が決まる．（ここで見つかった）比例関係は特定の距離範囲でのみ成り立つ近似的なものかもしれない」と書かれている．

図 12.3 ジョージ・ガモフ.

具体的なシナリオを示した[6]．ビッグバン宇宙論の誕生である．

1950 年に京都大学の林忠四郎 (1920–2010) は，宇宙初期の元素合成を支配する陽子と中性子の個数比を素粒子論にもとづいて導き出した．その後，多くの研究者によって宇宙初期の元素合成の研究が進められた．その結果，ガモフらが考えたように，宇宙初期の火の玉の状態ですべての元素が合成されるのではないことが分かった．宇宙初期に合成されたのは水素とヘリウム，およびわずかなリチウムとベリリウムまでの軽い元素だけであった．質量数[7]が 8 である安定な元素が存在しないため，質量数 7 のリチウムとベリリウムがわずかにできた後は，元素の合成反応は進まなかったのである．質量数 8 のギャップを超えて重い元素を作るには高温高密度の状態が必要であるが，宇宙の膨張によって温度が下がったため，元素合成反応が止まったのである．宇宙初期の元素合成はビッグバン以降のほぼ 3 分間という短い間に完了した．重い元素は，その後に星の中心核で起こる核融合反応や超新星爆発で作られて，星間空間に撒き散らされるのである．すべての元素がビッグバンでできるとするガモフの当初の予想とは違ったが，宇宙における水素やヘリウムなど軽元素の存在比を説明するためには，宇宙は熱い火の玉から始まらなければならないとする「ビッグバン宇宙論」の基礎はガモフによって築かれた．ちなみに，図 12.4 に見られるように，私たちの体にある重要な元素の多くは，質量数 8 以上の元素である．これらの元素は最低限一度はどこかの星の中にあったものである．その意味で，

---

[6] 著者 3 名の頭文字がギリシャ語で $\alpha\beta\gamma$ となることから $\alpha\beta\gamma$ 論文との俗称がある．ガモフはユーモアに富んだ人で，ベーテはこの論文の研究とは関わりなかったが，$\alpha\beta\gamma$ の語呂合わせのために彼を著者に入れた．ちなみにこの論文が掲載されたのは米国物理学会誌 (*Physical Review*) の 4 月 1 日（エイプリル・フール）号である．

[7] 質量数は，原子核を構成する陽子の個数と中性子の個数を合わせた数である．

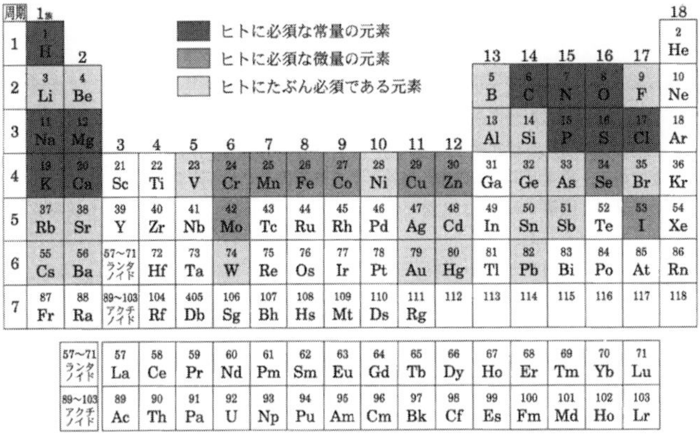

図 12.4 元素の周期表．水素 (H)，ヘリウム (He)，リチウム (Li)，ベリリウム (Be) まではビッグバンで作られる．ホウ素 (B) より重い元素は星の中心核で起こる核融合反応や超新星爆発時に作られる．

私たちは「星の子ども」と言っても良いだろう．

12.4 宇宙マイクロ波背景放射の発見

ビッグバン宇宙論には 1 つの困難な問題が立ちはだかっていた．すでに述べたように，実際の宇宙年齢はハッブル時間より短い．その値は減速の度合いによって変わるので，密度パラメータの値に依存するが，たとえば $\Omega_M = 1$ の場合は $2/(3H_0)$ となる．ハッブルが 1929 年の論文で示した観測値は $H_0 = 530\,\mathrm{km/s/Mpc}$ であった．これに対応するハッブル時間は約 18 億年となる．ところが当時，放射性同位元素を用いて岩石の年代を測定する放射線年代測定法が英国のラザフォードらにより開発されていた．それによると地球の古い岩石の年齢は少なくとも 30 億年であった．生まれてから 18 億年の宇宙にある地球上に 30 億年以上昔にできた岩石がある．これはどう考えても明瞭な矛盾であった[8]．

---

[8] 後になって，銀河の距離推定が改善されるにつれてハッブル定数の観測値は時代とともにしだいに小さくなり 1960 年代までに $100\,\mathrm{km/s/Mpc}$（宇宙年齢約 100 億年）となり，この矛盾は

このような状況の中，英国のホイル (Fred Hoyle, 1915–2001) らは 1948 年に，宇宙は膨張しているがその見かけの様相は時間的に変化しないという定常宇宙論を唱えた．つまり，宇宙には始まりもなければ終わりもないのである．宇宙が膨張することによる物質密度の低下を補うために，真空中で連続的に物質が創成されれば，宇宙はつねに同じ姿を保つことができる．このために必要な物質の創成率は 10^{10} m^3 あたり毎年水素原子 1 個程度というほとんど観測不可能なほど微小なものであった．

　定常宇宙論かビッグバン宇宙論かの決着はなかなかつかなかった．当初は定常宇宙論の支持者が多く，ビッグバン宇宙論はいわば異端として扱われていたように見える．この背景には，上記の宇宙年齢と地球の岩石年齢の矛盾があったと考えられる[9]．実は，ビッグバンという言葉の由来は定常宇宙論の主唱者ホイルである．英国 BBC のラジオ番組の中で彼がガモフらの理論を揶揄して，「彼らは宇宙が大きな爆発 (big bang) で始まったといっている」と発言した．これを知ったガモフがその言葉を気に入って，自ら使い始めたといわれている．

　ビッグバン宇宙論のもっとも大きな予言は，宇宙初期の熱い火の玉の時代の名残が現在の宇宙に残っているということであった．それは，宇宙全体を満たす黒体放射[10]である．宇宙が熱い火の玉で始まったとすると，当時の宇宙には物質と熱平衡状態にあった高温度の黒体放射が存在したはずである．宇宙が膨張するにつれその放射は波長が引き延ばされて，現在では低い温度の黒体放射となって宇宙全体を満たしている．ガモフらはその温度を絶対温度で 5–7 K と予想した．この予想が正しいとすると，この黒体放射の強度のピークはマイクロ波領域にある．一方，定常宇宙論ではそもそも宇宙に始まりがないので，このような放射はないはずである．

　米国のベル研究所で電波通信の研究をしていたペンジアス (Arno Allan Pen-

解消した．
　9) 宇宙年齢の矛盾は後年になって別の形で再燃する．1970 年代から，ハッブル定数は約 50 km/s/Mpc（宇宙年齢約 200 億年）とするサンデイジ (Allan Rex Sandage, 1926–2010) とタマン (Gustav Andreas Tammann, 1932–) と，約 100 km/s/Mpc であるとするドゥ・ボークレア (Gérard de Vaucouleurs, 1918–1995) の間で 20 年あまり大論争が続いた．この時期には，銀河系の中にあるもっとも古い星の年齢（120 億年以上）と宇宙年齢の間での矛盾が話題となった．
　10) 入射する電磁波をすべての波長にわたって完全に吸収し，自らも電磁波を放射できる仮想的な物体を黒体といい，それから出る放射を黒体放射という．物質と熱平衡状態にある放射は黒体放射である．黒体放射のスペクトルはプランク関数で表わされ，その形は温度だけで決まる．

図 **12.5** 宇宙マイクロ波背景放射を発見したアンテナの前に立つペンジアス（左）とウィルソン（右）．

zias, 1933–) とウィルソン (Robert Woodrow Wilson, 1936–) は，通信の妨げとなるノイズの原因を究明する中で，偶然この宇宙マイクロ波背景放射 (Cosmic Microwave Background Radiation: CMB) を発見した（図 12.5）．1965 年のことである．彼らの観測した波長 7.3 cm の電波強度から，CMB の温度は 3.5 K と求められた．その後気球や航空機，さらには人工衛星（COBE とその後継機 WMAP）を使って背景放射の観測が精力的に行なわれ，1990 年には COBE 衛星によってそれがきわめて高い精度でプランク分布に合致する黒体放射であることが確かめられた．CMB の温度は現在 2.725 ± 0.002 K と求められている．宇宙初期に高温の黒体放射が宇宙を満たしていたことが確認されたことにより，定常宇宙論がすたれ，ビッグバン宇宙論が標準理論として確立した．

CMB に関してはもう 1 つ重要な発見があった．CMB は，ビッグバンから約 38 万年後，宇宙の温度が下がって，物質と放射が相互作用しなくなった時刻

12.4 宇宙マイクロ波背景放射の発見

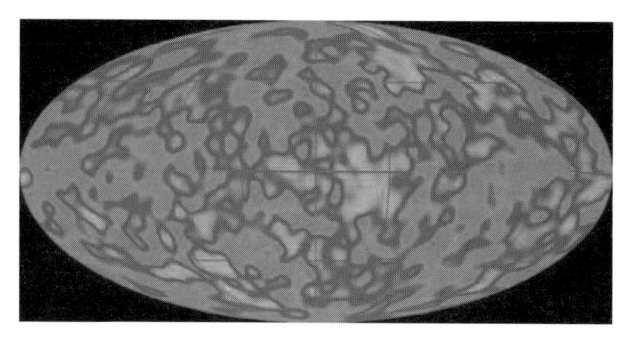

図 12.6　COBE 衛星による全天の CMB の温度分布．図の濃淡が CMB の温度のゆらぎ（高低）を表わす．この高低差は平均温度 2.7 K の 10 万分の 1 程度．

（これを「宇宙の晴れ上がり」と呼ぶ）に宇宙を満たしていた放射の名残である．CMB は宇宙初期には物質と熱平衡状態にあったので，当時の物質密度にゆらぎがあったとすれば，それに対応する温度のゆらぎがあるはずである．この CMB の温度ゆらぎは多くの研究者の努力にもかかわらず長い間見つからなかったが，1992 年に COBE 衛星による確実な検出が報告された[11]．このゆらぎは平均の温度 2.725 K に対して約 10 万分の 1 ($\pm 30\,\mu$K) というわずかな量であった．

　ビッグバン宇宙論の確立により，宇宙は永遠かつ不変ではなく，有限の過去に誕生して進化を続け現在の姿になったことがはっきりした．宇宙は広大であり，光速で旅しても莫大な時間がかかる．このため，遠方の銀河から現在私たちに届く光は，過去にその銀河を発した光である．つまり，宇宙では遠方の銀河ほど過去の姿を見せている．宇宙の過去を調べるには遠方の銀河を観測すればよい．この点からは，天文学は「宇宙の考古学」とも呼べるであろう．宇宙の過去を調べる研究は日進月歩であり，2011 年現在，宇宙誕生後わずか 8 億年しか経っていない宇宙にある銀河までも観測されている．

---

11)　2006 年度のノーベル物理学賞は，宇宙マイクロ波背景放射の精密観測を行なった COBE 衛星プロジェクトを指揮したアメリカのマザー (John Cromwell Mather, 1946–) とスムート (George Fitzgerald Smoot, 1945–) に贈られた．

12.5　ビッグバン宇宙論とオルバースのパラドックス

ここで，有名なオルバースのパラドックスとビッグバン宇宙論の関係について簡単に触れておく．ドイツのオルバース (Heinrich Wilhelm Matthäus Olbers, 1758–1840) は，1823 年に，「星の分布する宇宙が無限に広がっていれば夜空は暗いはずがない」という考えを示した．実はそれよりずっと前にも同様の考えが出されていたが，今日ではオルバースのパラドックスとして一般に知られている（第 6 章参照）．

星の見かけの明るさは距離の 2 乗に反比例して暗くなるが，空の一定の面積に入る星の個数は距離の 2 乗に比例して増大する．両者を掛け合わせたものが空の表面輝度になるので，ある距離範囲に存在する星からの空の明るさに対する寄与は，距離によらず一定となる．星が無限の遠方まであれば，どの方向を見ても視線は必ずどれかの星に当たることになるので，夜空は星の表面と同じように明るく輝くことになる．第 11 章で述べたように，恒星の広がる宇宙（銀河系）は有限であることが分かったが，今度は恒星を銀河に置き換えれば同じパラドックスに直面する．無数の銀河（つまりその中の無数の星）からの光で夜空は明るくなるのである．

ビッグバン宇宙論においては，「オルバースのパラドックス」が成立しない理由は 2 つの要因に帰せられる．1 つは銀河も永遠に輝き続けるのではなく有限な寿命を持つことである．もう 1 つは，宇宙が膨張していることにより遠方の銀河からやってくる光は波長が長くなる，つまりエネルギーが小さくなることである．この 2 つを比較すると，銀河の寿命が有限である効果のほうが大きな影響を与えるとされている．

12.6　インフレーション理論の登場

ビッグバン宇宙論の問題点

宇宙マイクロ波背景放射 (CMB) の発見により，ビッグバン宇宙論は宇宙進化の理論として確立したが，宇宙の起源に関していくつかの重要な未解決問題

を含んでいた．

(1) 宇宙はなぜ熱い火の玉から始まったのか．
(2) なぜCMBは全天で一様に近い温度分布を示すのか（地平線問題）．
(3) 現在宇宙に見られる大規模構造はどのようにしてできたのか．
(4) なぜ現在の宇宙は平坦（曲率がゼロ）に見えるのか（平坦性問題）．
(5) なぜ，宇宙には物質だけが存在して反物質が存在しないのか．

上記(1)については，高密度なら必ず高温になるとは言えないことから，高温状態を実現する何らかのメカニズムが必要である．(2)の地平線問題は因果律に関係する問題である．宇宙が誕生したとき，つまり時刻 $t = 0$ からある時刻 t までに，何らかの相互作用によって因果関係を持ちうる領域の境界線を時刻 t における宇宙の地平線という．宇宙の地平線は時間とともに広がる．CMBが放たれた時刻（$t = 38$万年；宇宙の晴れ上がり時刻）の地平線は，現在の地平線の約 1/3000 であった．これは現在の天球上でほぼ2度角に対応する．これ以上離れて見える領域は $t = 38$万年の時刻では地平線の外にあったことになる．因果関係を持ち得なかった場所からくるCMBが10万分の1の精度で全天にわたって同じ温度を示すのはなぜか？ これが地平線問題である．

上記(3)の問題は地平線問題の一種とも考えられる．現在の宇宙に見られる銀河団や大規模構造は，宇宙初期に物質密度が空間的に完全に一様ではなく，わずかな凸凹があり（密度ゆらぎ），それが重力の効果で成長してできたと考えられている．そのわずかな凸凹が12.4節で述べたCMBの温度ゆらぎに対応しているが，現在の宇宙大規模構造に対応するサイズは宇宙晴れ上がりの時刻における地平線サイズよりも大きいのである．すなわち，現在の大規模構造の種となる密度ゆらぎを宇宙の晴れ上がり時刻までに仕込むためには，地平線を越えて物質やエネルギーを移動させる必要がある．

一方，(4)の平坦性問題は現在の宇宙の曲率がきわめてゼロに近いという問題である．一般相対性理論によれば，宇宙初期に曲率がゼロから外れていればその効果は時間とともに顕著になってくる．誕生後137億年もたった現在でもゼロに近いということは，宇宙初期に曲率がきわめて高い精度でゼロに微調整されていたことを意味する．これは物理的に不自然である．また，(5)は宇宙のバリオン数生成の問題として知られており現在も未解決の素粒子物理学の基

本問題である[12]．

インフレーション理論

物理学の基本である4つの力，重力，電磁気力，強い力，弱い力が，生物の進化のように，1つの統一された力から枝分かれして進化したとするのが力の統一理論である．1967年にワインバーグ(Steven Weinberg, 1933–)らによって電磁気力と弱い力を電弱力として統一する電弱統一理論がほぼ完成した．次の段階として，電弱力と強い力を統一する大統一理論の研究が進んだが，1980年頃からそれを宇宙初期と関連づける「素粒子的宇宙像」の研究が盛んになった．宇宙誕生時の真空は空っぽではなく，粒子が生成消滅をくり返し，量子論的ゆらぎを伴う一定のエネルギー状態にある空間である．統一理論のもとでは，宇宙誕生のごく初期に，膨張に伴い温度が下がる過程で真空が相転移[13]という現象を起こす．相転移によって真空はよりエネルギーの低い，あるいはエネルギーがゼロの状態に移行し，それに伴って力が枝分かれする（図12.7）．

1981年に佐藤勝彦(1945–)とグース(Allan Harvey Guth, 1947–)が独立に，大統一理論にもとづいて，誕生後ごく初期に量子論で記述されるミクロな宇宙が急激な膨張をしたとする考えを提案した．真空のエネルギーは空間に対して斥力として働くので，真空のエネルギーのあるミクロな宇宙は，急激に膨張し，一瞬のうちに何百桁も大きくなるのである．この現象はグースによりインフレーションと名付けられた．真空のエネ

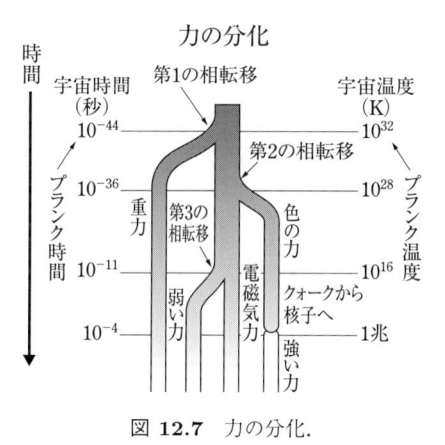

図 12.7　力の分化．

---

12) 2008年度のノーベル物理学賞を受賞した南部陽一郎，小林誠，益川敏英諸氏の研究と深い関わりがあるが，まだ全体像は明らかになっていない．
13) 物質の構造がある相から別の相に変化（転移）することを指す熱力学や統計力学の概念．氷（固相）が解けて水（液相）になったり，水が蒸発して水蒸気（気相）になるなどは相転移の典型的な例である．

ルギーの特徴は，そのエネルギー密度が空間の体積によらず一定に保たれることである．真空の相転移が終了するとこの急激な膨張は止まり，何百桁も増大した真空のエネルギーが潜熱として解放され，熱エネルギーとなって宇宙を高温高密度の火の玉とするのである．こうして，量子論的なミクロの宇宙は，エネルギーに満ちたマクロな火の玉宇宙へと転換する．宇宙の誕生からわずか 10^{-34} 秒間という想像を絶するほどの短時間に起こった現象である．それ以後は，従来のビッグバン宇宙論で記述される宇宙の進化が始まる．

インフレーションは，地平線問題と平坦性問題も解決する．宇宙の晴れ上がり時点で地平線の外にあった領域も，インフレーションで引き延ばされたためにそう見えているのであり，インフレーション以前は地平線内にあったのである．また，初期には曲がっていた空間も急激な膨張によって現在は平坦に見えるのである．このように，インフレーション理論はバリオン数生成問題を除く(1)–(4) の問題をすべて解決するのである．また，インフレーション理論では，インフレーションの過程で宇宙がたくさん生れるという興味深い示唆も出されている[14]．

このように，インフレーション理論は多くの成功を収め，現在ではその大筋はビッグバン宇宙論とともに現代宇宙論のパラダイムの一部となっている．ビッグバン宇宙論が，元素の起源から天体の形成など「宇宙の進化」を扱う理論的枠組みであるのに対して，インフレーション理論は宇宙の誕生そのもの，すなわち「宇宙の起源」を扱う理論的枠組みといえる．それ以前は哲学的考察の範囲を出なかった宇宙の起源を科学的に考察する基盤を作ったところにその重要性がある．しかしながら，インフレーション理論がその基礎を置く大統一理論は未完成であり，インフレーションのメカニズムや継続時間などその詳細はまだ完全に理解されているわけではない．いかにしてインフレーションの発端となったミクロな宇宙を作り出すかについても，「無からの宇宙創生」などいくつかの説があるが，まだその理論的基礎は確立していない．（岡村定矩）

---

[14] 並行宇宙 (parallel universe) と呼ばれる．子宇宙，孫宇宙などと呼ばれることもある．

第IV部
宇宙における人間の位置

13 太陽系像の変遷

19世紀後半から20世紀前半にかけて天体物理学が急速な発展を遂げたために，その陰に隠れて太陽系の研究はしばらく停滞期に入る．しかし20世紀の後半から，惑星探査機の出現，コンピュータ・電子技術の発達，新種の天体の発見などにより，それまでの太陽系像は一変した．そのありさまを，近年急速に発展した科学的太陽系起源論および，太陽系外惑星の探査の歴史とともに紹介する．

13.1 太陽系天文学の停滞と復活

天体物理学研究の目覚しい進展に伴って，太陽系の研究者は少数派になり，研究活動も低下した．しかし，一見停滞したように見えるこの時期の太陽系研究は，見方を変えれば，20世紀後半からの躍進に向けた準備期間だったということもできる．ある観測対象や事象についてデータを積み上げている段階，研究がより細密化している段階は，宇宙観の変遷には直接は寄与しないが，それらの蓄積があって初めて，あるとき突如として新たな観点の誕生に発展していく場合がある．20世紀前半までの太陽系研究は，そのような好例だった．

望遠鏡による惑星天文学

望遠鏡が発明されて最初に表面が詳しく調べられたのは月だった．月の山脈や谷，海（黒い平坦な部分）が地球の地形に似ているために，まず月面の地図が作

図 13.1 ヘベリウスによる月面図「セレノグラフィア」(1647年).　秤動(ひょうどう)という動きを示すために，月の縁が二重に描かれている[1].

られた．初期の月面図としては，ヘベリウス (Johannes Hevelius, 1611–1687) による「セレノグラフィア」(Selenographia, 1647) が有名である（図 13.1）．その後，19 世紀に至るまで，多くの月面図が製作され，主なクレーターや地形には，天文学者の名前などが命名された（第 14 章参照）．

　次に注目されたのは火星である．火星表面の観測は遠くて小さいために月とは比較にならないほど難しかったが，1830 年代には火星表面の淡い模様の観測から，自転周期は 24 時間 37 分，火星赤道の軌道に対する傾きは約 25 度と求められた．これらの数値は地球の値にかなり近かったので，火星にも地球と似た季節変化があるにちがいないと考えられた．事実，火星の南北極附近にある極冠と呼ばれた白い部分は火星の公転周期に従って消長していたし，黄色い

---

1) 月はつねにほぼ同じ面を地球に向けているが，月の軌道の形と軌道上の速度変化のために，全表面積の約 59%が地球から見える．この現象を秤動と呼ぶ．ガリレオは 1632 年に自分が発見したと述べた．しかし実際には，英国のギルバートが望遠鏡の発明以前に，ハリオット (Thomas Harriot, 1560–1621) も 1611 年頃にすでにその存在に気づいていたとされる．

領域と暗緑色の部分も季節変化をしているように見えた．夏に面積が広がる暗緑色の部分を植物の繁茂と想像した天文学者もいた．これらの観測事実は，第14章で触れる火星における生命探査の背景となった．

その他，かつてガリレオらを悩ませた土星の環は，狭い間隙で隔てられたいくつかの構造を持つことが分かってきた．外惑星にはどれも複数の衛星があることが19世紀終わりには知られるようになった．ときおり出現する明るい彗星にも望遠鏡が向けられ，詳しいスケッチがなされた．核と呼ばれる彗星の明るい中心部からはガスのようなものが噴出し，それは短い時間で複雑に変化していた．しかし，この時代の観測はいずれも現象の記述に留まり，惑星，彗星の上で実際に何が起こっているのか，その正体は何か，という疑問に答える段階からはまだほど遠かった．

始原物質としての太陽系小天体

ハーシェルが発見した天王星の軌道半径はボーデの法則をよく満たしたが，法則で $n = 3$（7.3節），つまり軌道半径2.8天文単位の位置には惑星は見つかっていなかった．もしこの法則がどの惑星にも当てはまるなら，火星と木星の軌道の間にはまだ発見されていない未知惑星が存在するのかもしれない．この予想に導かれて，ドイツの天文学者グループが動きだした．その中心人物だったツァッハ男爵 (Franz Xaver von Zach, 1754–1832) は，ヨーロッパ中の観測家に説いて，24名からなる「天空警察」を組織し，1800年から分担して未知天体の探索を開始した．

そのメンバーの1人になったシシリー島パレルモのピアジ (Giuseppe Piazzi, 1746–1826) は，その頃，ラムスデンが製作した位置観測用望遠鏡で，高精度の星表作成のための恒星観測を行なっていた．1801年1月1日，8等星の移動天体を偶然見つけた．その素性を確かめようと2月まで観測を続けたが，この天体はやがて太陽に接近したため追跡不能になった．しかしまだ軌道は計算できなかったから，太陽の反対側に再び現れたときに捕捉できるかどうか危ぶまれた．ところが，当時24歳だったドイツの数学者ガウス (Carl Freidrich Gauss, 1777–1855) は，ピアジらの位置観測データをもとに，この未知惑星の軌道を，

図 **13.2** 最初の小惑星セレスの発見者ピアジ（左），セレスの再発見者ガウス（中），「小惑星の族」の発見者平山清次（右）．

ある統計的方法を考案して計算し，再発見に導いたのだった[2]．これが最初の小惑星セレス（Ceres，シシリー島の守護神名）である．しかし翌年，別の天体パラス（Pallas）が見つかり，セレスのような天体は火星軌道と木星軌道の間にその後いくつも発見された．どれも既知の惑星よりずっと小さかったので，小惑星（asteroid）と呼ばれるようになった．

ドイツのオルバースは，これらの天体は大きな惑星が分裂した結果生じたのだと考えた．古代から変化しないと思われていた惑星が分裂するというアイデアは，太陽系の新しい描像といってよいだろう．オルバースは，多くの小惑星の軌道が交差する点が分裂の場所と考えてその点を探したが成功しなかった．その理由は，木星などの重力作用，つまり摂動によって，長い年月の間に小惑星の軌道はすっかり変化してしまうからである．この惑星摂動の効果を理論的に取り除いて，実際に分裂した力学的な証拠を初めて 1918 年に発見したのが，東京大学の天文学者，平山清次（1874–1943）だった[3]．現在では，平山が発見した

---

[2] このときガウスが初めて用いた方法は最小自乗法と呼ばれる．誤差を含む一連の観測・測定データから，もっとも確からしい未知量を統計的に推定する方法で，現在では科学，工学のほか，あらゆる分野で広く使用されている．なお，セレスのような新種の天体に "asteroid"（星もどき）と命名したのは，ハーシェルである．また，現在では，セレスと冥王星は "準惑星" に分類されている．

[3] 惑星摂動の影響を取り除いた，長年月変化しない軌道を特徴づける量のことを「固有軌道要素」と呼ぶ．平山は，固有軌道要素がほぼ同じである小惑星のグループをいくつか発見し，それらを「族」（family）と名づけた．平山は母天体が分裂した原因まで解明することはできなかったが，現在では大きな小惑星同士の衝突によって族が生まれたことが分かっている．

天体同士の衝突による「小惑星の族」は，理論，観測，室内実験によって総合的に研究される，惑星天文学の大きな分野に成長している．

1年のある時期に，天のある方角に集中的に出現する流星のことを流星群という（図13.3）．1860年代に，いくつかの流星群の軌道が計算されるようになり，たとえば，ペルセウス座流星群の軌道は1862年に観測された彗星とほとんど同じであることが示された——これ以前に，イタリアのスキアパレリ (Giovanni Virginio Schiaparelli, 1835–1910) は，大部分の流星の軌道は，彗星と同様に放物線に近い軌道を持つことをすでに指摘していた．つまり，流星は彗星の本体から放出された微小な物質（ダスト）であることが分かったのである．

隕石の落下を目撃することはきわめて稀なために，隕石が大気圏外から飛来した物質であることを天文学者が納得するようになるのは，19世紀初頭になってからだった．ドイツの物理学者で音楽家だったクラドニ (Ernst Florens Chladni, 1756–1827) は，隕石が地球外起源であるとする著書を1794年に出版した．この当時，隕石は火山による噴出物と一般には考えられていたので，クラドニに同調する人はほとんどいなかった．しかし，1803年にフランスのノルマンディで隕石が雨のように天から落下するのを大勢の人が目撃するに及んで，隕石の正体がようやく明らかになった．そのため今では，クラドニは「隕石学の父」と呼ばれている．

隕石が地上に落下するときは明るい流星のように見える（火球と呼ぶ）ことから，長い間隕石も流星の仲間と考えられていた．1959年にチェコのプリブラムという町に隕石が落下し，その軌道が計算された．その後も，地球への侵入

図 13.3 1833年に大出現したしし座流星群をアメリカで描いた図．この流星群は11月半ばに約33年ごとに大出現をくり返すが，これは同じ周期を持つテンペル–タトル (Tempel-Tuttle) 彗星の軌道と地球軌道とが交差しているために起こる．

軌道が求められた隕石が数例あるが，それらの軌道はどれも小惑星の軌道によく似ていた．こうして，隕石は流星の仲間ではなく小惑星の破片であることが明らかになった．1920年代になって，隕石の年齢が測定された．ここでいう年齢とは，溶融していた原始惑星のマグマが，隕石鉱物として固化してから現在に至るまでの時間である．ウラン鉱物などの中にある放射性元素が自然崩壊して生れた鉛やヘリウムの量を測定して，約45億年という値が求められた．この値は，地球・月など惑星の年齢にも等しいとみなされている．

以上に述べてきた，彗星や小惑星，流星，隕石などをまとめて，「太陽系小天体」と総称することが多い．太陽系小天体の素性や相互関係がよく分からなかった時代には，それらの研究もあまり重視されなかった．しかし，近年は，太陽系小天体は太陽系が誕生した頃の状態を保持している始原天体として，太陽系の起源に関して重要な天体であるという認識が天文学者の間に広まってきた．また，太陽系小天体が隕石などの鉱物学研究と関連づけて考えられるようになったのも，新たな宇宙観の誕生といってよいだろう．これらが後に，科学的太陽系起源論の研究が開始される背景を準備したのである．

レーダー天文学による成果

1897年に無線通信装置を発明して電波通信事業に乗り出したイタリアのマルコーニ (Guglielmo Marconi, 1874–1937) は，1920年代に短波を使って遠方の物体を探知する方法を提案した．これがレーダーの先駆である．現在のレーダー[4]は，第2次世界大戦中に英米が協力して開発した軍事技術が基礎になっている．大戦終了後に天文学者は，レーダーを天体観測に応用することを考えた．

天体レーダーは大出力の電波を地上から目標に向けて発射し，目標からの反射波強度と往復時間を測定する（後者を使って天文単位を決定した方法は第15章で述べる）．レーダーの出現以前には，水星の自転と公転の周期は潮汐作用のために等しい，つまり同期していると考えられていた．しかし，1965年に水星に向けて最初のレーダー電波が送られた結果，公転周期と自転周期は3：2の共鳴関係にあることが判明した．

---

[4] レーダー (RADAR) は，RAdio Detection And Ranging（電波による検出と距離測定）から生れた略称である．

天体表面のいろいろな場所からの反射波強度の分布を図示することで，表面の地図を描くこともできる．レーダー天文学がもっとも威力を発揮したのは表面が厚い雲で覆われている金星だった．1960年代に行なわれた金星のレーダー観測で得られた地図はかなり粗いものだったが，いくつかの巨大なクレーターと大断層が描き出された．これらの地形は後の惑星探査機による詳しいレーダー観測の結果と一致した．

13.2 太陽系の起源論

古典的太陽起源論

ニュートン力学が普及した後しばらくして，太陽系はどのようにして誕生したかが論じられるようになった．この時代の太陽系起源論ももちろん科学的な要素を多く含んではいるが，1970年代に始まったものと区別するために，本書では古典的な起源論と呼ぶことにする．古典的な太陽系起源論の代表はカントとラプラスによる理論である．

ドイツの哲学者カント (Immanuel Kant, 1724–1804) は31歳のときに，『天界の一般自然誌と理論』(1755) という著書を発表した．その第2篇には，一般に「星雲説」と呼ばれる理論が展開されている．カントはまず，太陽系の次のような特性に注目する．

(1) 6個の惑星と，当時知られていた10個の衛星はすべて同じ向きに公転し，しかもその向きは太陽の自転の向きと同じである．

(2) 諸惑星の軌道面はほぼ同一平面内にあり，しかもそれは太陽の赤道面にもほぼ一致している．

このような驚くべき特性が生ずるためには，惑星系全体に共通に作用した1つの物質的な原因があったはずだとカントは推論した．

惑星系が生れる以前の原初の時代には，太陽，惑星，彗星などの元となった元素のような根源素材が宇宙の全空間に充満していた（これを星雲と呼んだ）とカントは仮定する．やがて太陽系になる物質の部分同士は，重力作用で引き合いお互いに向かって落下する．その直線運動は衝突などで乱されて落下の中心（太陽）の周りに全体が回転運動をするようになった．回転運動をする星雲

からどのようにして固体の塊りの惑星が生れたかなどはもちろん説明されていない．これは，カントはニュートン力学の専門家ではなかったし，彼の時代の知識を考えれば無理はなかった．カントの星雲説のもっとも評価すべき点は，上に述べた2つの太陽系の特徴を説明できる大枠の理論をまず目指したことである．惑星全体の物質を集めたときの平均密度が太陽の平均密度にほぼ等しくなるべきであると考えて，フランスのビュフォンの計算を引用しているが，これもカントが太陽系の全体的な特性の説明を重視したことを示すよい例である．

カントから約半世紀後，フランスのラプラスが，カントの星雲説に似た太陽系起源論を提案した（ラプラスはカントの仕事を知らなかったといわれる）．ラプラスは，ニュートン力学を天体の運動にもっとも広範に応用して多くの成果をあげた人で，その集大成が『天体力学』5巻 (1799–1825) である．この前段階として，科学愛好家向けの啓蒙書『宇宙体系の解説』2巻を1796年に刊行し，万有引力のもとでは，太陽を中心に持つ惑星系は過去から未来にわたって数学的に安定であることを示したことで知られている．この本の最後の章でラプラスは，太陽系の起源についての考えを述べた．それはカントの星雲説によく似ていて，最初に広い空間を占める原始的な星雲が円盤状にゆっくり回転していた．星雲はやがて，いくつかの環状部分に分かれ，さらに塊りに分裂して惑星を形成した．太陽の自転速度や惑星の公転速度は，ニュートン力学における角運動量保存の法則に従って，元の星雲の回転に応じたそれぞれの値に落ち着いたと説明している．これに対してカントの星雲説では，最初に静止していた星雲がある時点から回転を始めたように記されていて，力学の保存則を考慮していないように見える．

実はラプラスとほぼ同じ頃に，江戸時代の日本にもある程度科学的な太陽系起源論を考えた人がいた．長崎のオランダ通詞だった志筑忠雄が，『暦象新書』(1798–1802) を著わして地動説を我が国に紹介したことは第5章で述べた．『暦象新書』は，ニュートンの『プリンキピア』についてオックスフォード大学のケイル (John Keill, 1671–1721) が解説した本が原本で，志筑はその蘭訳本を翻訳するとともに広く自分の意見も付け加えており，ケプラー運動やニュートン力学，万有引力の法則を主に扱った著作だった．この本の最後で志筑は，「混沌分判図説」という題で，カントとラプラスの星雲説によく似た太陽系の起源論を展開している．カントとラプラスの理論に比べればもちろん数理的にはずっ

図 13.4 太陽系起源の星雲説の提唱者，カント（左）とラプラス（右）．

と幼稚で，中国流の自然哲学からの影響も強く残っているとされるが，遠心力，求心力という新しい訳語を使用して，原初の星雲が収縮しながら回転を速め分裂する過程を基本的には正しく説明している——ただし，志筑自身は地動説をまだ全面的に支持していなかったから，カントとラプラスにとっては自明な，原始太陽を中心として回転する整然とした太陽系の形成という考えがはっきり頭にあったわけではないのかもしれない．いずれにせよ「混沌分判図説」は，鎖国体制下に置かれた日本という状況を考慮すれば画期的といってよい説だったが，当時の日本人の低い科学的レベルでは誰も志筑の考えを理解できず，すっかり忘れ去られた．彼の説が科学思想史家の狩野亨吉 (1865–1942) によって再発見されたのはようやく明治時代中頃になってからである．

　20 世紀初頭になると，原始太陽のそばを恒星がたまたま通過し，潮汐作用によって太陽から物質が引き出され，それがちぎれて固まり惑星になったという説（遭遇・潮汐説）が提案された．提案者は，米国の地質学者チェンバレン (Thomas Chrowder Chamberlin, 1843–1928)，天文学者のモールトン (Forest Ray Moulton, 1872–1952)，英国のジーンズ卿 (James Hopwood Jeans, 1877–1946) らである．この説はしばらくの間人気があったが，太陽と恒星がごく近くまで接近する確率は非常に小さいこと，太陽から取り出された高温ガスの塊りは爆発的に拡散してしまい，惑星に固まることはあり得ないことが指摘され，やがて見捨てられた．

科学的太陽系起源論

現在,天文学者の間で一般に認められている太陽系の起源論は,恒星の進化理論が確立された後の自然な帰結として,1970年前後に生れた理論である.恒星の誕生は,星間雲 (interstellar cloud) と呼ばれるガスと固体粒子の巨大な塊りが自己の重力作用で収縮することから始まる.星間雲は収縮するにつれ角運動量保存の法則に従って回転が速くなる.半径方向には遠心力が働く.一方,回転軸に沿った方向には遠心力が働かないが,星間雲の内部で摩擦力が作用する.そのため,星間雲は回転軸方向につぶれて,円盤状の構造となる.円盤星雲内の物質密度が高まりある限界値を超えると,一定領域内の自己重力が潮汐力に打ち勝って,その内部の固体粒子は非常に短い時間で集積し,直径10 km位の「微惑星」(planetesimal) と呼ばれる多数の小天体に分裂する.

この過程は,ロシア,日本,米国の天文学者たちによって,ほぼ同じ頃に初めて指摘された[5]. 微惑星はお互いに衝突合体をくり返し,やがて大きな原始惑星に成長していく.その後,星の進化に伴って活動が激しくなった原始太陽からの太陽風のために,残存していた星間雲ガスが吹き払われ,現在の惑星系の姿になったというのが彼らの説である.現代の太陽系誕生のシナリオでは,形成時の温度の違い(太陽からの距離の違い)によって,岩石的な地球型惑星とガスの塊である大惑星(外惑星)が分化したことや,小惑星と彗星の区別なども説明できるとされている.

太陽系外惑星系の探査

太陽という星の誕生に伴って太陽系が生れたのなら,他の星にも惑星系が存在するだろうと考えるのはごく自然である.だが,地上から他の星の惑星を直接発見するのは,星が惑星より圧倒的に明るいためにきわめて難しい.そのため,惑星が星に与える重力作用を検出することが試みられたが,太陽系の場合,最大の惑星である木星ですら太陽の質量の 1/1000 しかないので,この方法もけっして容易ではなかった.1960年代に,バーナード星と名づけられた近距離の星の固有運動に周期的なよろめきが観測されたとして,惑星の存在が一時期

---

[5] サフロノフ (Victor Safronov, 1917–1999) (1969 年), 京都大学の林忠四郎 (1970 年頃), ゴールドライク (Peter Goldreich, 1939) とウィード (William R. Ward) (1973 年) である.

待されたが，現在では確認されていない．1992 年になると，パルサーと呼ばれる星の周囲に 2 個の地球規模の惑星が，1995 年にはようやく主系列の星に高温の木星サイズの惑星が初めて検出された．2000 年代に入ると，観測技術の目覚しい向上によって，太陽以外の恒星を廻る惑星が急激に増加してきた[6]．やがて，太陽と地球に似た環境の惑星も見つかるかもしれない．

13.3 惑星科学の誕生と発展

惑星探査機の出現

太陽系の研究を大きく進展させ，惑星科学 (planetary science) という新しい分野を誕生させた最大の立役者は惑星探査機であろう．第 2 次世界大戦中にドイツが開発したロケット技術（V2 号）は戦後，ソ連邦や米国で人工衛星の打ち上げに応用され（1957–1958 年），いわゆる宇宙開発時代の扉を開いた．

惑星科学の発展にもっとも大きく貢献したのは，人類を宇宙船で月に送ることを第一目標にして米国航空宇宙局 (NASA) が 1961 年から 1972 年にかけて実施したアポロ計画である．この計画の主な科学目的は，月の岩石を採取してその成分と年齢を測定し月の起源を明らかにすることと，月表面に無数に見られるクレーターが天体の衝突によるのか，火山活動にもとづくのかを判定することだった．アポロ計画の結果，月の最古の岩石の年齢は太陽系の年齢にほぼ等しい約 46 億年であることが分かり，月表面のクレーターのほとんどは隕石や小天体が衝突して作られたことが確かめられたのである．また，アポロ計画がもたらした数々の科学的成果はその後，他の惑星や衛星の宇宙探査に広く活用され，非常に多くの影響を及ぼした．アポロ計画の天文学に対する最大の功績は，月という地球以外の物質を"手にとって"調べることを可能にした点である．しかしこのことは，手が届かない遠方の天体を観測して，その特性や正体を，物理法則を適用し推論によって解明するのが正統的な天文学だとすれば，月がもはや天文学の主要な研究対象ではなくなったことも意味していた——こ

---

[6] 2011 年 10 月現在で，約 700 個の太陽系外惑星が発見されている．また，それとは別に，2009 年に打ち上げられたケプラー衛星は，1000 個以上の太陽系外惑星候補を発見している．

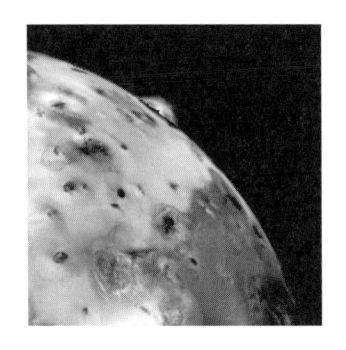

図 **13.5** ボイジャー探査機による科学的成果．（左）木星の衛星イオ上で発見された火山噴火（黒い空を背景にした傘状の白い噴煙）．（右）レコードの溝のような土星環の内部の筋．

こでも，伝統的な宇宙観は大きな変革を余儀なくされたのである．

　木星などの外惑星の探査に活躍したのは，大型の無人惑星探査機ボイジャー (Voyager) 号である．木星から海王星までの全部が，探査機の軌道上の位置とうまく会合できる時期を選んで，2 機が 1977 年に打上げられ，惑星重力によるフライバイ加速を利用して，各惑星の探査を次々に成功させた．ボイジャー号によるさまざまな探査結果で，私たちの宇宙観をもっとも強く揺さぶったのは，木星の衛星イオ (Io) に発見された，まったく予想外の活発な火山活動だった．しかもこの衛星の火山活動は，木星による潮汐作用が原因だったという点で，地上の火山とは性質が大きく異なっていた（図 13.5）．

　そのほか，木星と土星の表面では激しく渦巻く大気と雲の気象現象が展開されていたこと，土星の環は，レコードの溝のように細い非常に複雑な構造をなしていたこと，木星や天王星，海王星にも環があったこと，などが明らかにされ，私たちが従来抱いていた太陽系像はボイジャー探査機によって一変したのだった．なお，ボイジャーの華々しい観測成果の背景には，新しい電子撮像機器と画像処理の技術や，探査機の軌道を計算し，大量の画像データを地球に伝送するためのコンピュータ技術があったことを忘れてはならない[7]．

---

7)　ボイジャー 1, 2 号とは 2011 年 10 月時点でいまだに交信ができており，ボイジャー 1 号は太陽から実に約 120 天文単位の距離に到達した．

新種の天体の発見と太陽系の拡がり

月にあのようにおびただしい数のクレーターが存在することは，長年月にわたって月と地球に隕石，小天体が衝突したことを意味する．しかし，地球に衝突しそうな軌道を持つ小惑星や彗星は不思議なことに見つからなかった．1980年代初めになって，米国のある天文学者が，カオスと呼ばれる現象[8]によって通常の軌道の小惑星があるとき突如，地球に衝突する軌道に放り込まれる場合があることを指摘した．

その後，数千万年間も誤差が累積しないで軌道を数値積分できる手法が開発され，上記のカオス現象が実際に起きることが確かめられた．これらの天体は地球接近小惑星として知られ，地球接近小惑星の地球衝突が地質時代に起こった恐竜の大量絶滅などと深い関係があることも近年明らかになってきた．地球上の生物の進化が地球外の天体と係わりがあるなどとは，一昔前には想像すらされなかった．

1980年代まで，私たちが知っていた太陽系の拡がりは，一部の彗星を除けば，約40天文単位，つまり冥王星の軌道までだった．ところが1992年に偶然，空を非常にゆっくり動く暗い小惑星が発見された（発見時の仮符号は1992QB1，図13.6）．軌道が計算されてみると，冥王星の軌道によく似ていることが判明した．その後，組織的な

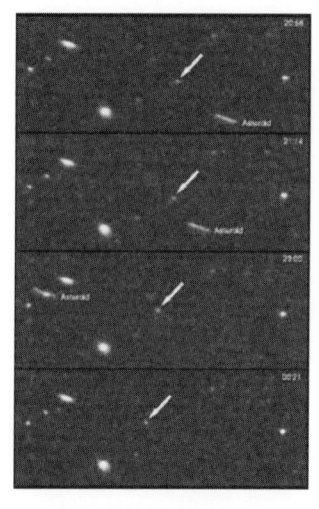

図 13.6 ハワイ大学（当時）の David C. Jewitt (1958–) と Jane X. Luu (1976–) によって発見された最初のカイパーベルト天体 1992QB1 (15760)．矢印の先が 1992QB1（明るさは 23.5 等）で，4 枚の画像は約 4 時間の動きを示す．上の図で，右下の長い線は通常の小惑星，左の 2 個の楕円形の天体は銀河である．

---

[8] ニュートンの運動方程式は初期条件を与えれば原理的に将来の振舞いを厳密に予測できるはずである．しかし，実際には，コンピュータで計算するときの初期条件には必ず微小な誤差があるため，これが時間とともに増幅され，ついには予測不可能な結果をもたらす．これをカオス（混沌）現象という．

探索が何度も行なわれ，2011 年現在で同種の天体が 1000 個以上も発見されている．それらは太陽からの距離が 30–50 天文単位の位置にベルト状に分布することが分かっているが，従来はまったく知られなかった新種の天体である．

　1940–50 年代に英国と米国の天文学者が，惑星の存在に関して，サイズが非常に小さい冥王星のところで急に途切れているのは不自然である，原始太陽系星雲はもっと遠方まで拡がっていたにちがいないから，冥王星軌道の外にも，まだ発見されていない小天体が多数あるのではないかと示唆していた．そのため，これら新種の天体はカイパーベルト (Kuiper Belt, KB) 天体（正式名称は太陽系外縁天体）と呼ばれる[9]．

惑星像認識の変遷——冥王星の事例から

　新しい種類の天体が発見されると，それまでの物の見方が大幅に変更を迫られる場合がある．その好例として，ここでは冥王星と KB 天体の場合を取り上げよう．KB 天体の発見は，単に太陽系の領域が拡がっただけに留まらなかった．最初は KB 天体は小惑星の仲間に分類されていた．しかし，KB 天体の半径を計算してみると，冥王星より大きな天体が存在することが分かってきた（冥王星の半径は 1200 km で月よりかなり小さい）．もし冥王星が惑星なら，大きな KB 天体も惑星と呼ぶべきではないのか．そもそも惑星とはどのように定義されているのか，などいろいろな疑問が起こってきたのである．

　冥王星は，アリゾナのローウェル天文台で 1930 年にトンボー (Clyde William Tombaugh, 1906–1997) によって発見された．この天体は海王星以来の新惑星として熱狂的な賞賛をもって迎えられた．しかし，冥王星の軌道は他の惑星に比べてひどい楕円形であり，軌道面も黄道面に対して大きく傾いていた．しかも，天体の大きさも他の惑星に比較してかなり小さかったので，従来の惑星の仲間に入れるべきか当時から疑問視する天文学者もいたのである．KB 天体

---

[9] 提案者の名前を取って，エッジワース (Kenneth Essex Edgeworth, 1880–1972)（1943 年）・カイパー (Gerard Peter Kuiper, 1905–1973)（1951 年）ベルト天体，または短くして KB 天体と呼ぶ．これより先，オランダの天体物理学者オールト (Jan H. Oort, 1900–1992) は，非常に周期の長い彗星の軌道分布を研究して，太陽から 1 万–数万天文単位の距離に，太陽を球状に取巻く"彗星の雲"が存在するという説を 1950 年に発表した．カイパーベルトは，この彗星の雲に連続的につながっていると考えられる．なお，カイパーは惑星科学の分野で大きな影響力を持ち，1960 年にアリゾナ大学の月惑星科学研究所を設立したことで知られる．

の軌道分布がはっきりしてくると，軌道特性の面からも，冥王星は大きなKB天体の1つにすぎないと考えるほうが理論上も理にかなっていると認識されるようになった．その結果，2006年の国際天文学連合で決議が行なわれ，冥王星は惑星の地位から滑り落ちて，他の大きなKB天体とともに「冥王星型天体」と名づけた新しい分類に組み入れられた．既成の概念に当てはまらない天体の発見によって，太陽系に関する従来のパラダイムを変更せざるを得なくなったのだった．（中村士）

14 私たちはどこから来たか
地球外生命を求めて

　宇宙における無生物と生物の区別，宇宙の中で生命がどのように誕生し進化してきたかなどの問題は，天文学，宇宙論研究の最終目標といってもよいテーマである．この問題は，近世以前からも，空想的な議論としてはいろいろ行なわれていたが，近年，真面目な科学の対象として真剣に研究されるようになってきた．それには，最近の天文観測的手法や惑星探査機の急速な発達によって，地球以外の太陽系惑星と太陽系外惑星系に，近い将来，生命の手掛かりや痕跡を発見できるかもしれないという期待が出てきたという背景がある．もしその結果，たとえ原始的な生命体でも見つかれば，私たちの宇宙観は大きな変革を迫られるだろう．

　本章では，電波天文学の誕生で始まった，太陽系外における知的生命体の科学的探査の歴史についても述べる．このテーマは，知性を有する生物としての人間が，"宇宙の中でどのような位置を占めるのか"という問いと，また，人間原理と名づけられた新しい考え方が生れてきた事情とも密接に関係している．

14.1　近代以前の地球外文明思想

ケプラー，フォントネルらの主張

　クロウ (Michel J. Crowe) が書いた『地球外生命論争』という本（原著1986年）によれば，近世以降の著名な思想家や天文学者の多くは，地球以外の天体に生命や文明が存在するか否かという問題，つまり，「世界の複数性」，「多重世

界論」に関して何らかの意見を述べている．これは，この時代以降，世界の複数性が宇宙観の中心的テーマの1つになってきたことの表われであるが，その背景には，望遠鏡の発明による太陽・月，惑星の観測，コペルニクスの太陽中心説の普及，複数世界を容認するような時代風潮などがあった．この節では17世紀以降の主な説をいくつか紹介しよう．

ケプラーの死後，1634年に出版された『夢』(*Somnium*) という題の月世界旅行の話がある．これは精霊の導きでケプラーが月世界を訪れるというSF的な物語にすぎないが，上に述べたような時代背景に刺激されてケプラーは想像を膨らませたのだろう．月の生命についても述べている反面，地球が住むのにはもっとも適した天体で，地球人が一番優れた生物であるとケプラーは考えていた．

フランスのフォントネル (Bernard de Fontenelle, 1657–1757) は1686年に『複数世界についての対話』を出版した．科学啓蒙家の元祖ともいうべき人で，後にパリ科学アカデミーの終身書記に就いた．この本はキリスト教会によって禁書に指定されたにもかかわらず，世間一般からは大きな関心と好評をもって迎えられ，ヨーロッパ各国語に翻訳された．その理由は，過去70年間の望遠鏡観測による知見を参考にしたことと，哲学者（フォントネル）が1人の教養ある伯爵夫人に，6回にわたって対話形式で天文学を教授するという洗練された語り口によるところが多い．それら対話の中でフォントネルは，月に生命が住む可能性とともに，金星人や木星人などの特性まで論じている．フォントネルがこれら異星人の存在についてどこまで本気で書いたのかは不明だが，望遠鏡の観測結果から，惑星と人が住む地球とがよく類似していること，および人が住む以外の目的で惑星が作られたと想像することは難しいと強調しているから，他の惑星に生物がいることを彼は実際に信じていたのだろう．フォントネルの宇宙観にはまた，デカルトが『哲学原理』(1644) の中で論じた渦巻宇宙の考え方が大きく影響しているといわれる（第6章参照）．

フォントネルの多世界論の影響を受けた人びとには，オランダの大天文学者ホイヘンス (Christiaan Huygens, 1629–1695)，グリニッチ天文台長になったフラムスティードなどがいる．ライトが『宇宙の起源論または新仮説』(1750) の中で，恒星の世界の多重宇宙論について過去の諸説と自説とを広く論じたことは第5章で述べた．ライトによれば，各々の恒星には惑星系が付随しているの

だから，そこに生物が住んでいても不思議ではなかった．

ライトの著作から大きな刺激を受けたのは哲学者カントだった．彼は，太陽系の惑星に住む人ばかりでなく，太陽以外の星の惑星に住む生命の存在まで主張した．しかし，後にはあまりに想像の輪を拡げすぎたと反省している．そのほか，恒星天文学の創始者として当時最高の天文学者だったハーシェルも，太陽に住む生物など，地球外生命について強い関心を持ちいろいろな説を発表したことで知られる[1]．以上述べてきた，複数世界という考え方の根本にあったのは，ブルーノが唱えた，「宇宙には惑星系を伴なう恒星が充満している」（充満の原理）という思想だったといってよいだろう[2]．

月理学と月の世界

望遠鏡の発明後，もっとも詳しく観測されたのは地球に近い月である．月表面の地形を詳細に記述し，それにもとづいて月面地図が作られた．このような研究は後に月理学 (selenography) と呼ばれるようになった（ヘベリウスの「セレノグラフィア」に由来する）．月全体の月面図を作成し最初に出版したのはベルギーの地図製作者，天文学者ラングレン (Michael Florent van Langren, 1598–1675) で 1645 年のことである（図 14.1）．この月面図ではすでに，凹凸の多い明るい地域には"陸地"(terra)，暗い平坦な部分は"海"(mare) と書かれ，これらの呼び名は現在まで継承されている．その他，主要な山脈，独立峰，クレーターにも，国王や法王など有名人の名が命名された．ラングレンが月面図作成を思い立った最初の動機は，地球上の経度を決めるのに月の自転を利用する，つまり，クレーターや山の影の位相を世界中から見える時計として利用

---

[1] ハーシェルは，統計学的手法にもとづいた恒星天文学を確立した近代的な天文学者という印象が強い．しかし近年の研究で，地球外生命の証拠を，望遠鏡による観測の中に空想的に追い求めることも，彼の中心的な研究テーマの 1 つだったことが明らかになった．月の上に森を発見し，居住者もいる可能性があると述べた論文を王立協会に提出し，修正を要求されている．月ばかりでなく，惑星とその衛星にも生命が存在すると考えていた．また，太陽は上空が光る雲で覆われているが，内部は冷たい固体表面を持ち，そこにも住人が存在するという論文を 1795 年に発表した．

[2] 大部分の天文学者，思想家が世界の複数性を支持した中で，それに敢然と挑戦した学者もいた．ケンブリッジ大学の鉱物学教授だったヒューエル (William Whewell, 1794–1866) は，1853 年に『世界の複数性について：1 つの試論』を出版し，多世界論は科学的に欠陥があり，宗教的にも危険であると批判して大論争を巻き起こした．ヒューエルの主張は複数世界論の大勢に結局は対抗できなかったが，当時の複数世界論が大部分不確かな天文観測にもとづいていたことも事実だった．

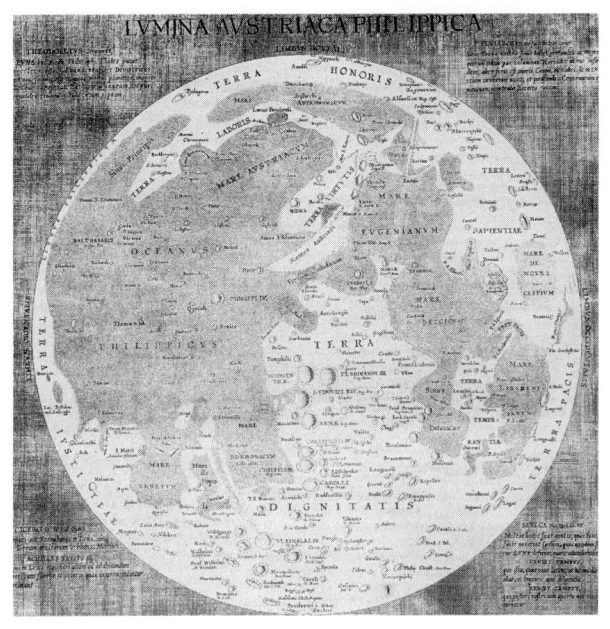

図 14.1 ラングレンによる最初の月面図（1645 年）．当初はスペイン王の援助を受けて地図帖として出版する予定だったが，ヘベリウスらにも同様な計画があることを知り，自ら図を彫刻して急遽 1 枚図として出版した．

することだった．

　ラングレン以降，ヘベリウス，リチオリ，グリマルディ，フック，カッシーニなどが競って詳しい月面図を出版するようになった．18 世紀中頃には，色収差の少ない色消しレンズ[3]を用いた高性能望遠鏡が出現し，写真と見まごうほどの精緻な月面図も作られた．写真術が普及した後も，眼視による月面地形の観測は大気のゆらぎの影響を受けにくい利点があるために続けられたのである（図 14.2）．

　信頼できる月面図を作るには，本当の地形と影による影響を区別するのにい

---

[3] レンズを用いる屈折望遠鏡ではガラスの屈折率が光の色によって違うために，単レンズでは像端が虹色に色づきボケる現象が避けられない．イギリスのドロンド (John Dollond, 1706–1761) は 1758 年に，屈折率が異なる 2 種のレンズを貼り合わせて色収差を軽減した色消しレンズを発明した．

14.1　近代以前の地球外文明思想　　207

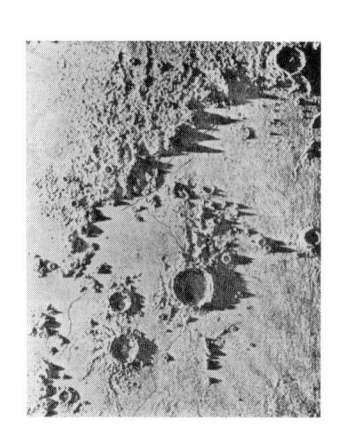

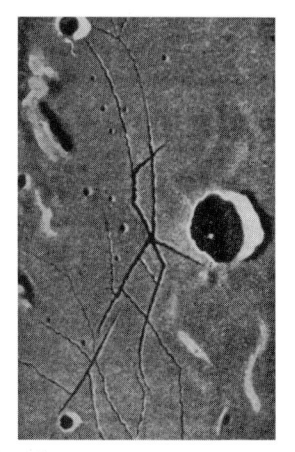

図 14.2 近代の精密月面スケッチ．（左）ナスミス (James Nasmyth, 1808–1890) による月面模型の写真．（右）クリーガー（Johann Nepomuk Krieger, 1865–1902, トリエステ天文台）．

ろいろな太陽高度での観測が必要で，観測には長い時間がかかった．その過程で，月面の一部には雲がかかったり，変化していると主張する観測者も現れた．気象変化や火山活動があるのなら，あるいは生物も住んでいるかもしれない．このような興味に刺激されて，ハーシェルなど多くの著名な天文学者も月面上の現象に注目したのだった．しかし，月が恒星を隠すエンペイ現象の観測によって月には大気がないことが示され，大気がないために寒暖の差が非常に厳しいことが分かると，生物がいるという期待はやがて遠のいていった．

ローウェルの火星文明観

火星には地球に似た季節変化があるために，地球外生命の可能性がある次の惑星候補として注目されるようになったことは前章で触れた．火星は遠くて小さいので，地球に最接近した前後しか表面は観測できない．イタリアのスキアパレリは 1877 年の大接近のときに，火星の地図を作る目的で詳しい観測を行なった．彼のスケッチでは，南半球の暗い領域が明るい他の半球と細い幾本もの筋で繋がっているように描かれていた．スキアパレリはこの地形に "溝"（イタリア語で canali，英語の channels）と名づけた．この言葉は英語に翻訳された際

に canals（運河）と誤訳された結果，スキアパレリ自身の意図に反して，人工的な運河と誤解されるようになり，さらには火星にも知的生物が住むかのような考えが広まってしまった．

スキアパレリの観測に大きな刺激を受けたのは，米国のローウェル (Percival Lowell, 1855–1916) である（図 14.3）．ローウェルはボストンの裕福な名門一家の出身で，若い頃は事業と世界旅行に精を出し，日本も訪れて能登地方や神道に関する著書もある．1890 年代に観測条件の優れたアリゾナ州のフラグスタッフに私設天文台を建設し，火星の観測に没頭した．その結果，スキアパレリの描いた"運河"の存在を確認し自然の地形ではないと確信した．火星に関する著書を何冊も著わして，火星には知的な高等生物がおり，運河は彼らが建設した人工物だと主張した（図 14.4）．彼の説は一般人には驚きと大きな興味とをもって迎えられた．しかし，プロの天文学者であるフランスのアントニアジ (Eugène Michel Antoniadi, 1870–1944) や米国のニューカム (Simon Newcomb, 1835–1909) によって強く反論され，やがてローウェルの火星文明論は下火になった．また，20 世紀に入ると熱電対による温度観測やスペクトル観測から火星は生命にとって地球よりずっと厳しい環境であることが明らかになり，少なくとも，高等生物の存在を信じる天文学者はいなくなった．しかし，原始的生命に対する期待は今でも依然残っている．なお，ローウェル天文台は，ローウェルによる理論的な予言に従って，彼の死後，冥王星を発見したことで有名である[4]（第 13 章参照）．

図 14.3 パーシバル・ローウェル．

---

[4] ローウェルは，モールトンによる惑星起源説（第 13 章）に刺激されて，海王星より外の軌道にある未知惑星 (Planet X) の存在を探した．ルベリエとアダムスがかつて行なったような天体力学による詳細な摂動計算を発表している．また，この未知惑星を見つけるために，ローウェル天文台での観測に精力をそそいだ．

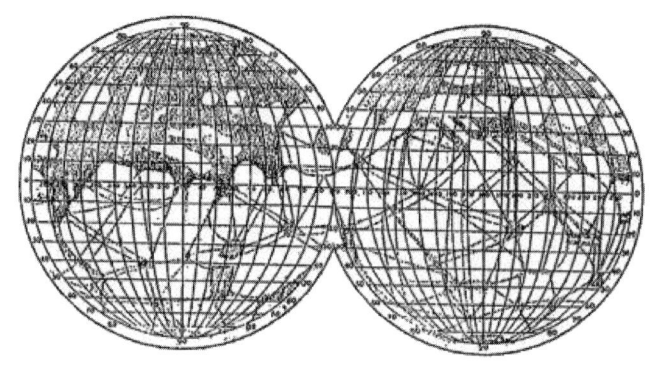

図 14.4　ローウェルが作成した火星の地図（上が南）．下の半球に描かれた運河が平行な二重線であることが，人工的な運河の証拠とローウェルは考えた．

多重世界論の功罪

　宇宙観の発展という観点からは，19世紀後半から20世紀初頭にかけての多重世界論の高まりと論争には，功罪相半ばする両方の側面があった．1つは，ピッカリング，フランマリオン (Nicolas Camille Flammarion, 1842–1925)，ローウェルらによる，地球外生命体についての諸説の影響である．彼らの極端な主張は，天文学を大衆化はしたが，宇宙に関する知識を歪曲し，真理としての天文学への信頼を失墜させたと，クロウは述べている．他方，多重世界論が果たした肯定的な側面ももちろんあった．それは，より詳しく客観的な観測を行なうために，新しい天文台の建設，観測機器の改良と開発によって，この分野へ有能な天文学者の興味を向けさせたことなどである．その結果，天文学の発展だけでなく，一般への普及も促したという側面があった．

14.2　ほかの惑星に生命の手がかりを求めて

生命発生説とパンスペルミア

　地上に見られる生命の先祖は地球上で誕生したと普通には考えられている．メタン，水素，アンモニアなどの簡単な元素・分子と水蒸気から，雷などの電気スパークによって生命の主要構成物質であるアミノ酸が生成される実験は，1953

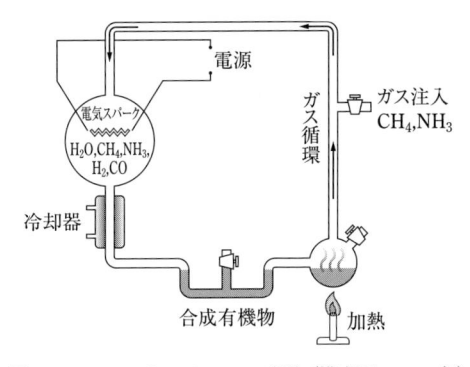

年のユーリー–ミラーの実験としてよく知られている[5]（図14.5）．また，近年の電波天文学の発達で，宇宙空間にもかなり複雑な有機分子が存在することが分かってきた．原始地球誕生後のある時期に，おそらく海の浅瀬のようなところでこれら生命の素材となる物質が複雑に融合し，やがて生命の必要条件である自己複製の能力などを獲得

図 14.5　ユーリー–ミラーの実験（構成図，1953 年）

したのだろう．最古の細菌の化石は約 34–35 億年前に遡るとされるから，この少し前にもっとも原始的な生命が誕生したにちがいないが，無生物の有機物質がいかにして生命に進化したかの具体的な道筋はまだまったく分かっていないのが現状である．

　もし，上に述べたような過程で生命が発生したのなら，地球に似た環境を持つ惑星が他にあれば，そこでも同じように生命が生れても不思議はない．この考え方が地球外生命の可能性を主張する主な根拠になっている．逆に，地球以外の天体で生命が誕生できるのなら，地球上の生命も必ずしもその場所で発生したと考えなくてもいいだろう．つまり，生命の原形が他の天体から地球に飛来したという見方もできるわけで，そのような説を提案したのはスウェーデンの物理化学者，アレニウス（Svante August Arrhenius, 1859–1927）だった．彼は，地球上で生物が誕生する以前に宇宙にはすでに"生命の種子"が普遍的に存在しており，それが地球に運ばれてきたと考え，自分の説を 1906 年に「パンスペルミア」（Panspermia，胚種普遍説）と呼んだ．

　この仮説には今なお賛否両論がある．アミノ酸や糖類を含む隕石が見つかっ

---

[5]　この実験は，大学院生だったミラー（Stanley Lloyd Miller, 1930–2007）の指導教官でノーベル賞を受賞した物理化学者のユーリー（Harold Clayton Urey, 1893–1981）の理論にもとづき，原始地球の大気が還元的であると想定してミラーが行なった．しかし現在では，原始大気は二酸化炭素や窒素成分に富む酸化的大気と考えられている．酸化的な大気中では，有機物質を合成するのはずっと難しい．

ていることを有力な証拠と考える研究者もいる．遺伝物質 DNA の二重らせん構造モデルの提唱でノーベル賞を受賞した英国のクリック (Francis Harry Compton Crick, 1916–2004)，定常宇宙論で知られたホイルらはパンスペルミアを支持した．他方，生命の種子は過酷な宇宙空間の長旅に生き残れないとする意見，アレニウスの仮説は場所を移し変えただけで，生命の起源の説明にはなっていないという批判もある．パンスペルミアも，広い意味で複数世界論に属する考え方と言ってよい．

地球大気の特異性とガイア仮説

現在，地球上の大部分の生物は大気中の酸素に依存して生きている．しかし，この酸素は原始地球の時代からもともとあったものではない．約 35 億年前に藍藻類（シアノバクテリア）と呼ばれる始原的な細菌が多数地上に出現し，大気中に初めて大量の酸素を供給したと言われている．オーストラリアの西海岸などには，現生の藍藻類が作り出した堆積層であるストロマトライトが，サンゴ礁のように浅瀬に点在するのが見られる．

1950 年代末に，組織に属さずに研究していた英国の科学者，ラブロック (James Lovelock, 1919–) は，電子捕獲検出器と呼ばれる，非常に微量の化学物質を検出できる装置を開発した．この装置の発明によって，ハロゲン化合物など地球環境に影響を及ぼす大気中の微量成分の分析が可能になった．ラブロックのこの業績は注目され，1960 年に，米国の NASA が計画していた火星探査において，どのような測定をすれば生命の兆候を検出できるかを研究するよう NASA から依頼を受けた．彼は大気組成の分析に着目し，各惑星の大気成分を比較してみた（表 14.1）．その結果，地球大気は生物が作り出した特異な大気であること，火星の大気組成は地球のそれとはまったく異なり，化学平衡状態の金星

表 14.1 地球型惑星の大気組成比較

	金星	地球	火星
大気圧（気圧）	60	1.0	0.006
窒素	3.4%	78%	2.7%
酸素	～0%	21%	0.1%
二酸化炭素	96%	0.03%	95%
水	0.1%	1–3%	(0.03%)

の大気に近いことを認識した．そのため彼は，火星で生命を見つける可能性は低いことを主張した．

このときの経験から，ラブロックは後に，真核細胞の共生起源説を提唱した米国の微生物学者，マーグリス（Lynn Margulis, 1938–）と協力して，地球生命圏に関するガイア仮説を提案することになる．これは，地球とその上の生物とは，相互に気候的な影響を及ぼし合って，生物の生存に適した環境を維持している"1個の巨大な生命体"のような存在であるという仮説で，彼らはそれを「ガイア」（Gaia，ギリシア語の大地を意味する）と名づけた．最初は，科学ではない，合目的論的，神学的などの反対意見ばかりだったが，やがてガイア仮説を支持する現象もいくつか知られるようになった．ラブロックらも，「ひな菊世界」と名づけた，生物と惑星からなる系自体が自己調整をするような数学モデルを発表して説明に努めた結果，最近は地球温暖化と地球環境への関心も手伝ってか，少しずつ支持者が増えている．ガイア仮説が最終的に正しいか否かは別にして，生物が惑星の環境に働きかけて自己調節するという考えは，今までになかった新しいタイプの宇宙観と見なせるのではないだろうか．

バイキング探査計画

米国の NASA は 1975 年に，バイキング 1 号，2 号という 2 機の探査機を火星表面に送り込んだ．バイキング着陸船の最大の目的は，火星表面の土壌を採取して生物が存在するかどうかを探ることだった．地球上でも，火星に似た非常に厳しい環境下で生存できるバクテリアがいることが分かっている．着陸船では，1) 熱分解実験，2) 放出実験，3) ガス交換実験，と呼ばれる 3 種類の実験が行なわれた．第 1 の実験は，炭酸ガスなどから有機物が合成されるかどうかを調べること，第 2, 3 の実験は，土壌にアミノ酸などの栄養液を注入して，もし生物がいれば新陳代謝のために放出されるであろう炭酸ガスを測定することだった．しかし 3 種の実験とも，生物の証拠と考えられる肯定的な結果は得られなかった．

最近では，火星から飛来した隕石に原始的な細菌の化石らしきものが見つかったという報告がある．また，木星の衛星ユーロパや土星の衛星タイタンの環境は生命の誕生に適しているという議論もある．いずれにしても，これらの天体に生物の有無を明確に判断できるようになるのはまだかなり先のことだろう．

14.3 電波天文学と異星文明の探査

電波天文学の発展

可視光以外の波長による天文学で，現在もっとも長い歴史を持つのは電波天文学である．1932 年にベル電話研究所の技師ジャンスキー (Karl Guthe Jansky, 1905–1950) は，大西洋横断無線電話への電波干渉を調べる実験をしていて，恒星日（23 時間 56 分）の周期で変化する雑音のような信号を発見した（図 14.6）．平均太陽日ではないこの周期は，信号が地上からではなく天体から来ていることを意味する．信号がもっとも強いのは天の川の中心方向だった．ジャンスキーはさらに研究を進めるため，ベル研究所に対しパラボラ型アンテナの建設を要望した．しかし，運悪く"大不況"の時代だったために拒否され，さらに別な部門のプロジェクトに回されてしまった．

米国の電波技術者レーバー (Grote Reber, 1911–2002) はジャンスキーの報告に興味を抱いて，パラボラ型のアンテナを製作し，ジャンスキーの実験の追試を行なった．これが最初の電波望遠鏡である．レーバーはこの電波望遠鏡を用いて，天の川を含む天球上の電波強度地図を初めて作成した．同じ頃の 1942 年に英国陸軍のヘイ (James Stanley Hey, 1909–2000) らは，レーダーを用い

図 **14.6** ジャンスキーと宇宙電波の発見に使用されたアンテナ．台車に乗ったアンテナ全体が車輪によって方向を変えることができた．

た敵国監視の最中に，強い電波が太陽から来ていることを発見した．これら戦時中の経験と軍事器機が，第2次世界大戦終了後じきに電波天文学が急速に発展する基礎となった．

一方，オランダのファン・デ・フルスト (Hendrik C. van de Hulst, 1918–2000) は1945年の論文で，中性の水素原子が波長21 cmの電波を放射する可能性を予言した．後にこの電波放射はオランダと米国で実際に観測され，天の川の渦巻構造を解き明かすことになった．そして，1965年には米国のペンジアスとウィルソンが，宇宙のビックバンの証拠としての「宇宙マイクロ波背景放射」を発見する（12.4節参照）．その後の電波天文学の発達には実に眼を見張るものがある．

異星文明の数を見積もる——ドレークの式

電波天文学における当時の最新知識を活用して，異星の文明を探査する可能性を最初に考察したのはスイスのココーニ (Giuseppe Cocconi, 1914–2008) と米国のモリソン (Philip Morrison, 1915–2005) だった．1959年に科学雑誌 *Nature* に共同論文を発表して，もし天の川の中に電波技術を駆使する高度な文明があったとして，地球と交信を望むのなら，宇宙でもっとも豊富な物質，水素の出す21 cm波長の電波を使うだろうと彼らは予想した．この当時，電波望遠鏡はすでに稼動していたから，彼らの論文は多くの人びとの関心を引いた．

同じ頃，米国のドレーク (Frank Drake, 1930–) もココーニやモリソンと同じような考えを持っていた．折よくグリーンバンクにある国立電波天文台の巨大電波望遠鏡が完成したばかりで，ドレークらは1960年から，近距離にある2個の候補星に望遠鏡を向けて観測を開始した（図14.7）．この計画は『オズの魔法使い』というおとぎ話にちなんでオズマ計画 (Project Ozma) と命名された[6]．観測自体からは結局何ら意味のある信号は検出されなかった．しかし，同じテーマに関して1961年にグリーンバンクで開かれた小さな会議は，後に

---

[6] 地球外の生物と交信をするというアイデアは，かなり古い歴史を持っている．19世紀の中頃，火星や金星の表面に閃光が観測されたという報告を受けて，一部の天文学者と天文愛好家・啓蒙家たちは，惑星の住人に光通信でモールス信号を送ることを真剣に考えた．一方，主流の天文学者は，まったく馬鹿げた話だと見なして，19世紀後半から20世紀初めにかけて，両者は専門誌や新聞雑誌でたびたび論争をくり広げたのである．

「地球外知的生命体に関するグリーンバンク会議」と呼ばれ，その後に続く地球外知的生命体探査 (Search for Extra-Terrestrial Intelligence; SETI) の科学的基礎を提供することになった．

さて，異星人との交信を試みる場合，電波交信できる文明の数 (N) がどのくらいあるかの見当をまずつけておく必要がある．この評価式を提案したのもドレークで，今ではドレーク方程式とかグリーンバンク方程式と呼ばれている．

$$N = Rf_p n_e f_L f_i f_c L \quad (14.1)$$

図 14.7 オズマ計画に使用されたグリーンバンク（ウェストバージニア州）の口径 26 m 電波望遠鏡．

一見難しそうな式だが，式の内容はいろいろな条件に合う星の数の割合を絞りこんでいくだけの初等的なものにすぎない．右辺の記号の意味は，

R：銀河系の中で毎年生成される星の数，
f_p：誕生した星が惑星を持つ割合，
n_e：各惑星系で生命の生存に適する惑星の数，
f_L：そのような惑星上で生命が誕生する割合，
f_i：生れた生命が知的生命体に進化する割合，
f_c：そのような知的生命体が星間交信を行なう文明を発展させる割合，
L：そのような文明が交信に費やす年月（年），つまり文明の寿命，

である．$Rf_p n_e$ を天文学項，$f_L f_i$ を生物学項，$f_c L$ を社会学項と呼ぶことにしよう．

式の意味は単純だが，問題はそれぞれの項の数値をどう見積もるかである．天文学項は近年の天文学の発達と太陽系外惑星系に関する知識のおかげで，おそらく他の項よりは正しく評価できる．一方，生物学項と社会学項は非常に不確定な要素を多く含み，人によって何桁も数値が違い得る．そのため，N の数値

は，楽観的な評価 10^8 からもっとも悲観的な評価～1 まで，大幅に結果がばらついている．楽観的見積もりでは天の川のいたるところに高度な文明があることになり，もっとも悲観的な評価によれば高度な知的文明は地球だけということになる．このことはつまり，現段階では N はまだほとんど計算のしようがないことを意味している．そのため，天文学者の SETI に対する態度もまちまちである．

楽観論と悲観論と

オズマ計画以後，さまざまに規模を拡大して主に電波で SETI が行なわれてきたが，現在まで異星人のものと思われる信号は検出されていない．これらの SETI は明らかに楽観論者の主導で実施されてきた．他方で，地球上の生命は銀河系で唯一ではないにしても，きわめて稀な存在であるとする考え方も根強い．生物学者は，有機物質からごく始原的な生命が誕生し，人類に代表される高等生物にまで進化するのは奇跡に近い稀な現象だと考える人が少なくない．これに対し，天文学者は平凡原理を重視しすぎるためか，あるいは，生物学を知らないためか，楽観主義者が多い印象を受ける．

イタリアから米国に移住した高名な理論物理学者，フェルミ (Enrico Fermi, 1901–1954) は 1950 年頃，ある会議の休憩時間に周囲の人びとに次のような問いを発したという逸話がある．物理学的観点からは，もし高度に進化した異星人 (Extra-Terrestrial Inteligence; ETI) がいたとしたら彼らはすでに宇宙の各所に広まっているはずだ，地球にも来ているはずなのに，「彼らはいったいどこにいるのか」という問いである（フェルミ・パラドックスと呼ばれる）．

これに対して，1975 年に米国の天体物理学者ハート (Michael H. Hart, 1932–) は，"地球上には現在 ETI は観測されない" ことを明らかな経験的事実（ハートは「事実 A」と呼んだ）と見なして，この事実に対する既存の主要な 4 種の解釈を取り上げてそれぞれ論駁した．その結果，私たちは銀河系に存在する唯一の ETI である可能性が高いと結論した．

また，米国の物理学者ティプラー (Frank Jennings Tipler, 1947–) は，進んだ ETI なら必ずや「自己増殖する機械」[7]を発明して宇宙探検に乗り出すだ

---

7) 自己増殖する機械の可能性は，コンピューターの理論に関連してフォン・ノイマン (John

ろうと考えた．なぜなら，ETI が自分で宇宙船に乗って出掛けていくより，植物が花粉を撒き散らして多数の子孫を残すように，自己増殖する機械による宇宙探査のほうが圧倒的に効率が良いと考えられるからである．いったんそのような機械が宇宙のどこかに出現すると，控えめな計算でも宇宙の年齢（おおよそ 100 億年）よりずっと短い時間で宇宙はそのような探査機で満ちあふれてしまう．しかし現在そのような機械は地上で確認されていないとして，ティプラーはハートと似た結論を得ている（1980 年）．

　このような議論には当然反論もあり，一致した結論はなかなか出そうにない．たとえば，筆者には，「事実 A」自体が確立された事実なのだろうかという疑問がある．銀河系のかなたから地球附近に自由にやってくることができる異星人がいたとすれば，彼らは非常に高度に進化した ETI だろう．自分たちの先祖の言語でさえまだ解読できないものがいくつもあるような程度の私たち人類の知能レベルで，高等な ETI の通信が果たして理解できるだろうか．彼らが地球に来ていても，人類は彼らの存在をまだ認識すらできない段階にあるのではないだろうか[8]．

平凡原理と人間原理

　最後に，複数世界論や SETI の背後にある思想的意味を少し考えてみよう．コペルニクスは太陽中心説にもとづき，地球は宇宙の中心ではなく選ばれた場所でもない，と主張した．人類は選ばれた観測者ではないという表現をする人もいる．この考え方はコペルニクス主義（原理）と呼ばれ，後に恒星から銀河の世界にまで拡張され，天文学の分野では非常な成功をおさめてきた．科学哲学の分野では「平凡原理」(mediocrity principle) と呼ばれる概念とほぼ同じであり，宇宙論の基礎になっている宇宙原理，つまり，大きなスケールでは宇宙は一様で等方であり，特別な場所は存在しない，という原理と共通する考え方である．天文学者の SETI に対する楽観論にも，この平凡原理が背後にある．

　それに対して，「人間原理」(anthropic principle) という別な考えも提案さ

---

von Neumann, 1903–1957) らによって 1940 年代に初めて研究された．そのため，「フォン・ノイマン機械」と呼ぶこともある．

[8] この点に関しては，附録 B を参照のこと．

れている[9]．近年の恒星進化論や宇宙論の成果から，星々，惑星や地球上の生物が誕生できたのは，物理学の基本量である重力定数，光速度，電子電荷，量子力学的定数などが，重元素（炭素より重い元素）や分子が生じてそれらの化学反応が起こるのに適した数値にあったためで，これらの値が少し違っても生命は生れなかった．言い換えれば，私たちのような知的観察者が生れるような宇宙を出現させるような値に物理定数がたまたまなっていたからだという考え方である（「弱い人間原理」と呼ばれる）．

またさらに踏み込んで，観察者によって認識されなければ宇宙は存在しないのと同じであるから，宇宙は知的観察者（つまり，私たち人類）を生み出すような特性を持っていなければならない，という「強い人間原理」と称する主張まである．しかし，果たして"認識されなければ宇宙は存在しないのと同じ"であろうか．とくに，強い人間原理の考え方は，万物の創造者や神という言葉を使わないだけで，古代からの地球中心，人間中心の思想ともはや本質的な差はないように筆者には聞こえるのだが，天文学者，宇宙論学者からは一定の支持を受けている宇宙観である．（中村士）

---

[9] 人間原理という言葉は，理論天体物理学者カーター (Brandon Carter, 1942–) が，1973年に開催されたコペルニクス生誕500年記念シンポジウムで初めて使用した．彼は，コペルニクス主義に対峙する概念としてこの言葉を導入したのである．

15 万物の尺度の探求
メートル法の制定と測地学の誕生

　この章では，地球および太陽系の大きさがどのようにして精密に測定されるようになったかの歴史を述べる．地球の大きさの測定は，18世紀末に提案されたメートルという長さの尺度に深く関係していて重要である．この単位は，物理学や工業の分野では比較的早く広まったが，社会のあらゆる分野で統一的に使用することを目指したメートル法は，国ごとに異なる伝統的な長さがすでにあったために，メートル法が世界的に普及するまでにはずいぶん時間がかかった．

　一方，太陽系の大きさを測定する尺度としての単位，天文単位は，惑星の軌道と空間運動だけでなく，恒星の年周視差，つまり星までの距離を決める基準としても大きな意味を持っていた．天文単位の値が，時代が進むにつれて精密化していった経緯を，惑星の運動理論および測定技術の発展とともに見ていく．

15.1　地球の大きさと形

初期の地球の大きさ測定

　古代アレキサンドリアのエラトステネスが，地球の大きさの測定を最初に行なったことは第3章で紹介した．その後も，ヒッパルコスと同じロードス島で活躍した天文学者ポセイドニオス（Poseidonios, BC135頃–BC51）が，星の高度の測定によって地球の大きさの改良を試みたが，真値より30%も過小な数値しか得られなかった（アラビアのアル・マムーンの時代にも測定が試みられた）．しかし15世紀のヨーロッパでは，ポセイドニオスの値にもとづいたトレ

ミーの世界図が流布したために[1]，黄金の国ジパングまでの距離は実際よりかなり短いと信じたコロンブス（Cristoforo Colombo, 1451 頃–1506）は，西回りの航海に乗り出していくことになった（1492 年）．

　地球の形を球と仮定する限り，原理的には子午線上で緯度 1 度の弧の長を測定すればその値を 360 倍して地球の全周が求まることになる．このような考えから，16 世紀という早い時期にヨーロッパで最初に地球の大きさの測定を行なったのは，フランスのフェルネル（Jean François Fernel, 1497–1558）だった．高名な医学者でフランス国王の主治医にもなったフェルネルは 1525 年頃，南北の位置関係にあるパリとアミアン間の距離（緯度差でほぼ 1 度）を馬車旅行によって測定した．1 度の長さの値がエラトステネスとポセイドニオスとで大きく異なることに疑問を抱いたことが測定の動機だった．円周の長さが正確に測られた馬車の車輪の回転数を数えて距離を求めた．また，太陽高度を四分儀で測りパリとアミアンにおける緯度を算出した．その結果得られた緯度 1 度の長さは，数値の上では真値（約 111.1 km）よりわずか 0.1% 大きいだけだった（1528 年刊行の『宇宙論』（*Cosmotheoria*）による）．しかしこの値はフェルネルの測定方法が優れていたからではなく，道の曲がりくねりや高低差による誤差が偶然に相殺されたためと考えられている．

　1633 年になると，英国の数学者ノーウッド（Richard Norwood, 1590 頃–1675）は，ロンドンとヨーク間の距離を鉄鎖と回転距離計を用いて測り，この 2 地点の緯度も測定して，緯度 1 度の長さを算出した．1637 年に発表された結果は 110.7 km で，かなり真の値に近かった．

三角測量の歴史

　他方，同じ頃，子午線 1 度のような長い距離の場合（約 110 km），直接物差しで測るよりずっと効率的でしかも精密な測量法，つまり三角測量の方法が考案された．この方法の原理はいたって簡単である．地表の 3 点からなる三角形 ABC において（図 15.1），距離 AB と角 BAC および角 ABC とが測

---

1) この世界図の情報は，トレミーによる『アルマゲスト』と並んで，彼のもう 1 つの重要な著作である『地理学』（*Geographia*）の中に記されている．その地図では，カナリア諸島から中国南西部までの範囲を経度 180 度としていたため，コロンブスは西回りの航海なら短期間で東洋に到達できると考えた．

定されれば，三角形の幾何学的性質から距離 AC, BC が計算できるというもので，距離計測の基準になる AB を基線と呼ぶ．17 世紀初めになって，この三角形を次々に連結し，図 15.1 のように広い地域を三角形の網で覆って測量する方法が初めて実施された．その理論的基礎は，オランダのゲンマ・フリシウス (Reiner Gemma Frisius, 1508–1555) が 1533 年に出版したアピアヌス (Petrus Apian, 1495–1552) の著作『コスモグラフィア』(*Cosmographia*) 中に 1 章を設けて説明していた．

ここで，三角網による子午線 1 度の距離を測定する方法を図 15.1 で簡単に説明する．A 地点と F 地点の位置を 1 つの子午線 (NS) 上に投影したときの xy の緯度差と距離とを今求めたい．長さの基準となる基線 AB は物差しで精密に測る．また，すべての三角形の内角と，1 つの辺，たとえば CD の真北からの方位角を測定し，天文観測によって A, F 点の緯度も決定する．するとすべての三角形の辺長が計算できるから，弧 xy の長さが求まる．この長さを A と F の 2 地点の緯度差で割れば，子午線 1 度の長さが算出できるわけである．

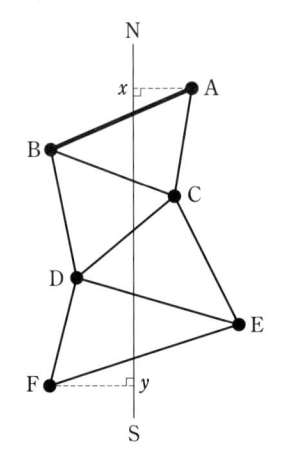

図 15.1 三角網による子午線 1 度の長さの測定法．NS が子午線で，A 地点と F 地点の子午線に投影した距離（正確には子午線の弧の長さ）を求める．

1615 年に，光学における屈折の法則の発見者 (1621 年) として知られるオランダのスネル (ラテン名スネリウス, Willebrord Snellius, 1580–1626) がゲンマ・フリシウスの方法を実行に移した．ホランドとブラバント間の約 1 度の距離を，33 個の三角形を連ねた三角測量によって測定した．スネルが得た結果は真値より 3% ほど小さくあまり正確な値ではなかったが，彼が行なった三角測量法は以後測量の標準的方法として定着した．三角測量は幾何学的な方法のため，誤差を数学的に推定できる利点もあった．スネルの測量の主目的が地球の大きさの精密決定だったことは，自らの成果を 1617 年に『バタビアのエラトステネス』という題の著作として刊行したことからも分かる[2]．

一般に，スネルが三角測量を初めて実行したとされているが，三角測量法によって最初に近代的地図を作成したのは，実はティコ・ブラーエだった（第6章）．デンマーク王のフレデリック2世は精密な測量にもとづくデンマーク領の地図作りを計画し，天体観測の達人ティコに測量の実施を命じた．ティコはゲンマの三角法理論を参考にして，手始めに自分の観測所があったフベン島の測量と緯度観測を1580年代に行なった．そして島の正確な位置をデンマークおよびスウェーデンの本土に対して決定し，フベン島の地図を描いた（図15.2）．しかし，三角測量による地図作りは予想外に手間のかかる作業であることをティコは悟り，デンマーク全土の測量は諦めた．

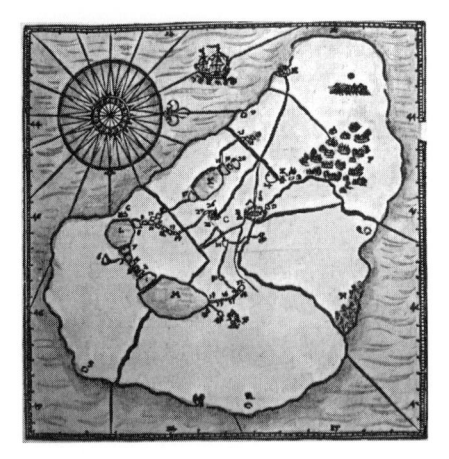

図 15.2 ティコが三角測量によって描いたフベン島の地図．地図の周囲に緯度経度の目盛が見える．

この頃，島に滞在していたオランダの著名な地図出版者ブラウ（Willem Janszoon Blaeu, 1571–1638）は，自分が1598年に出版した本にティコによるフベン島の地図を載せて世に紹介した．一方，スネルはプラハに移ったティコのもとに1600年に留学し，天文観測や三角測量の実際をティコから教わりオランダに帰った．そして15年後，ティコの方法に従って，スネルは子午線1度の測定を実行に移したのである．

17世紀中頃，フランスでも地球の大きさに関する関心が高まった．1667年にパリ天文台が建設されてまもなく，同天文台のピカール（Jean Picard, 1620–1682）はパリ科学アカデミーの委嘱を受けて，子午線1度の測定を行なった．測量経路はフェルネルによる経路とほぼ同じだったが，十字線付き望遠鏡を備え

---

2) バタビア (Batavia) とは，ローマ時代からあったオランダ最古の都市のラテン語による呼び名．オランダ人は好んで自国をバタビアと呼んだ．

た頑丈で精密な測量器具，天文観測装置を初めて使用した．ピカールが求めた1度の長さは 110.46 km で，それ以前の結果に比べて格段に正確な数値だった．

扁平地球 vs. 扁長地球

子午線1度の長さから全周が計算できるのは地球が球体の場合で，ピカール自身も地球は球であると信じていた．ところがこの頃ニュートンは，自身が発見した運動の法則と万有引力の法則にもとづいて，地球は完全な球体ではないことを示唆したのである．力学理論によれば，自転のために地球内部の物質には遠心力が働く．遠心力は，自転軸からもっとも遠いために赤道で最大，極附近で最小だから，地球表面の形は赤道では少し膨らみ極では平らな，扁平楕円体にちがいないとニュートンは考えた．

ニュートンの主張を裏づける根拠はすでにいくつかあった．まず，望遠鏡観測によって，木星と土星では，極のほうでつぶれ赤道で膨らんだ形をしていることが昔から知られていた——これら惑星の自転周期は地球の約半分である．したがって，地球でも同じことが起こっていても不思議はなかった．1672 年に，火星の視差観測のために，赤道に近い南米ギアナのカイエンヌに派遣されていたフランスの天文学者リシェ (Jean Richer, 1630–1696) は奇妙なことに気がついた．天文観測用の振子時計が毎日2分半ほどパリより遅れるのである．この原因は，カイエンヌはパリより重力が若干弱い，つまりカイエンヌなど赤道地方は地球中心からの距離がより遠いことを意味すると考えられた[3]．

しかしフランスの科学者の多くは，対抗意識からニュートンの理論を受け入れたくなかった．パリ天文台の台長になったジャン・ドミニク・カッシーニと息子のジャックは，17 世紀末から 1710 年代にかけてパリの南側と北側の子午線弧長の測量を別々に行なった．その結果は驚くべきもので，南側から求めた1度の弧長のほうが少し長かったのである．もしこれが本当なら，地球はレモンのように南北方向に扁長な形をしていることになる．このことは，ニュートン力学からの結論が正しいか否かの論争にさらに油を注いだ．

この論争に決着をつけるため，パリ科学アカデミーは 1735 年にブーゲー

---

[3] 振子の振動周期 (T) は，振子の長さを L，その場所の重力加速度を g とすると，$T = 2\pi(L/g)^{1/2}$ で表わされるから，重力が弱いほど周期は長くなる．

(Pierre Bouguer, 1698–1758) とラ・コンダミヌ (Charles Marrie de La Condamine, 1701–1774) を南米のペルーへ，翌年モーペルテュィ(Pierre-Louis Moreau de Maupertuis, 1698–1759) を極地方のラップランドへ，子午線1度の測量のために派遣した．どちらの測量隊も厳しい風土に加えて，測量の目的を理解しない現地の人びとのために大変な苦労を経験した．両者の結果が出揃ったのは1744年になってからで，ラップランドの1度が111.094 kmだったのに対して，ペルーの1度は109.92 kmだった．ここに至ってようやく，地球の形は扁平楕円体であることが確立されたのである．

15.2 メートル法の起源，制定と普及

フランス革命とメートル法制定の背景

1789年，パリではフランス革命が勃発した．絶対君主制のもとで抑圧されてきた平民階級は，啓蒙思想の普及とアメリカ独立戦争（1776年）の影響を受けて立ち上がった．数年のうちに国王をはじめ王党派貴族の多くは断頭台に送られ，国民議会と共和制政府が樹立された．このような騒然とした社会情勢の中で，メートル法の考えが生れたのである．

当時のフランスでは，度量衡の単位が地方や職種によってまちまちで混乱をきわめていた．たとえば，地図の作成には長さの単位，トワーズ (toise, 約2 mに相当) が主に用いられたが，トワーズの長さは実際には何種類も存在した．こうした不便をもっとも蒙ったのは科学者たちで，やがて一般人の間にも統一した単位がほしいという気運が高まった．政治家で外交官だったタレーラン (Charles Maurice de Talleyrand-Périgord, 1754–1838) は1790年に国民議会に対して，1秒周期の振子の長さをもって長さの単位にするという提案を行なった[4]．

他方，このずっと以前から，地球の大きさを基準にして新しい長さの単位を定める案もいろいろ出されていた．その最初の人はリヨンの牧師ムートン (Gabrie Mouton, 1618–1694) である．彼はピカールによる1度の測定からヒントを得

---

[4] 脚注3の式から，g はおよそ $980\,\text{cm/sec}^2$ だから，周期1秒の振子の長さは約25 cmに相当することが分かる．

て，1670 年，子午線 1 度（または 1 分）の長さを基本単位 "ミル"（mille）と決め，それ以下の小さい単位はすべて 10 進法によって分割するという提案を行なった．ムートン以後も，ピカール，カッシーニ，オランダのホイヘンスらが，地球の大きさと振子の長さにもとづく新単位のアイデアを提出していた．

　タレーランの提案は国民議会によって承認され，"いかなる国でも使用できる新しい単位系" を創案する任務がパリ科学アカデミーに委任された．また，英国，米国にも参加を呼びかけた．科学アカデミーは委員会[5]を設けて検討した結果，

(1) 長さ，質量の単位として 10 進法を採用する，

(2) 長さの単位は振子の長さではなく，パリを通る，北極から赤道までの子午線長の 1000 万分の 1 にするのが適当である，

と国民議会に答申した．そして，新しい長さの単位を実測するために，ダンケルクとバルセロナ間の子午線測量に早急に着手すべしという決議がなされた．長さの新単位はメートル（meter，略して m）と呼ばれることになった．この名称は尺度・寸法を意味するギリシア語のメトロン（$\mu\varepsilon\tau\rho o\nu$）から取られた．この定義によれば，子午線の全周は厳密に 4000 万 m（4 万 km）となる．メートルの標準尺（原器）は上記の測量の結果を待って白金で製作することと決められた．なお，10 進法は革命政府によって，革命暦や時計の文字盤にまで徹底して用いられたことでも知られている[6]．

メシャンとドランブルの苦闘

　科学アカデミーに委任された子午線の測量は，パリ天文台の天文学者メシャン（Pierre François André Méchain, 1744–1804）がフランス南部のローデからスペインのバルセロナまで，その後輩であるドランブル（Jean-Baptiste Joseph Delambre, 1749–1822）がダンケルクからローデまでを担当することになった（図 15.3）．2 人は 1792 年に測量に出発した．彼らが携行した観測装置は，ボルダ（Jean-Charles de Borda, 1733–1799）がこの測量のために特別に設計製作した反復式測円儀で，角度誤差 1 秒で測定できるきわめて優れた装

---

[5] 委員会のメンバーは，フランス屈指の科学者たち，ボルダ，ラグランジュ，ラボアジエ，コンドルセ，ラプラスなどで構成されていた．

[6] 1 週間を 10 日，1 日を 10 時間，1 時間を 100 分，1 分を 100 秒と定めた．

図 **15.3** メシャン（左）とドランブル（右）．

置だった（図 15.4）．

　2 組の測量隊は途中で数々の困難に直面する．革命後の不穏なフランス国内を，望遠鏡の付いた奇妙な器械と測量用の標識や夜間信号器を持った一団が日夜不審な行動をするのだから，子午線測量の意味を理解してもらえないどころか，スパイと間違われてたびたび逮捕され投獄された．苦労の末に山の頂上や教会の尖塔の上に据え付けた測量信号塔は，何度も嵐で壊れたり人為的に破壊されたりした．測量行の途中でドランブルら測量委員の多くは革命政府から突然除名され，測量資金が送られてこなくなった．パリにいた委員たちとて安泰ではなかった．フランス最大の化学者だったラボアジエ (Antoine-Laurent de Lavoisier, 1743–1794) は，かつて徴税請負人だったことが災いして，王党派の手先として逮捕され断頭台に送られた．

　スペインに向かったメシャンは，革命後フランスとスペインの間に戦争が勃発したためにフランスに戻れなくなった．加えて，悲観的性格の完璧主義者だったメシャンは，緯度決定のための恒星観測において，些細な数値の不一致に悩み，後に分かったことだが彼は自分の測定値にわずかずつ手を加えていた．このことが，パリに戻って結果を委員会に報告した後にさらにメシャンを苦しめた——この時代，測定には偶然誤差が必然的に伴うということが，まだ理解されていなかったのである．

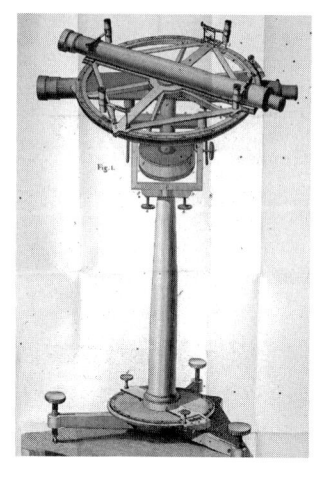

図 15.4 ボルダが設計製作した反復式測円儀．一方の望遠鏡を基準方向に固定し，他の望遠鏡で目標を N 回ねらうと，2 つの望遠鏡のなす角度を N 回平均した値を読み取ることができた．

ドランブルの助力によって遅れていたメシャンの測量もようやく完了し，2 人は 1798 年末に 6 年ぶりでパリに帰国した．彼らは大歓迎を受け，メシャンはパリ天文台長に任命される．これより先，パリ科学アカデミーのラプラスは，メートルの最終的な数値を決定する国際会議を 2 人の帰国に合わせて開催することを計画していた．翌年 3 月までに提出された 2 人の測定データは，この国際委員会によって厳しく審査され承認された．ところが委員会が 2 人のデータを用いて地球楕円体の扁平率[7]を計算してみたところ，予期せぬ困難に直面した．

ダンケルクからバルセロナまでの全部の測定値を使って出した扁平率は 1/150（150 分の 1）であり，ペルーとラップランドでの測量から計算された値（約 1/330）の 2 倍にも達した．他方，パリやローデなど途中の町のデータから求めた扁平率も，異なるまちまちな値を示した．メートルの長さを決めるのに，いったいどの扁平率を使えばいいのか，地球の真の形は楕円体ではないのか．国際委員会はさんざん悩んだ末に，最終的に約 1/330 という古い扁平率を採用した．古い数値をわざわざ用いたのは，ヨーロッパの一部から決めた扁平率より，赤道地方のペルーと極地方のラップランドという，地球全域にわたる測量から求めた値のほうが，おそらく正しいと判断したためだろう．つまり，メシャンとドランブルの 7 年間に及ぶ苦労は結局，メートルの長さの決定には一部しか反映されずに終わったのだった[8]．

---

[7] 地球は回転楕円体と仮定し，赤道半径を a，極半径を b とすると，扁平率 (f) は $f = (a-b)/a$ で与えられる．

[8] 新しい 1 m の長さを決定する手順の概要を説明しよう．2 人の測量によって，ダンケルク (D) とバルセロナ (B) 間の距離は，暫定値と呼ばれた古い 1 m の長さを単位として求められた．すると，適当な a と f の数値を与えれば，D と B の 2 地点での緯度の測定値と楕円体の理論から子午線全周が計算できる．よって，定義に従ってその値を 4000 万分の 1 にすれば，新しい 1 m の

その後，メシャンは，不満足だった自分の結果を測量し直すため1803年にスペインに赴いた．しかし，途中バレンシアでマラリヤに冒され命を落としてしまう．ドランブルのほうは，委員会の要請で『メートル法の起源』と題する2000頁に及ぶ大著を刊行した（1806–1810）．私たちが現在，2人の測量行について詳細に知ることができるのは，このドランブルの著作のおかげなのである（図15.5）．

　メシャンが完成できなかったスペインの測量は，わずか20歳の天文学者アラゴ (Dominique François Jean Arago, 1786–1853) がラプラスとポワソンの勧めで引き継いだ．物理学者ビオ (Jean-Baptiste Biot, 1774–1862) とともに1806年にスペインに向かった．だが運悪く，フランスとスペインの間で再び戦争が起こった．ビオは要領よくパリに逃げ帰ったが，スペイン人に変装して測量を続けたアラゴはスパイとして捕えられ，アルジェリアに送還されたりする辛苦をなめた．そしてようやく1809年に，測量データを持ってパリに帰還することができた．後年アラゴは，光学，天体物理学などの分野で多くの優れた業績をあげ，パリ天文台長にもなった．

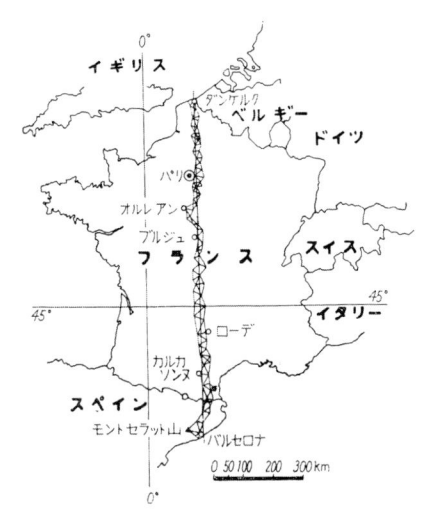

図 **15.5**　ダンケルクからバルセロナまでの三角測量網．ダンケルクとバルセロナの緯度差は約9.5度，距離にして約1050 km だった．

メートル法の制定と普及

　1799年には，委員会の決定に従って白金製のメートル原器が鋳造された（図15.6）．1801年にはフランス全土でメートルを使用することが法律で義務づけ

長さを決めることができ，古い1mとの関係もつくのである．他方，a の暫定値を使ってDB間の測定値から f を計算してみたら，1/150という予想外に大きな値になったのだった．

図 15.6　メートル原器を鋳造する様子を描いた挿絵.

られる.しかし,古い単位との混乱が起こりなかなか受け入れられなかった.フランス政府はこの新尺度を世界中に広めることを最初から意図していたが,国際的にも普及には長い時間がかかった.1867 年にパリで万国博覧会が開催された.その際,各国の展示館建設の機材調達などに関して,各国の尺度統一の必要性が痛感されたため,1872 年になってやっと,メートル条約の前提となるメートル法国際会議がパリで開催され,1875 年にはメートル条約が締結される.その結果,加盟国にはメートル原器やキログラム原器が支給され,ようやくメートル法が各国に普及していくのである.日本は 1885(明治 18)年にメートル条約に加盟した.

　ちなみにその後,メートル原器自体が永年変化をすることが分かった.そのため,従来のメートル原器にかわって,1 m の定義は,1960 年には元素クリプトン 86 の出す光の波長によって定義するように改められた.さらに 1983 年からは,真空中を光がある短い時間に進む距離によって定義されるようになった結果,現在の 1 m の定義に含まれる不確かさは,わずか 0.1 nm (10^{-10} m) であるという.

測地学の誕生

メシャンとドランブルによる子午線測量は，1度の長さが場所によって不規則に異なること，つまり地球の形は滑らかな楕円体ではなく緩やかな凹凸があることを示唆していた．1735年にブーゲーがペルーに遠征したことはすでに述べた．彼はそこでの振子の振動周期が，地球の赤道部の膨らみによる効果とアンデス山地による重力効果だけでは説明できないことに気づいていた．アンデス山地の下の地殻は平地の地殻より平均密度が小さいのが原因ではないかと彼は推測した．ブーゲーのこの発見は，今日では「ブーゲー異常」(Bouguer anomaly) と呼ばれていて，地殻内の岩石密度の不均一さを示す重要な目安になっている．

また，地球の全体的な形は各地の重力とも深い関係があることが認識されるようになり，重力も考慮した地球の形状を研究する学問，測地学 (geodesy) が誕生した．地球表面の形も，平均の海水面で代表されるジオイド (geoid) と呼ばれる仮想的な面（重力の等ポテンシャル面）で表わすようになった．現在では，人工衛星の運動の詳しい解析から地球規模のジオイドの形が決定されているが，局所的な凹凸の様子は各地での重力測定が依然頼りである．

15.3 天文単位の歴史——宇宙の大きさを測る尺度

天文単位の意義と初期の測定

天文単位 (astronomical unit, AU [9]) とは地球と太陽との平均距離のことで，太陽系の大きさを測るもっとも基本的な尺度といってよい．天文単位という言葉が定着するまでは，視差を観測して太陽の距離を求めていたため，「太陽視差」と呼ぶほうが普通だった．太陽視差とは，地平線附近にある太陽を，地表と地球中心とから見たときの見かけの方向の差で定義される．式で表わすと，

$$206265 \times R_{\rm E}/A \text{ (角秒)} \tag{15.1}$$

で与えられる（$R_{\rm E}$：地球赤道半径，A：地球と太陽の平均距離）．この式から太陽視差は地球の大きさと天文単位とに直接結びついていることが分かる．ま

---

[9] 天文単位を AU と表記するのは，1903年の国際天文学連合の会議で決められた．

た，天文単位は恒星の年周視差（つまり距離，パーセク）を測る基線としても重要であることは第9章で述べた．

太陽までの距離は月に比べて遠いので誤差が大きく，ギリシア時代にアリスタルコスによって求められた太陽距離は大幅に過小だった（第3章）．一方，ケプラーの第3法則によると，惑星の公転周期から地球–太陽間の距離を単位とする惑星の軌道半径は精密に計算できる．また，距離の近い惑星は，その視差もより正確に測定できる．したがって，近い惑星の視差を測定すれば，それから逆に太陽視差，天文単位が精密に求められるはずである．このアイデアにもとづいて，17世紀後半には火星の視差観測がカッシーニやフラムスティードによって行なわれ，ようやく真値より10–20%程度だけ小さな値が得られるようになった．

金星の太陽面経過

18世紀に入ると，金星の太陽面経過と呼ばれる現象（金星による日食）が太陽視差の精密測定の有力候補として注目されはじめた．これは，243年に4回しか起きないきわめて珍しい現象である．地球の南北両半球から見た太陽面上の金星の位置のずれを観測することによって，太陽視差を求めるのである（図15.7）．1761年と1769年における金星の太陽面経過観測から，太陽視差は8.55–8.80秒という値が得られた（$A = 1.539 \times 10^8 - 1.495 \times 10^8$ km に相当）．そこで次の太陽面経過が起きる1874年と1882年には主要先進国は競って世界中に

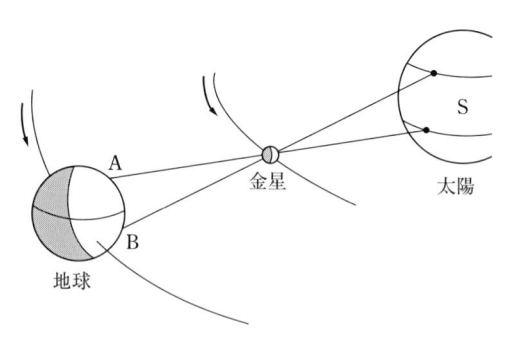

図 **15.7** 金星の太陽面経過の模式図．地球の南北両半球上の地点 A, B から見た太陽面上の金星の位置は，視差のためにずれて見える．

観測隊を派遣した．1874（明治7）年には，開国間もない日本にも米国，フランス，メキシコから観測隊が訪れ，多くのデータを得た．しかし，金星が太陽の縁から離れる瞬間の時刻が正確に測定できなかったため（ブラックドロップ，blackdrop と呼ぶ現象），当初期待されたほど精密な太陽視差の値は得られなかった．それは，金星が厚い大気に覆われていることと，使用された望遠鏡の光学的性能が不十分だったことが原因とされる．

次に，金星よりさらに近い天体を利用することが検討された．1898 年にドイツで，地球に異常接近する最初の特異小惑星（地球接近小惑星と呼ぶ）が発見され，エロス (Eros) と命名されていた．この小惑星が地球に接近したときに視差を測定すれば，より精密な太陽視差が決定できるだろう．この考えに従って，1940 年代には，小惑星エロスの位置と運動を世界中から共同で観測する国際観測キャンペーンが実施された．

精密な太陽視差が計算できるためには，長期間にわたる観測データのみでは充分ではない．エロスの位置測定の基準になる正確な恒星表も要求される．また，すべての惑星がエロスの軌道に及ぼす重力作用（惑星摂動）を考慮した，高精度なエロスの運動理論も必要になる．このようにして，小惑星エロスの組織的観測では，それ以前よりさらに精密な太陽視差の決定が可能になっただけでない．新たな恒星表の改良と整備，探査機による惑星探査などで後の時代に大きな役割を演ずる，太陽系小天体の精密な軌道計算法の発展にも貢献したのだった．

レーダー・レーザーによる精密測定

天体レーダーの出現によって，雲に覆われた金星表面の地形が観測できるようになったことは第 13 章で紹介したが，レーダー技術は天文単位の測定の上でも革命的な進歩をもたらした．それ以前には，視差などの角度を測定して，それを元に距離は計算によって求めていた．ところが，レーダーでは惑星で反射された電波の往復時間を測定し，光速度の値を用いて直接距離が得られるのである．1960 年代以降の水星および金星のレーダー観測から，現在知られている精密な天文単位の値は，1 億 4959 万 7870 km で，実に 1 km の桁まで正確に求まっている（表 15.1）．

レーザー光線を使うと，さらに精密な距離計測ができる．ただし，レーザー光の

表 15.1 太陽視差・天文単位の測定史．レーダーによる太陽視差の値は，距離 (km) の測定を視差に換算したもの．

年代	方法	太陽視差（秒）	天文単位の長さ
BC3 世紀	幾何学的方法（アリスタルコス）	180	730 万 km
1620 年代	火星視差ほか（ケプラー）	60	2200 万 km
1672 年	火星視差（カッシーニら）	9.5–10	1 億 3800 万–1 億 3200 万 km
1771–1772 年	金星の太陽面経過（18 世紀，ラランデら）	8.55–8.80	1 億 5400 万–1 億 4950 万 km
1882–1889 年	金星の太陽面経過（19 世紀，ハークネスら）	8.80–8.842	1 億 4950 万–1 億 4880 万 km
1941 年	小惑星エロスの視差（スペンサー・ジョーンズら）	8.790	1 億 4970 万 km
1976 年	レーダー測距（水星・金星）	8.794148	1 億 4959 万 7870 km

図 15.8 アポロ飛行士が月面に設置したレーザー逆反射器．入射したレーザー光をつねに入射方向と同じ方向に反射させるために，コーナキューブ・プリズムという特殊な丸いプリズムが多数はめこまれている．右下は宇宙飛行士の靴の跡．

出力限界のために，現在測定できるのは月だけである．1969–1972 年にアポロ宇宙船の飛行士が月面に設置したレーザー逆反射器に向けて，地上の望遠鏡からレーザー光が発射され，往復時間が測定された（図 15.8）．月の場合は，わずか数 cm の誤差で距離の測定ができる．その結果，月が地球に及ぼす潮汐作用によって，月が地球から長年月にわたり少しずつ離れていくことや，アインシュタインによる一般相対性理論の検証なども実現しつつある．（中村士）

16 宇宙観の表現法
星表と星図の歴史的変遷

　この章では，恒星宇宙の広がりや構造，特性を表示する方法として，星表・星図による表現法をとりあげる．その古代から現代に至る歴史的変遷を，西洋と東洋の場合について見ていく．とくに星図の場合は，天球という球面上の天体の位置を，平面上で示すための数学的な投影法を発展させただけでなく，星座の図像学的な表現法にも関係していて重要である．天体物理学の時代以降になると，銀河系や電波源天体，惑星の表面など，従来は想定されなかった研究対象が急激に増加した結果，それらの表現法も恒星の場合とはまったく異なったさまざまな方法が要求されるようになった．

16.1　西洋の星表・星図

古代・中世の星座と星図

　星々の一群を1つにまとめ，名前をつけたものを星座 (constellation) という．星座が最初に作られたのは，星々の配置を覚えやすくする工夫だったにちがいない．覚える目的は，特定の星座の向きや出没によって夜間の時刻を知るためや，天を神々の住む別の世界と見なしたことから生れた占星術のためだったろう．このような初期の星座のうち，黄道12宮星座は古代バビロニアで誕生し，ギリシアに伝えられたことはすでに第1章で述べた．古代ギリシアのホメーロスによる古代叙事詩『オデュッセイア』(BC8世紀頃) には，主人公オデュッセウスが放浪の長旅の途中，プレアデス (すばる) 星団，うしかい座，オ

リオン座，おおぐま座を見て，利用していたことが語られている．

　ギリシアの星座を初めて系統的に記述したのはユードクソスであるといわれる．しかし彼の著作は失われ，詩人アラトス（Aratus, BC310 頃–240 頃）がユードクソスの星座を詩に歌った『ファイノメナ』（Phaenomena）が今日に伝えられているにすぎない．『ファイノメナ』はラテン語に翻訳され，ローマ時代，ヨーロッパ中世を通じて知識人の間に多くの読者を獲得した．

　ヘレニズム時代になると，ロードス島のヒッパルコスが組織的な星の観測を行ない，最初の星表を作った．これをトレミーが増補改訂し『アルマゲスト』に収録した（2 世紀）．ギリシア神話から多くの題材を取った合計 48 の星座，1022 個の星を含む[1]．星座ごとに各星の緯度・経度に相当する座標と等級が示され，星雲状天体の記載もいくつか見られる（第 3 章）．このヒッパルコスの星表は，17 世紀初頭に至るまで天文学者にとってバイブルのような存在だった．

　ギリシア時代には天球儀も製作された．天球上に貼りついた星座を天球の外から見たように表現した．現存する最古の天球儀に刻まれたギリシア星座は，ファルネーゼのアトラス像と呼ばれる 2 世紀頃の大理石彫像（ナポリ考古学博物館）で，アトラスが天球を頭上に支えている（ギリシア作品の複製）．黄道，赤道，南北回帰線の座標と星座図像は描かれているが，星座の個々の星は示されていない（図 16.1）．座標と星座図像との位置関係および歳差の考察から，この星図の元になったおよその星の観測年代が推定できる．最近の研究では，BC125（±55）年頃の星座位置に対応するので，この天球儀の元になった資料はヒッパルコスの星表以外にはないと結論された[2]．なお，天球上の星を平面に写す数学的な投影法とアストロラーベの成り立ちについてはトレミーの時代からよく知られていたにもかかわらず，不思議なことに，平面に描かれた星図がギリシア時代に作られた証拠は見つかっていない．

　1）おひつじ座からうお座までの黄道 12 星座，黄道より北側の 21 星座，黄道の南側の 15 星座である．南天のアルゴ座は他の星座に比べて大きすぎるとして，フランスの天文学者ラカイユ（Abbé Nicolas-Louis de Lacaille, 1713–1762）が 18 世紀に，ほ座，とも座，らしんばん座，りゅうこつ座の 4 つに分割したとされる．
　2）シェーファー（Bradley E. Schaefer）による（『日経サイエンス』，2007 年 2 月号）．従来の研究では，ファルネーゼ・アトラスの天球儀上の星座はユードクソスの星座であり，元になった星座の観測年代もヒッパルコスよりずっと古いとされてきた．ただし，この結論はドイツのティーレ（Georg Thiele）がすでに 1898 年に公表しているともいわれる．

図 16.1 ファルネーゼのアトラス像（左）と天球儀の星座を展開した図（右）．右図で，左上から右下への黄道に沿って，かに，しし，おとめ座（黄道12宮星座）が，左下にはアルゴ船が描かれているのが分かる．

イスラムの星座

ヒッパルコスの星表はイスラム世界にも大きな影響を与え，個別の星座図が多く作られた．外側から見た天球を，ドーム状浴室の丸天井の内側にそのまま描いた珍しい星座図が，ヨルダンの世界遺産，アムラ (Amra) 城宮殿に残されている．8世紀初めにアラブの王朝ウマイヤ朝の王が建てた宮殿である．おおぐま，こぐま，カシオペア，アンドロメダ，オリオン座などの星座図像と，黄道の北極を中心とする小円と中円，および赤道の極から放射状に出る経度線が描かれており，ファルネーゼ・アトラスの天球儀と共通する特徴が見られる．他方，アラトスにもとづき西欧の中世に描かれた天球図は不正確なものが多く科学的な価値は低い．

イスラムの天文学者は，基本的には『アルマゲスト』の星表を踏襲して使用した．ただし，星座名と図像および星の固有名は，ギリシア起源ではない，イスラム固有のものも多い[3]．そのようなイスラムの星座に関する代表的な著作は，ペルシア系天文学者アル・スーフィー (Abd al-Rahman al Sufi, 903–986) に

---

3) よく知られた星の固有名で，アラビア語起源の例を以下にあげる：おうし座のアルデバラン，ペルセウス座のアルゴル，わし座のアルタイル，オリオン座のベテルギウスとリゲル，みなみのうお座のフォーマルハウト，はくちょう座のデネブ，こと座のベガ，などである．「アル」で始まる名はアラビア語の定冠詞にもとづく．

よる『星座の書』(964 頃) である．彼は，ヒッパルコス星表の星について実際に観測も行ない，等級などを改訂した[4]．48 個の各々の星座についてこの著書の中で，天球の外と内側から見た2枚の星座図と星の番号・固有名を記している．また，各星の黄経・黄緯座標 (10 世紀の時代に歳差を補正した値) と 6 等級に分けた光度を星表に与えている．

『星座の書』で注目すべきは，アンドロメダ座の星図の中で，アンドロメダ大星雲をシミのような微星の集団として描いていることである．この星雲はヨーロッパでは，17 世紀に望遠鏡が発明されて後に初めて発見された．その他，プレセペ星団 (M44) や，ヨーロッパからは見えない南天の大マゼラン雲について言及しているし，ペルセウス座の変光星アルゴルも図示していた (図 16.2)．ヨーロッパでアルゴルが変光星として認識されたのは，やはり 17 世紀になってからである (10.3 節参照)．

近世の星図

アラブ世界では，星・太陽位置の計算器具および観測装置としてのアストロラーベは高度に発達したが，興味深いことに彼らもギリシア人と同じように，天球図を平面に描くことはなかった．天球図が紙に描かれるようになるのは 16 世紀からで，地図の製作技術と平行して生れたのだった．平面に描かれた現存する科学的天球図の最古の作品は，1440 年頃のウィーン写本と呼ばれる黄道の極を中心とする円形の図である (作者不詳)．各星座の星々に『アルマゲスト』の星表の番号が付されたこの星図は，以後 3 世紀にわたって次々に模倣され続けた．たとえば，銅版画で知られたドイツの画家デューラー (Albrecht Dürer, 1471–1528) は，1515 年に木版による最初の印刷天球図を製作したが，ウィーン写本にたいへんよく似ている．

ドイツの人文主義者でチャールズ 5 世の宮廷天文学者になったアピアヌスが 1540 年に出版した彩色豪華本，『皇帝の天文学』(*Astronomicum Caesareum*) の星図は，デューラーの星図を元に，地理上の発見時代に知られるようになった南半球の星座も 1 つにまとめている．この本はまた，日月や惑星の位置を求

---

[4] イスラム天文学者の多くは，惑星運動の数学的理論や天球の平面への投影法などは熱心に研究したが，天文観測はあまり重要視しなかったらしい．おうし座の超新星 (1054 年) は東アジアでは非常に注目されたが，イスラム世界では 1 件の記録しかないという．

図 16.2 アル・スーフィーによる『星座の書』に描かれたペルセウス座．勇者ペルセウスが下界の魔物ゴルゴーンを退治して，切り取った首をかざしている．ゴルゴーンの頭部に位置する明るい星が変光星アルゴルである．

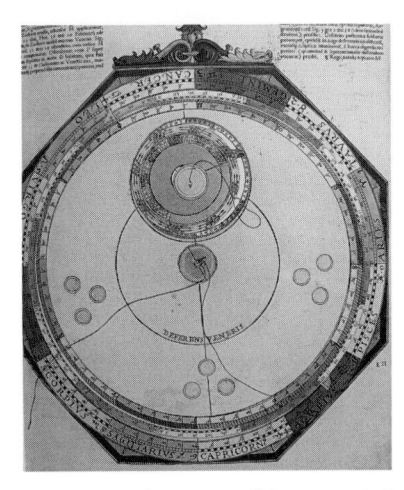

図 16.3 アピアヌスの『皇帝の天文学』(1540) の中で多数使用された回転式計算円盤「ボルベル」．この図は導円と周転円による天動説を説明する回転円盤．ボルベルは星座早見盤の先祖である．

めるための「ボルベル」(volvelle) と称する回転式計算図盤を多数使用しているのが特徴で，ボルベルの形式は後々まで広く影響を及ぼした（図 16.3）．ボルベルの起源は，11–12 世紀のアラブ世界やペルシャの天文学，医学にまで遡ることが分かっている．

この時代の星図のほとんどは天球を外から見たように描いているため，星座図像はどれも後ろ向きである．なお，天の南北両半球を描く場合，ステレオ投影法（第 4 章参照）が主に用いられたが，地図・海図でおなじみのメルカトル図法を採用した星図もあった．

近代の星図・星表

17 世紀以降になると，望遠鏡，四分儀，六分儀などの新しい観測装置が普及した結果，ヒッパルコス星表より数も多く暗い等級の星の精密な星表がようやく作られるようになった．観測装置の変化に伴い，天球図の座標系も黄道座標

でなく赤道座標で表示した星図が出現してくる[5]．こうした近代星図の最初のものは，ドイツの法律家でアマチュア天文家だったバイヤー (Johann Bayer, 1572–1625) が 1603 年に出版した『ウラノメトリア』(*Uranometria*) という星図帳である．この星図は個々の星の位置が正しく読み取れる最初の精密銅版星図であり，星の位置はティコによる当時最新の星表から取られていた．星座図像は天球の内側から見たように描かれ（図 16.4），各星座の星はほぼ明るい順にギリシア語のアルファベット ($\alpha, \beta, \cdots$) で命名された．この命名方式は以後も踏襲されていく．

ポーランドのヘベリウスは，筒のない非常に長い望遠鏡で月面の観測などを行なったことで有名だが，星の位置観測は肉眼のほうが精密であると考えて眼視観測を行ない，1500 個あまりの星表を作成した．彼の死後，1690 年に星図帳『ウラノグラフィア』(*Uranographia*) として出版された（星座図像は後ろ向きの古い伝統で描かれた）．この星図の特徴は，7 個の星座を新設したことと，ハレーによる 340 個の南天の星の観測データを取り入れたことである．英国の初代王立天文台長になったフラムスティードは，1676–1689 年の間恒星の位置観測を行ない，ティコの観測より 10 倍以上高精度の約 3000 個の星を含む星表を作った．フラムスティードが星図製作を計画した動機の 1 つは，バイヤーによる星座図像の向きの不統一を正すことだったといわれる．1729 年に出版された『天球図譜』(*Atlas Coelestis*) は当時もっとも精密な星図だった．しかしあまりに大判で使用に不便なため，後に縮小版が出た．

星図に描かれた星座図像は，それがいかに芸術的であっても科学としての天文学研究には本来不要のものだが，天文学者は星座図像の伝統からなかなか抜け出せなかった．この種の星図で最後のかつ最高のものは，ベルリン天文台台長のボーデ (Johann Elert Bode, 1747–1826) が 1801 年に出版した『ウラノグラフィア』である．約 17000 個以上の星を含む非常に大型の星図帳で，初めて星座同士の境界を示す線が描かれたことで知られている．

19 世紀以降の星図からは星座図像が姿を消し，かわりに別な種類の表現法が普通に使われるようになった．まず，昔の星図でもある程度行なわれていたが，

---

[5] 西洋で天体の位置の表示に赤道座標が広く使われだすのは 16–17 世紀以降である．一方，中国では古代から，渾天儀と呼ばれる観測装置で測った赤道座標が主に使用された（藪内清：『中国の天文暦法』，平凡社 (1969))．

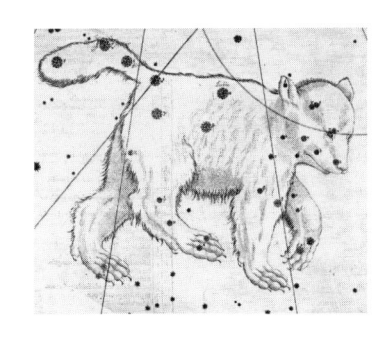

図 16.4　天球を外から見るか内から見るか（おおぐま座）．左は天球を外から見たデューラー星図（1515 年），右は内側から見たバイヤーの『ウラノメトリア』（1603 年）．近代になるにつれて，天球の外側から描かれた星座は姿を消していく．

星の等級を星印の形や円の大きさで詳しく区別して表示するようになったことである（星等記号という）．変光星，連星，星雲・星団も記号で識別した．さらに，いつの時点の星の位置かを示す「分点」（たとえば，1950.0 年）が明記されるようになった．これは，赤道座標で星の位置を表わす場合，歳差現象のため星の天球上の緯度・経度（赤経・赤緯という）が時間とともに変化するからである．これら 19–20 世紀の星図の代表的なものは，ドイツのアルゲランダーによる『ボン北天星図』（1863，星数 32.4 万），『コルドバ星図』（1929，星数 57.9 万），『ベクバル星図』（1948–1964，チェコ）などがある．これらの星図にはみな，その元になった詳しい星表が存在したことは言うまでもない[6]．

現在の星座は 1928 年に国際天文学連合が星座の境界も含めて取り決めたもので，合計 88 個ある．1930 年に最終結果が出版された（星座境界の分点は 1875.0 年）．星座の内訳は，『アルマゲスト』の 48 星座，南天の星座は 17 世紀初めに作られた 12 個とラカイユが 1750 年頃に設定した 13 個，改変されたり新たに追加された星座 15 個である．

---

[6]　古い星表・星図が歴史的な価値しか持たないわけではない．恒星には固有運動と呼ぶ動きがある．古い星表・星図上の位置を新しい観測位置と組み合わせることで，より精密な固有運動の値が決められるのである．

掃天観測と写真星図

上に述べたような規模の星図を手で描くには，完成までに非常に時間がかかる上に，天の川の近くでは暗い星はあまりに多すぎて，従来のように個々の星の位置観測をするのは困難になりつつあった．写真術が天文観測に応用されるようになると，写真によって星図を作ろうと考えるのは自然の成り行きである．写真法の利点は，長時間露光によって非常に暗い天体まで写せることと，ガラスの写真乾板を充分時間をかけて何度でも測定でき，しかも長期間保存できることである．

写真星図を最初に試みたのはフランスのアンリ兄弟（兄：Paul Pierre Henry, 1848–1905, 弟：Prosper-Mathieu Henry, 1849–1903）で，ルベリエが彼らの技術に注目しパリ天文台に2人を招いた．その結果，パリ天文台長らの呼びかけで，1887年には19ヵ国からの天文学者が参加して，全天をくまなく撮影する（掃天観測という）ための国際的な組織「カルト・ド・シエル」（Carte de Ciel, 天の地図）がスタートした．参加各国が分担して，光度12等までの写真星図・星表を作る計画だった．しかし，あまりに大規模な計画だったために，第1次世界大戦の勃発などで脱落する国がいくつも生じ，最終的な星表はやっと1964年に出版された．この間，南アフリカで1885年から始まった写真星図計画はカルト・ド・シエルを追い越し，最初の写真星表『ケープ掃天写真星表』として1896–1900年に完成をみた．その後1970年代まで，約10種類の写真星図・星表が製作された．

写真星図の頂点に立つのは，『パロマー写真星図』(Palomar Observatory Sky Survey) である．米国パロマー山にある非常に広視野を撮影できる口径1.2 mのシュミット望遠鏡を使用して，1949–1956年の期間観測された（焼付け写真の配布は1960年）．赤と青の光によく感じる2種類の乾板を用いており，写った星の限界等級は20–21等に達した．この写真星図を詳細に調べることで，数多くの天文学的発見も生まれたのだった．

16.2 東アジアの星表・星図

古代中国の星宿と星図

中国星座の起源は，中国の天文学の発祥と同じくらい古い（第1章）．最初に

中国で誕生した星座（星宿 という）は「二十八宿」と呼ばれ，黄道におおよそ沿って配置された28個の星座で，春秋時代（BC8世紀）には成立していたと考えられる．バビロニア，インドからの影響があるとする説もある．これら星座の名前は"角"，"房"，"心"などすべて1字の漢字である．28という数字は月が星々の間を1周する周期27.3日に関係していて，本来は月の天球上の位置を示す目印の星座として考え出された．

二十八宿以外の星座を最初にまとまって記述したのは，司馬遷（BC145–BC87頃）による『史記』中の天官書（BC91頃）である．史記を踏襲した『漢書』の天文志（92頃）によれば，この当時は二十八宿も含めて約118星座，星の数は約780個が知られていた．星座名は宮廷の官職，組織，施設，文物の名が多く，中国の中央集権的官僚国家の形体を天に投影した姿になっている．

これが唐代に編纂された『開元占経』になると，石申，甘徳，巫咸という3人の戦国時代の星占術天文学者が各々作ったとされる星座（三家星座）を全部合わせて，297星座，1442星と大幅に増えている[7]．このことから，『開元占経』に採録された星座の多くは，後漢（25–220）以降に追加されたと推定されている．これら星座と星の数は，古代西洋のヒッパルコスの星表に比べてかなり多い反面，中国星座の大部分は西洋のものに比べて小さい（1星しかない星座がかなりの数ある）．また，中国の星表は，17世紀初めに西洋の天文学知識が中国に導入されるまでは，星の光度をほとんど考慮しなかったこともヒッパルコス星表と比較して大きな違いである．これは，中国天文学が日月，惑星の天球上の見かけの動きだけに興味があり，それらの軌道や構成物質など物理的な特性にまったく関心を持たなかった伝統のためであろう．

唐代の星座でもう1つ注目すべきは『歩天歌』である（隋の丹元子（6世紀末–7世紀前半）の著作と伝えられる）．星座名を覚えやすいように漢詩の形にまとめた書物で，アラトスによる『ファイノメナ』の中国版と言ってもよいだろう．『歩天歌』の星座体系は，その後の宋代，元代の星座とだいたい同じであるから，中国星座は唐・宋の時代に確立されたということができる．

中国では，紙に描いた星座図はどのくらい古い時代に遡るのだろうか．現存

---

[7] 西晋の初期（3世紀後半）に天文台長だった陳卓によれば，283座，1464星あったと述べている（『晋書』天文志）．

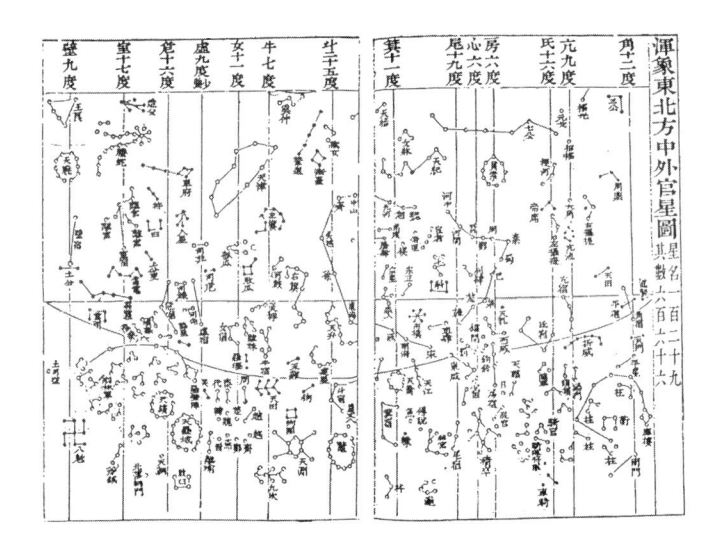

図 **16.5** 『新儀象要法』の東半分の星図（1092 年）．印刷された星図としては世界最古．

最古の平面星図は，940 年の作とされる敦煌写本の星図で，紫微垣と呼ばれる北極附近の星座と，季節ごとに見える星座が巻物として描かれている．座標や目盛の記入はないから一種の見取り図である．

現代の眼で見て科学的といえる最初の星図は，宋代に初めて現れた．蘇頌[8] (1020–1101) が 1092 年に著わした『新儀象要法』に載っている図である（図 16.5）．印刷された星図としては世界最古といってよい．北極中心の円図と赤道が中央にあるメルカトル図のような長方形図で，西欧で用いられたような投影法は使用していないが，内容的にはヨーロッパ近代の星図に近い．この時代の中国星図でもっとも名高い「蘇州石刻天文図」は 2.2 m×1.1 m の石碑に刻まれた星図である．黄裳 (1044–1130) による原図を元に 1190 年頃に描かれ，13 世紀中頃に王致遠が刻んだとされる[9]（図 16.6）．天の北極を中心に二十八宿星

[8) 宋朝の官吏だった蘇頌は，太陽高度の測定精度を向上させる装置を考案したり，1088 年頃に完成した「水運儀象台」と呼ばれる巨大な天文時計台を製作したことで知られる．この時計台は水力によって駆動され，頂上に機械仕掛けで動く大きな渾天儀があり，歩度を調整するのに脱進機を用いた（西洋で時計に脱進機が使用されるのは 2 世紀後のことである）．

9) 石刻された年代を取って「淳祐天文図」ともいう．「蘇州石刻天文図」は蘇頌の星図に拠った

座の境を示す経度線が放射状に出て，偏心した黄道と天の川の輪郭も描かれている．

西洋天文学の影響を受けた星図

イエズス会宣教師のマテオ・リッチ（Matteo Ricci，1552–1610，中国名は利瑪竇）が17世紀初めに布教目的で中国に来航し，明の宮廷の科学顧問的役割をするようになって以来，西洋天文学が中国に伝えられた．清朝 (1644–1912) では天文台長の職についた宣教師もいた．彼らは中国人学者の協力で西洋天文学を中国語に翻訳し，暦を改良し，ティコの観測装置を参考に新たな天文儀器を製作し観測を行なった．その結果，新しい星表と星図が作られた．

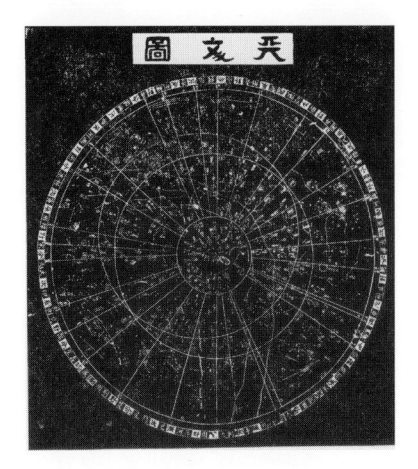

図 16.6 「蘇州石刻天文図」の拓本．1190年頃の原図を元に1247年に石刻された．

それらの代表的なものは，明代末期の天文暦学者，徐光啓 (1562–1633) が宣教師の協力で1633年に編纂した西洋天文書，『崇禎暦書』中に収められた星表および，「赤道・黄道南北両総星図」である．これは赤道と黄道の南北極を中心にした円形図で，中国伝統の星図と異なり1等から6等までの星の光度を区別していた．また，同じ頃に作られた屏風仕立ての「赤道南北両総星図」は，徐光啓が指導し，ドイツ人宣教師の湯若望（アダム・シャールが西洋天文学と観測儀器の図説を書いた1.7m×4.4mの巨大な星図で，やはり等級を区別した総計1812個の星を含んでいた（この当時，ヨーロッパの星表に含まれた星の数は1000個あまりに過ぎなかった）．その他，清代の1752年に宣教師である戴進賢（ケーグラー，Ignatius Kögler，1680–1746）と中国人天文学者らが著わした『儀象考成』の星表には，各星の座標だけでなく歳差による座標の変化率が初めて記され，西洋の星表に匹敵する内容を有していた（図16.7）．

と考えられるが誤りが多いため，誤りを正した新たな星図，「常熟石刻天文図」が明代に刻まれた．

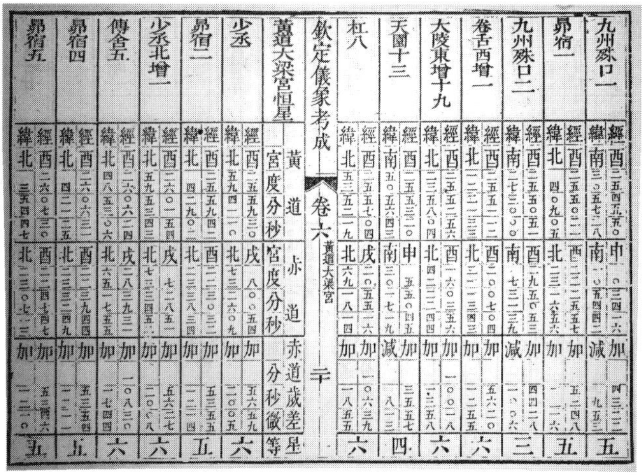

図 16.7 『儀象考成』の星表（1752 年）．右から 2 行目の昴宿は「すばる」．各星について上から，黄道座標，赤道座標，歳差による赤道座標の変化率が与えられている．

韓国・日本への影響

韓国の星図でもっとも有名なものは「天象列次分野之図」である．もともとは中国の三家星座によって作られた石碑の星図が 7 世紀後半に存在したが，戦乱で失われたために改めて観測を行ない 1395 年に新たに大きな石板に刻んだのがこの星図だった．この星図は，日本にも大きな影響を与えた．江戸幕府の初代天文方だった渋川春海 (1639–1715) は，「天象列次分野之図」の星々に自分の観測によって新しい 61 個の星座を付け加え，『天文成象』という星図を1699 年に刊行した．この系統の星図は幕末まで作られ続けた．

他方，江戸の後期になると，中国書を通じて西洋天文学の優秀さを日本人も認識するようになった．幕府天文方の高橋景保 (1785–1829) の指導のもとに，『儀象考成』の星表を手本にして観測も行ない新しい星図を作る計画が 1820 年代にスタートした．しかし，景保ら関係者がシーボルト事件などで死亡したために，製作途中の星図はいくつか現存するが，新星図は完成せずに終わったのは残念である．

16.3 天文学の発展に伴うさまざまな宇宙の表現法

大規模カタログの出現

『パロマー写真星図』は 1980 年代にはハッブル宇宙望遠鏡 (HST) の運用のためにデジタル化された．天体総数が数千万個に及ぶため，従来のように印刷した本の形態で利用するのは不可能で，コンピュータを用いる電子データベースが普通になった．これら星表はカタログ（目録）とも呼ばれる．大規模カタログとコンピュータとを組み合わせて天体を分類したり統計をとったりすることが容易になった結果，それ以前には分からなかった宇宙像の統計学的特性が次々に明らかにされた．

いろいろな分野の星表・星図

天体物理学の発展によって，いろいろな天体のカタログが作られただけでなく，観測手段に応じた新しい星図が工夫されるようになった．恒星の場合は，スペクトル型を星の色分けで示す星図もある．星雲・星団のカタログを最初に作ったのはフランスのメシエ (Charles Messier, 1730–1817) で，彗星探索の際に彗星と紛らわしい星雲・星団の 103 個のリストを 1784 年に発表した．その後，19 世紀の終わりには約 8000 個の星雲・星団を載せた NGC カタログが編纂されたが，現在の SDSS カタログに至っては膨大な数の星雲（銀河）を含んでいる．ハッブルの法則を適用して距離が測られたこれら銀河に対しては，25 億光年も遠方までの分布地図が作られるようになった．電波源や宇宙マイクロ波背景放射のゆらぎのような場合は，放射強度を示す分布図の形で表現するのが普通である．

星座早見盤の歴史

星座早見盤 (celestial planisphere) は天文ファンにとっても天文学者にとっても，手軽で便利な道具である．最後に，天文学の教育用にも長く親しまれてきた星座早見盤の歴史を簡単に見ていこう．星座早見盤の基本構造は，天の北極を中心とする円盤星図と観測地の地平線を表わす楕円形の窓を持つ円盤とが互いに回転できるようにしたもので，星や太陽の出没と位置を任意の日時に対して簡単に読み取れる．ローマ時代の建築技術者ビトルビウス（Marcus Vitruvius

図 **16.8** 赤道地方用の星座早見盤．「熱帯用の回転式星座盤」とオランダ語で書かれている．窓が半円形であることに注意．

Pollio, BC 80/70 頃–BC15 以降）は，BC27 年頃の著作の中で，星座早見盤に似た器具について述べたとされているが詳細は不明である．ヒッパルコスやトレミーは，星座早見盤の構造や作り方はほぼ確実に知ってはいたが，歳差現象のためにやがて役に立たなくなることをおそれて製作はしなかったと伝えられる．

星座早見盤の祖先は，アストロラーベと，アピアヌスによる『皇帝の天文学』の中で数多く使われたボルベルであると考えられている．アピアヌスのボルベルでは，円盤を何枚も複雑に重ねたり，離心円・周転円運動を示すための偏心した円盤まで使われた．アピアヌス以後，彼のボルベルを真似たさらに高度な回転円盤も作られ，それによってかなり複雑な計算もできた．しかし 19 世紀後半になると，天文学の啓蒙・普及活動が盛んになり，素人にも分かる簡略化したボルベルを天文学者でない人びとが製作するようになった．

今の星座早見盤の直接の祖先は，1850–1880 年代にロンドンと米国フィラデルフィアの出版業者が売り出した厚紙製の物で，この形式は以後も踏襲されていった．日本では，日本天文学会が創立された 1908（明治 41）年に同学会から「星座早見」の名で発売された．地平線の窓の形は緯度によって異なる．オランダが戦前，赤道付近の植民地用に作った星座早見盤の窓は，奇妙な半円形である（図 16.8）．最近では，周期 26000 年の歳差現象を表示する円盤を付加した星座早見盤も作られていて，これなら，ヒッパルコスやトレミーも喜んで使ってくれると思われる．（中村士）

附録

A 新しい宇宙観の幕開け

　私たちが知っている普通の物質は，エネルギー密度でいえば，宇宙のわずか5%以下を占めるにすぎない．宇宙のエネルギー密度の20%以上を占めるダークマターと70%以上を占めるダークエネルギーに関しては，その存在量こそかなりの精度で分かってきたが，その正体については何の手がかりも得られていない．この附録Aでは，まずダークマターとダークエネルギーという2つの大きな謎を解説し，近年の天文観測技術と情報処理技術の進歩を概観して，現在が新しい宇宙観の幕開けと呼ぶに相応しい時代であることを述べる．

A.1　ダークマター

ミッシングマスからダークマターへ

　今から振り返ってみれば，1970年代の初め頃まで天文学者の間には，宇宙にある物質の姿をすべて明らかにできるのは時間の問題だという楽観論が支配的であったように思われる．ミッシングマス[1]と呼ばれる悩ましい問題はすでに1930年代に最初の指摘があったが，後述する光学質量の不定性が大きいと考えられていたので，多くの天文学者はそれを深刻な問題とは捉えていなかった．
　天体の質量を推定するには大きく分けて2つの方法がある．1つは，天体が放射する光（電磁波）の強度から推定する方法で，こうして推定される質量を

---

1) 「行方不明の質量」という意味である．

光学質量と呼ぶ．これはいわば光（電磁波）で「見える質量」である．もう1つは，ある形状を保っている天体の内部運動を測定して，内部運動により飛び散ろうとする力と自分自身の重力がつり合って形状が保たれている（力学平衡）と仮定し，その重力を及ぼす質量を計算する方法である．こうして推定される天体の質量を力学質量という．力学質量は，見えるか見えないかにかかわらず，重力を及ぼすものすべての質量である．力学質量が光学質量より大きいことは古くから指摘されていた．ツビッキー (Fritz Zwicky, 1898–1974) は1937年の論文で，かみのけ座銀河団の力学質量が光学質量より100倍近く大きいことを指摘した．また，オールトは1965年に，星の運動から求めた太陽近傍の領域の力学質量が，星や星間物質の直接観測から得られる光学質量より5割程度大きいことを指摘した．いずれも見えない質量があるという指摘である．これは「ミッシングマス問題」として注目はされたが，当時はそれが深刻な問題とは必ずしも受け取られなかった．というのは，光学質量の推定はかなり不確かだと思われたからである．その天体が電磁波を放射していたとしても，それが検出限界以下の弱いものであったり，観測技術が未熟な波長で放射していたりすれば観測されないからである．1970年代になると，理論と観測の両面から，銀河のハロー[2]には，非常に多量の物質が含まれているのではないかという示唆もなされはじめた．

　しかしこのミッシングマス問題の性格が大きく変わるには，1980年代初頭のルービン (Vera Cooper Rubin, 1928–) らによる渦巻銀河の回転曲線の体系的観測を待たねばならなかった．回転曲線とは，ディスク（銀河円盤）[2]の回転速度を銀河中心からの距離の関数として表わしたものである（図A.1）．ルービンらは，まず21個のSc型渦巻銀河の回転曲線を，かつてないほど外側まで精度良く求めた．その結果，回転速度が予想に反して，ディスクの広い範囲にわたってほぼ一定であり，ディスクの外側でもほとんど減少しないことを発見した．最終的にはSb型23個とSa型16個の渦巻銀河を観測し，形態，明るさ，大きさの異なるすべての銀河で同様な回転曲線が観測された．このような回転曲線は「平坦な回転曲線」(flat rotation curve) と呼ばれるようになった．た

---

[2] 銀河の構成成分の1つ．渦巻銀河では中心のふくらみ（バルジ）と渦巻模様のある薄い円盤（ディスク）が目立つが，ハローはバルジとディスクを包み込むほぼ球状の成分である．銀河系の場合，太陽近傍では，ハローに属する星の密度はディスクの星の密度の1000分の1程度である．

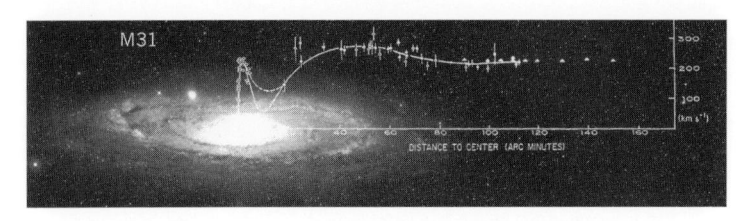

図 A.1 アンドロメダ銀河 (M31) の写真に重ねた回転曲線．可視光で見えるディスクの外側まで回転速度がほぼ一定の「平坦な回転曲線」である．ディスク内では電離ガスの速度，外側では，中性水素ガスの速度を測定した．

とえば，図 A.1 で，光で見えるディスクの端より外側には，いくばくかの中性水素ガスがあるだけで大量の質量はないとすると，回転速度はディスク端から外に向かって顕著に減少するはずである．しかし測定データはそうなっていない．回転曲線が平坦であることは，光で見えるディスクのはるか外側まで，相当な質量を持つ見えないハローが渦巻銀河を包み込んでいることを示している．

またほぼ同じ時期に，X線の観測から楕円銀河の周りにも大量の高温ガスのハローが見つかった（図 A.2）．X線を出すような高温ガスを周囲に引きとどめておくためには，銀河の光学質量の何倍もの質量による強力な重力がなければならない．こうして，渦巻銀河であれ楕円銀河であれ，宇宙にあまねく存在する銀河のすべてに「見えない物質からなるハロー」が附随していることが確かとなり，ミッシングマスの問題は，天文学の根本的問題と認識されるようになった．そして，その見えない物質はミッシングマスではなくより一般的な名前でダークマター（暗黒物質ともいう）と呼ばれるようになった．

1980 年代は，宇宙の理解には素粒子の理解が欠かせないとするいわゆる「素粒子的宇宙像」が開花した時期でもあった．インフレーション理論から，宇宙空間は幾何学的に平坦（曲率がゼロ）であること，すなわち宇宙の密度パラメータでいえば $\Omega_M = 1$（第 12 章参照）が予言された．初期宇宙における元素合成の研究から，普通の物質（バリオン[3])）の密度は Ω_M で表わすと $\Omega_M < 0.1$ であることは分かっていたので，$\Omega_M = 1$ となるには大量の未知の物質（ダークマター）があるはずだと考えられた．また，素粒子の超対称性理論から，未発

---

3) 定義は「3 つのクォークから構成される，スピンが半整数のフェルミ粒子」であるが，ここでは原子核を作る陽子と中性子を指す．

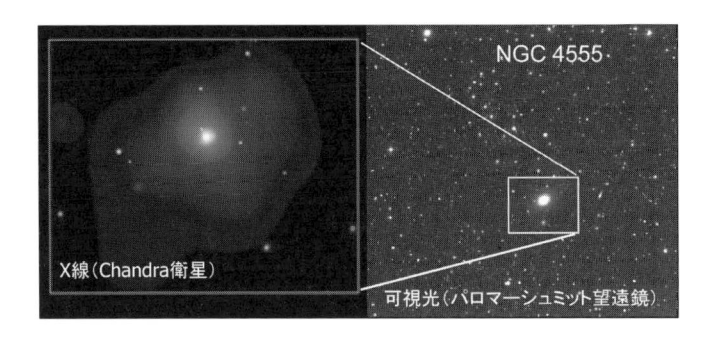

図 **A.2** 楕円銀河 NGC 4555 を包み込む X 線を放つ高温ガス（左図）．右図は可視光で見た写真．

見の素粒子がダークマターである可能性が指摘された．こうしてダークマターは 1980 年代に，天文学ばかりでなく物理学の基本問題とも認識されるようになった．

　ダークマターの存在を示す新たな証拠はその後も積み重ねられた．近年著しい進歩を見せたのが重力レンズを利用した研究である．重力レンズとは，一般相対性理論が予測する現象で，ある天体から発せられた光が，観測者との間にある別の天体（レンズ天体）の重力場によって曲げられる現象である．銀河団がレンズ天体となって重力レンズ効果を引き起こすと，背景の天体（銀河やクエーサー）の像が複数個見えたり弧状にゆがんだり（強い重力レンズ効果），あるいは少し扁平になったり（弱い重力レンズ効果）するなどさまざまな見え方をする．この見え方を詳細に解析すると，銀河団の質量分布が求まる．こうして求めた質量分布は多くの場合光で見える銀河の分布と異なっている．また，重力レンズ効果から推定される銀河団の質量は，光で見える銀河と X 線で見える高温ガスの質量の和よりもはるかに大きい．これらのことは，銀河団にもダークマターが存在する確かな証拠である．

ダークマターの正体は

　ダークマターの正体は現在でも分かっていないが，その存在自体を疑う余地はないと考えられている．宇宙大規模構造の観測は近年著しい進歩を見せ（A.4

図 A.3 ハッブル宇宙望遠鏡による A2218 銀河団の画像．強い重力レンズ効果によるアーク像がたくさん見える．

節参照），構造形成の理論モデルの予測と詳しく比較することが可能になってきた．それによると，現在の宇宙大規模構造は，ダークマターが存在しないとすると説明できず，コールドダークマター[4]の存在を前提とする構造形成理論モデルでもっとも良く説明できることが知られている．

現在のところダークマターは星や銀河を構成する普通の物質（バリオン）ではなく，超対称性理論がその存在を予測する未発見の素粒子と考えられている．1990年代半ば頃から，ダークマター粒子を地上で直接捕えてその正体を解明しようとする実験が世界のさまざまなグループで行なわれるようになった．これはダークマター粒子が，標的となる原子核と衝突するときに発する微弱な光やエネルギーを検出する実験である．ダークマター粒子の衝突はきわめてまれでかつ発生する信号はきわめて弱いので，標的の量を増やすと同時に背景となる雑音（偽の信号）を極力減らすことが必要である．東京大学のグループを中心とする実験チームは，岐阜県神岡町の地下施設で，標的となる約1トンの液体キセノンを，雑音を抑える水タンクの中に設置するダークマター検出器 XMASS を建設中で，2012年に稼働を開始する予定である．従来の実験よりも50倍高

---

[4] ダークマターの候補粒子は2種類に分けられる．宇宙の晴れ上がり時点で，粒子の運動エネルギーが質量エネルギーより大きいものは「ホットダークマター」（熱い暗黒物質），小さいものは「コールドダークマター」（冷たい暗黒物質）と呼ばれる．前者の代表的な候補にはニュートリノ，後者の代表的な候補にはアクシオンとニュートラリーノ（いずれも未発見）がある．観測と良く合うのはコールドダークマターを含むモデルである．

い感度を有するこの実験にダークマター検出の期待がかかっている．

A.2　ダークエネルギー

ダークエネルギーは遠方の超新星の観測からその存在が示唆されたものである．超新星とは，星が一生の終わりに引き起こす大爆発で，その明るさは銀河全体の明るさに匹敵するまでになる．爆発のメカニズムによってI型とII型の2種類があるが，ダークエネルギーの発見に関係するのはI型，その中でもIa型と呼ばれる超新星である．本題に入る前にIa型超新星観測の歴史的な背景を概観しておこう．

オンデマンドのIa型超新星

Ia型超新星 (SN Ia) は，その最大光度がほぼ一定で，母銀河[5]全体の光度に匹敵するほど明るくなるので，古くから標準光源[6]として銀河の距離の測定に使われてきた．しかし，1つの平均的な銀河を取ってみればSN Iaは100年に1個程度しか出現しないので，距離を決めたい銀河にたまたま運良くSN Iaが出現することはほとんどない．そこで従来は，出現したSN Iaの最大光度 m とその母銀河の後退速度 v のデータを多数の銀河に対して集めて，$m-v$ 関係からハッブル定数 H_0 を決めるためにSN Iaが利用されてきた[7]．

ところで，ある銀河に（たまたま）発生した超新星がIa型であることを確認するには，時間とともに光度が変化する様子（光度曲線）とスペクトルのデータが必要である[8]．近傍の銀河に発生する超新星は比較的明るいので，増光が発見されてからすぐさま世界中の望遠鏡で使えるものを動員して，光度曲線を観測し，スペクトルをとってIa型であるかどうか確認することができる．逆に

---

[5]　超新星が出現した銀河を超新星の母銀河という．
[6]　真の明るさが分かっている天体で，銀河の距離を測るために用いられるもの．
[7]　$\log v$ を縦軸，m を横軸にとったグラフを作ると，超新星のデータは傾きが0.2の直線にほぼ乗る．SN Iaの最大光度時の絶対等級（一定値）が分かっていれば，その直線の y-切片の値からハッブル定数が求められる．
[8]　光度曲線は最大光度時の明るさを求める手段なので，最大光度に達する以前からの観測データがあることが重要である．増光初期から長期間にわたる光度曲線のデータがあればIa型と判断できるケースが多いが，確実にタイプを判定するにはスペクトルが必要である．

言えば，近傍の銀河に発生する SN Ia でなければ $m-v$ 関係に用いるデータが簡単には得られない．従来の $m-v$ 関係がもっぱら H_0 の決定に使われていたのは，近傍の SN Ia のサンプルしかなかったからである．

第 12 章で解説した宇宙論パラメータの値の違いによる宇宙膨張の様子の違い（図 12.1）を識別するにはきわめて遠方の SN Ia を観測しなければならない．しかし遠方になると超新星の明るさも暗くなるので，観測，とくにスペクトルを撮影する分光観測には口径 4 m クラス以上の大望遠鏡が必要となる．このような大望遠鏡は，あらかじめ提案され審査を経て採択された観測提案に対して，半年ごとに時間割り当てのスケジュールが決められており，いつ出現するか分からない超新星の観測をするという提案は原則的に受け付けられない．

米国のパールムッター (Saul Perlmutter, 1959–) らの Supernova Cosmology Project (SCP) グループは，この困難を克服する「オンデマンドの SN Ia」という次のような巧妙な戦略を策定した．「ある新月の時期に超新星の分光観測を行なう．観測対象は事前に必ず用意する」という観測提案を大望遠鏡に出す．その 1 カ月前の新月の時期に，50–100 視野ほどを選んで，広視野カメラを持つ別の望遠鏡で深い撮像をしておく．この 1 視野の画像には 1000 個程度の遠方銀河（赤方偏移[9]$z \sim 0.4$–1.0）が映るよう十分な露出をかけておく．大望遠鏡の観測割り当ての直前に，同じ広視野カメラで前回撮影した視野を再度撮影する．撮影直後に，前回撮影した画像と比較して，前回の画像には写っていないが今回の画像に写っている超新星候補を探す．全体としては数万個の銀河が対象となるので，確率的にいって数個の超新星候補は必ず見つかる．これらの候補の光度曲線の観測を始めるとともに，大望遠鏡でスケジュールされた日時に分光観測して Ia 型であるものを探す．このようにすれば，大望遠鏡に採択された観測提案によって必ず遠方の Ia 型超新星がいくつか発見できるのである．

宇宙の加速膨張の発見

1998–99 年にかけて，パールムッターらの SCP グループと，オーストラリアのシュミット (Brian P. Schmidt, 1967–) らの High-z Supernova Search

---

[9] 銀河のスペクトル線の波長 (λ_obs) が宇宙膨張の効果により，地上で観測される波長 (λ_0) に比べてどれくらい赤い方にずれているかを示す指標で $z = (\lambda_\text{obs} - \lambda_0)/\lambda_0$ で定義される．銀河の距離，すなわち，どのくらい昔の銀河を見ているかの指標でもある．

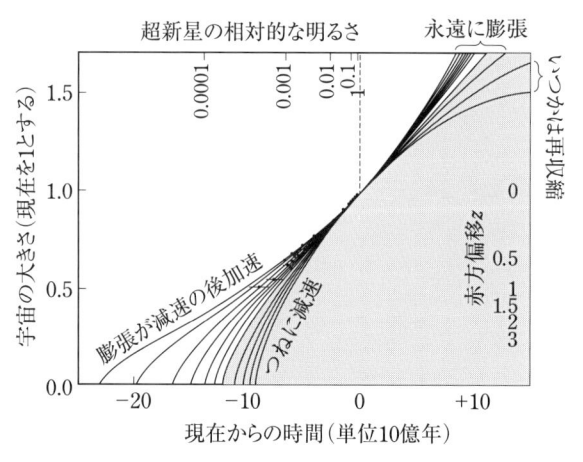

図 **A.4** Ia 型超新星が示す宇宙の加速膨張.

(HZSNS) グループが相次いで驚くべき結果を発表した．宇宙膨張は現在，減速しているのではなく，加速しているというのだ[10]．彼らは，赤方偏移 $z \sim$ 0.4–1.0（40–50 億光年昔）の銀河に出現した Ia 型超新星の距離を求めてその赤方偏移と比較し，宇宙膨張の様子が時間とともにどのように変化したかを描き出したのである．図 A.4 にその結果が示されている．縦軸は宇宙の大きさ，横軸は時間である．第 12 章の図 12.1 と同じ図であるが，ここでは宇宙定数がゼロでない場合も含めてある（$\Omega_M = 0$ の線は描かれていない）．図の中央部分に現在から過去に向かって打ってある黒い点々が SN Ia のデータである[11]．このデータは膨張が減速するモデル（灰色の範囲にある線）のどれとも合致せず，膨張が減速の後加速するモデル（灰色の範囲の外にある線）のどれかと整合性がよい．

宇宙膨張の加速は，アインシュタインがその導入を「人生最大の失敗」と嘆いた「宇宙定数」が存在するとすれば説明できる．図 A.4 に示された結果は，

---

10) 両チームのパールムッター，シュミット，およびアダム・リース (Adam Riess, 1969–) がこの発見により 2011 年度ノーベル物理学賞を受賞した．

11) SN Ia の距離から，その超新星から私たちに光が届くまでの時間（図 A.4 の横軸でゼロから左に測った長さ）が分かり，母銀河の赤方偏移から，その時間の間に宇宙がどれだけ膨張したか（当時宇宙は現在よりどれだけ小さかったか，すなわち図 A.4 の縦軸の値）が分かるので，この図にデータ点を書き込める．

ダークマターを含めた宇宙の物質密度は $\Omega_\mathrm{M} \sim 0.3$ で,残りの $\Omega_\Lambda \sim 0.7$ は宇宙定数に相当するエネルギーが担っており,宇宙はインフレーション理論の予測通り平坦 ($\Omega_0 = \Omega_\mathrm{M} + \Omega_\Lambda = 1$) であることを示している[12].これがダークエネルギーという新たな謎への幕開けであった.

この結果は学界に大きな議論を巻き起こし,Ia 型超新星の観測データに対する系統誤差(第 11 章脚注 16 参照)の影響が徹底的に調べられるとともに,新たな観測データの収集が精力的に続けられた.ハッブル宇宙望遠鏡とともに,我が国のすばる望遠鏡も活躍した.2003 年になって,WMAP 衛星による宇宙マイクロ波背景放射の観測からも,正の値を持つ宇宙定数が存在するモデルが支持されるに至って,学界の共通認識として定着した.宇宙定数を担うものは真空のエネルギーがその有力候補であるが,他の可能性も考えて,今日それはダークエネルギー(暗黒エネルギーともいう)と呼ばれている[13].ダークエネルギーの存在によって素粒子物理学の標準理論は根本的な修正を迫られる可能性が高い.ダークエネルギーの理解は,ダークマターの正体の解明と並んで,現在の天文学と物理学の最重要課題の 1 つとなっている.

A.3 現在の標準宇宙モデル

現時点でさまざまな観測データをもっとも良く表わすとされる宇宙モデルの主なパラメータを表 A.1 にまとめておく.それは,コールドダークマター(脚注 4 参照)を含み,ダークエネルギーに満ちた,加速膨張しているモデルである.このモデルは,WMAP 衛星による宇宙マイクロ波背景放射のゆらぎの観測,Ia 型超新星の観測,ハッブル宇宙望遠鏡によるセファイドの観測,後述する宇宙大規模構造の観測など,さまざまな観測の集大成である.

ビッグバン宇宙論が確立して以来今日までの,宇宙の構成物に関する理解の

---

[12] ゼロでない宇宙定数が存在するモデルでは,密度パラメータを,物質による寄与 Ω_M と宇宙定数による寄与 Ω_Λ に分けて $\Omega_0 = \Omega_\mathrm{M} + \Omega_\Lambda$ と書く.さらに,物質による寄与 Ω_M を,通常の物質による寄与 Ω_m とダークマターによる寄与 Ω_DM に分けて,$\Omega_\mathrm{M} = \Omega_\mathrm{m} + \Omega_\mathrm{DM}$ と書くこともある.

[13] SN Ia の観測が直接示しているのは,宇宙膨張が加速していることである.「ダークエネルギー」とはその加速膨張の原因として考えられる正体不明のものにつけられた名前にすぎない.

表 A.1　現在の標準宇宙モデルの主なパラメータ

宇宙年齢 (t_0)	137.6 ± 1.1 億年
ハッブル定数 (H_0)	70.2 ± 1.4 km/s/Mpc
物質（バリオン）密度* (Ω_m)	0.0458 ± 0.0016 (4.6%)
ダークマター密度* (Ω_DM)	0.229 ± 0.015 (22.9%)
ダークエネルギー密度 (Ω_Λ)	0.725 ± 0.016 (72.5%)
晴れ上がり時期 (t_rec)	37.7 ± 0.3 万年 ($z=1091$)

* エネルギー換算密度 ($\Omega_0 = \Omega_\mathrm{m} + \Omega_\mathrm{DM} + \Omega_\Lambda = 1$).

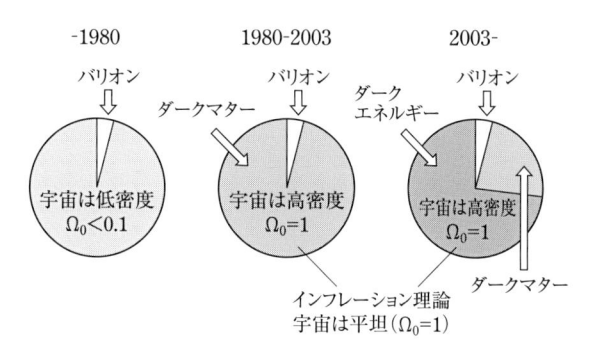

図 A.5　宇宙の構成物に関する理解の変遷.

変遷を図 A.5 にまとめておく．宇宙における通常の物質（バリオン）の密度が臨界密度の 10% に満たないことはビッグバンにおける元素合成の研究の初期から知られていた．このバリオン密度に関しては本質的な変更はない．変わったのはそれ以外の構成物である．1980 年頃まではバリオンだけが存在する低密度の宇宙に私たちは住んでいると考えられていた．ところが 1980 年代からは，ダークマターの発見と素粒子的宇宙像の展開，さらにインフレーション理論によって，私たちの宇宙は幾何学的に平坦 ($\Omega_0 = \Omega_\mathrm{M} = 1, \Omega_\Lambda = 0$) であると考えられ，大量のダークマターの存在が想定されていた．そして宇宙の加速膨張が確実視されるようになった 2003 年頃から，宇宙の主要な構成物はダークマターというよりもダークエネルギーであるとする現在の標準宇宙モデルが登場したのである．

A.4 新しい宇宙を拓く技術進歩

20世紀終わりから現在までの約20年間に天文観測技術はまさに飛躍的な進歩を遂げた．可視光天文学においては，1980年代に写真に取って代わったCCD検出器が，素子の大型化と多数の素子を並べるモザイクCCDの技術により天体観測用カメラを大きく進化させた．一方，安定した高性能が得られる望遠鏡の口径の実用的な限界が，4m程度から8m程度に一気に増大したのは1990年代初めであった（図A.6）[14]．それを可能にしたのは，ケック望遠鏡で採用された「分割鏡」やすばる望遠鏡などで採用された「能動光学」という，主鏡面を光の波長以下の精度で制御する技術であった．次世代地上望遠鏡の目標は30m級の大口径である．

地上望遠鏡の分解能（解像度）を高める技術として近年著しい発展を見せているのが補償光学である．天体から地上に置かれた望遠鏡に入射する光は，地球大気のゆらぎにより波面が乱されている．このため，点光源と見なせる星の像もぼやけて大きさを持ち，その大きさ（シーイングという）は大気の状況によって変わる．望遠鏡の分解能の理論限界は回折現象で決まり，観測波長と口径を決めれば分解能の限界が決まる[15]．ところが，可視光や近赤外線の観測においては，地上の大口径望遠鏡では理論限界よりもシーイングのほうが圧倒的

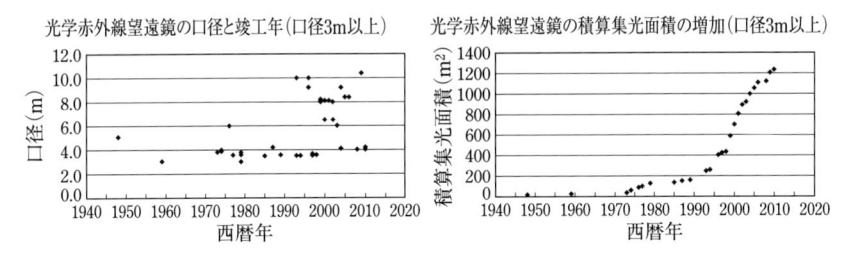

図 **A.6** （左）地上の光学望遠鏡（口径3m以上）の口径と竣工年．（右）口径3m以上の望遠鏡の積算集光面積の経年変化．

---

14) 1976年に口径6mの経緯儀式望遠鏡がソ連で建設されたが，所期の性能を実現することができなかった．
15) 口径Dの望遠鏡を用いて波長λで観測するとき，回折現象で決まる理論限界の分解能は$1.22\lambda/D$（ラジアン）である．

に大きいため，像のぼやけを補正することができればより高い分解能を得られる．補償光学とは，大気ゆらぎに起因する像のぼやけをリアルタイムで補正して高い分解能を実現する技術である．詳細は省くが，波面の乱れ補正は観測対象天体の近くにある星を参照光源として行なう．近くに明るい星がない場合は，地球の上層大気のナトリウムを含む層に強力なレーザーを打ち込んで人工星を作る．口径 30 m 級の次世代地上望遠鏡は補償光学とともに使われて初めて新たなフロンティアを拓くと期待されている．

宇宙にある天体からはガンマ線から電波まであらゆる波長の電磁波が地球に届いている．それらのうち多くのものは地球大気によって吸収され，地表まで届くのは，可視光，近赤外線の一部，および電波のみである．この波長範囲は「大気の窓」と呼ばれる．大気の窓以外で電磁波を観測するためには人工衛星などを使って地球大気の外（スペース）から観測する必要がある．

電磁波は，ガンマ線から電波まで波長（あるいはエネルギー）にして 13 桁以上の違いがあり，波長によって検出原理も検出技術も大きく異なる．地上とスペースからの観測を組み合わせ，すべての波長にわたって高い空間分解能の観測を行なう「多波長天文学」の実現は天文学の究極の目標の 1 つである．すべての波長の電磁波を観測しなければ，天体で起こっている現象を完全に理解できないからである．スペースから行なわれる X 線や赤外線観測の空間分解能は地上からの観測より格段に低かったが，この 10 年あまりで地上からの可視光観測の分解能に匹敵あるいはそれを凌ぐまでになった．

さらに現在では，宇宙からの情報を得る手段は電磁波にとどまらず，ニュートリノ，宇宙線，さらには重力波にまで広がっている．1987 年に大マゼラン雲に出現した超新星 SN1987A からのニュートリノが岐阜県神岡町の地下にある東京大学の実験装置カミオカンデによって検出され「ニュートリノ天文学」が拓かれた[16]．地球大気に突入する高エネルギー宇宙線を観測するための望遠鏡も世界各地に建設されている．これには，宇宙線粒子と大気中の原子核の衝突によって起きる空気シャワーから発生するチェレンコフ光や，励起された空気中の窒素原子が発する蛍光紫外線を検出するタイプと，地上に置いた水タンクで，宇宙線粒子を直接検出するタイプがある．神岡町の地下実験施設では現在，重力

---

16) この業績により小柴昌俊 (1926–) 氏に 2002 年度ノーベル物理学賞が授与された．

波観測装置 LCGT (Large-scale Cryogenic Gravitational wave Telescope) が建設中であり，米・欧の装置と重力波の世界初検出に向けてしのぎを削っている．

　望遠鏡や観測装置ばかりでなく，それらを制御したり大量の観測データを処理したりする情報処理技術も近年発展が著しい．このため，一昔前には想像もできなかったほどの大規模なサーベイ観測が次々に可能となり，天文データベースの多くが質・量ともに一新されている．これは可視光に限らずほとんどすべての波長域で起きていることで，多波長でかつ大規模なデータの解析は今日の天文学の際だった特長の1つといえる．上述したように波長の異なる電磁波の観測技術は大きく異なるので，研究者コミュニティも波長ごとに分かれていて，相互の交流は従来それほど緊密ではなかった．しかし，多波長天文学の勃興とともに，異なる波長の研究者コミュニティ間の交流が活発になりつつあることは注目に値する．

　大規模サーベイの一例として，可視光の銀河サーベイであるスローン・ディジタル・スカイサーベイ (Sloan Digital Sky Survey; SDSS) をあげる．SDSS は全天の約4分の1の天域を5色のバンドで撮像し，3.6億個の天体の測光データを求め，その中の明るい93万個の銀河，12万個のクエーサー，および46万個の星のスペクトルを取得するプロジェクトであった．SDSS は宇宙の大規模構造の探査を従来の5倍遠方までのばすことを大きな目的の1つとして計画された．2002年時点での SDSS データにもとづく宇宙地図[17]を，宇宙地図の草分けともいえるハーバード・スミソニアン天体物理学センター (CfA) によるもの（1986年）と比較したものが図 A.7 である．両者の規模の違いは歴然である．

　コンピュータの進歩は天文シミュレーションにも大きな影響を与えている．天文学は，天体から届く電磁波を受動的に観測するだけで，能動的に対象を制御して実験することができないという宿命を背負っている．したがって，コンピュータシミュレーションによって得られる理論予測と観測結果を比較することはきわめて重要な研究手段となる．近年のコンピュータの能力の著しい進歩

---

[17] 宇宙における銀河の空間分布を示したものを宇宙地図と呼ぶ．3次元の空間分布を2次元の地図に描くことは難しいので，一般には，薄いスライス状に切り取った空間の一部に対して地図を描く．

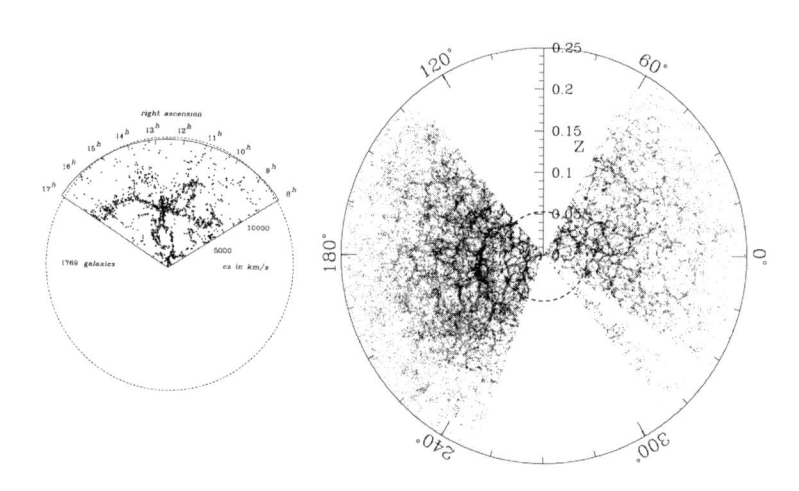

図 **A.7** 第 2 次 CfA サーベイによる宇宙地図（左；1986 年）と SDSS (Sample10) による宇宙地図（右；2003 年）．銀河系を中心とするスライス状の空間にある銀河の奥行き方向の分布を示したもの．1 つ 1 つの点が銀河である．円の半径は左図が約 7 億光年で，右図が約 28 億光年．右図の破線の円は左図と同じ半径 7 億光年の円を示す．

によって，宇宙で起こるきわめて複雑な現象をかなり正確にシミュレーションすることができるようになり，理論と観測をつなぐ「シミュレーション天文学」という分野が拓かれつつある．具体的には，宇宙初期の星やブラックホールの誕生，銀河と大規模構造の形成，超新星爆発，活動銀河核の降着円盤の振る舞いなどさまざまな分野で，スーパーコンピュータを用いた大規模なシミュレーションが行なわれている．

A.5　新しい宇宙観の幕開け

17 世紀の「コペルニクス的転回」に続いて，20 世紀は人類の宇宙観が根底から描き直された世紀と言われている．太陽は宇宙の中心どころか，銀河系の片隅にある何の変哲もない 1 つの星であり，さらに宇宙には銀河系と同じ銀河が無数にあることが分かった．また，宇宙膨張の発見とビッグバン宇宙論により，過去から未来永劫まで同じ姿をしていると思われた宇宙が，有限の過去に誕生

し，膨張を続けて現在の姿になった「進化する宇宙」であることも分かった．

21世紀は，もう一度人類の宇宙観が根底から描き直されることになろう．私たちが知っている普通の物質は，エネルギー密度でいえば宇宙のわずか5%以下を占めるにすぎない．宇宙のほとんどは，私たちがまだその正体を知らないダークマターとダークエネルギーである．それらの正体が分かったとき，人類はどのような宇宙観を持つことになるのだろうか？

さらにもう1つ，めざましい勢いで発展している太陽系外惑星探査も，近い将来人類の宇宙観に大きな影響を与えるにちがいない．太陽以外の普通の星の周りを回る最初の太陽系外惑星の発見は1995年であったが（第13章参照）[18]，その後すぐに「太陽系外惑星ラッシュ」とも呼ぶべき時代に突入した．2011年10月31日現在695個が発見されている．太陽系外惑星の検出を目的として2009年に打ち上げられたケプラー衛星は，ハビタブルゾーン[19]にある太陽系外惑星の候補をすでに多数発見している．大量の水をたたえる海洋と陸地からなる，地球に似た太陽系外惑星がまもなく見つかることであろう．

私たちは今まさに「新しい宇宙観の幕開け」の時代にいる．100年後に出版される本書のような本には，本書にはない新しいいくつかの章が付け加えられるにちがいない．（岡村定矩）

---

[18] 1992年に最初に発見された2つの太陽系外惑星は，PSR B1257+12というパルサー（中性子星）の周りを公転するものだったので，1995年のペガサス座51番星（太陽と同じG型星）の周りを回る惑星51 Peg bの発見をもって太陽系外惑星発見の元年とすることが多い．

[19] 恒星から惑星までの距離によって惑星の表面温度は変わるが，惑星表面の温度が$0°C$から$100°C$の間で，液体の水が存在できる距離範囲をハビタブルゾーンという．

B ETIは本当にいるのか
第14章への補遺

Absence of evidence is not evidence of absence.
—— Martin Rees (1972)[1]

　第14章では地球外知的生命体探査 (SETI) について紹介した．近い将来，ETI (Extra-Terrestrial Intelligence, 地球外知的生命体) がもし本当に見つかるようなことが起これば，私たちの宇宙観は根底から覆るだろう．その意味で，ETI は天文学，宇宙論の研究における究極のテーマといってよい．第14章に述べた「平凡原理」や「宇宙原理」を信ずる限り，銀河系のどこかに ETI が存在して，もし高度な科学技術文明を発達させていたら，彼らは太陽附近まで来ているかもしれないと考えるのは自然である．しかし，UFO (Unidentified Flying Objects) に代表される ETI の目撃・遭遇の今までの報告は，ごく一部の説明困難な例外を除いて[2]，ほとんどが既知の事物や現象の誤認か，虚偽の申立てであり，確実な ETI の証拠は現在まで見つかっていない．そのため，ハートは，"地球上には現在 ETI は観測されない"ことを，経験的に確立された事実（「事実 A」と呼んだ）と見なして，事実 A を彼の議論の基礎に据えた．

---

　1)　一般にリース (1942–) の言葉として引用されるが，英国の詩人作家カウパー (William Cowper, 1731–1800) はすでに 18 世紀に，同じ内容の言葉，"Absence of proof is not proof of absence" を彼の著書の中で述べているという．
　2)　たとえば，永延幹男，「調査船「開洋丸」が遭遇した未確認飛行物体の記録」，『サイエンス』46–55 (1988, 9月) および 48–51 (同 11月). SOBEPS (大槻義彦監訳)『五万人の目撃者』，二見書房 (1995). 隕石の落下も古代から目撃されてきたにもかかわらず，地球外からの落下物とは長い間信用されなかった．科学的に認知されるようになったのは，ようやく 19 世紀初頭になってからである（第 13 章）．

ハートが判断したように，ETI に関しては確かな観測例がないので，ETI が存在するという主張は今のところ推論に頼るほかない．しかし，それにしても，従来の ETI の存在やその特性に関する議論の多くは，あまりにもハリウッド映画的だったように感じられる[3]．そこで，この附録では，できる限り科学的に普遍な立場から ETI の存在の可能性を検討し，ETI が現在観測されない原因を推測してみたいと思う．「検証できない理論は科学ではない」とする考え方がある．この立場からすれば，本論は思考の遊びと呼んでもよい一種の試論である．

B.1　ETI の存在を推定する根拠

　コペルニクスは 1543 年に，確固たる数理理論にもとづいて太陽中心説を提唱し，惑星の公転周期と軌道半径の関係が整然たる秩序をなしていることを初めて示した．同じ頃，クサヌスやコペルニクスの説に強く影響されたブルーノは，夜空の星々も太陽と同じ存在であり，各々の星も惑星系を持っていると主張した．この信念は，ディッグスの著作などを通じてしだいに拡張され普及していった．現在では，惑星系を有する恒星はすでに数百個が知られている．つまり，宇宙の中で私たちの太陽は特別な天体ではなく，ごく平凡な存在であるという見方が，ハーシェル以来，天体物理学の発展期を通じて非常な成功を収めてきたことになる．

　現在は，約 35–38 億年前の化石が地球上の最古の生命体と判断されている．もし，上に述べた星と惑星に関する平凡原理，宇宙原理が生命の場合にも当てはまるのなら，そして，銀河系の中でも，炭素などの重元素をはじめて生成した第 1 世代の星が第 2 世代の星に交代した以後の時期であれば，生命の発生と維持に適した環境と 30 億年程度の時間さえ与えられれば，他の恒星の惑星上にも生命が誕生しうると考えるのはごく自然な推定であろう．この考えは主に，物理学者，天文学者など，理論的な研究を行なう人びとから多く支持されている．一方，生体有機化合物の分析や合成に従事する化学者，生化学者たちは現

---

[3]　一般の人びとが ETI について描くイメージは，友好的に付き合える宇宙人，あるいは逆に，理不尽に攻撃を仕掛けてくるエイリアンといったところだろう．ETI を扱ったハリウッド映画の多くは，このような一般人の素朴な擬人化心理を商業化したものといえよう．

在,無生物の有機物から生命の原型を作り出すのはきわめて困難と見なしているようである.しかしこれは,天体の特性などに比較して,生命体は非常に複雑な構造体であり,無生物から生物に転換する多様な経路がまだ充分に調べ尽くされていないという可能性もあり,おそらく近い将来に明確な結論は出そうにない[4].本論では前者の立場で議論するが,そのために,生命とは何かをまず以下で簡単に見ておく.

生命の定義と進化

生命体の定義は学問分野や研究者によって多少の違いがあるが[5],次の特性を有するものを基本的に生命体と見なすのが妥当だろう.
(1) 外界から物質を取り込み,それを代謝する系を有する.
(2) 遺伝子(自己複製子)の情報を用いて自己を複製する能力を有する.
(3) 外界と自己とを明確に区別する境界膜の系を有する.

このうち (3) は主に外見上の特質であるから,(1) と (2) がより本質的である.(2) は子孫を残すことであり,(1) は自己修復の機能も含むものとする.本論では,発達した科学技術文明を持ち,他の惑星系から地球近傍まで飛来できるような比較的高度な ETI を主に想定している.したがってこの基準では,私たち人類は ETI のレベルにかろうじて近づいたという程度の存在でしかない.

上記の3つの特性を満たすどのような生命体も,ダーウィン (Charles Robert Darwin, 1809–1882) が提唱した進化の法則 (1859 年),つまり遺伝子における突然変異と自然選択に従って進化するにちがいないと想定することもごく自然であろう.なぜなら,遺伝子の突然変異は,微視的には原子や分子レベルにおける複製過程のランダムな誤りという,物理的な原因によって起こるからであり,自然選択に必要な外的環境も必ずどこにでも存在するからである.言い

---

[4] この種の議論の前提として,簡単な構造を持つ原子・分子同士のランダムな衝突過程の生起確率は非常に小さいことをしばしば想定する.しかし,太陽内部で起こる水素原子核同士の量子トンネル効果による衝突合体が,古典論によるランダムな衝突確率で説明できなかったことや(第 10 章参照),ダーウィン進化論における自然選択などに見られるような,何かランダムでない未知の自然法則が作用している可能性はないだろうか.

[5] 著名なノーベル賞受賞者たちも,この問題をさまざまに議論している.たとえば,量子力学の創始者シュレーディンガーによる『生命とは何か』(1951),分子遺伝学の基礎を築いたモノーの『偶然と必然』(1972),DNA の二重らせん構造を発見したクリックの『生命:この宇宙なるもの』(1982) などである.

換えれば，進化の法則は全宇宙にあてはまると言ってよい．

なおドーキンス (Clinton Richard Dawkins, 1941–) は，その著書『盲目の時計職人』(1986) の中で，生命における物理的な肉体よりも，その設計図に相当する DNA 遺伝子（ドーキンスはもっと一般化した意味で自己複製子と呼んだ）のほうがより基本的に重要であると主張した．そして，物理的な肉体は自己複製子の単なる "乗物"（vehicle）と見なし，「利己的な遺伝子」という概念を展開した．これらの概念は，高度に進化した ETI にも当然あてはまるはずである．

人類は古代から，栽培植物の改良や家畜の育種に進化の現象を利用してきた．それと同様に，進んだ ETI も必ずや，進化の法則を自らの種族の維持と発展に最大限活用しているにちがいない．また，そのような種族だけが高度な ETI にまで進化できると推測される．第 14 章に述べたようにティプラーは，銀河系内に ETI が広まる手段として自己増殖するフォン・ノイマン型の探査機械を想定した (1980 年)．ティプラーは ETI 自身と探査機械を別物と考えていた．しかし，充分に高度化した ETI なら，進化現象をうまく制御することによって，自己複製子を内に含む ETI 自身が機械の肉体を持つ方向に進化している可能性もおおいにあり得る——金属やセラミックの表皮や骨格を一部有する生物は地球上にもすでに見つかっている．こうした知的生命体と機械の統合体であるサイボーグ（cyborg）のような生物は，有機物の肉体を持つ私たちより宇宙空間の過酷な環境にもずっと容易に適応できるだろう．

ETI の存在理由

ハートは，「事実 A」の説明として提案された多くの解釈を，物理的解釈，社会学的解釈，時間的解釈など，4 種類に分類して 1 つ 1 つを論駁していった．たとえば，ETI は地球上の生態系を乱さないためにあえて私たちと接触を避けている（「動物園仮説」と呼ばれるが，これはハリウッド映画的な解釈の典型であろう），高度に進化した ETI は核戦争などを起こして結局は自滅する（米ソ冷戦時代の風潮の反映にちがいない），高度に知的進化を果たした ETI は精神的瞑想への関心が深くなり，宇宙探査などには興味を示さないなどを，事実 A に対する社会学的解釈の例としてハートは列挙した．これら諸説への論駁においてハートがもっとも強調したのは，いかなる解釈も，それが普遍性を持つた

めには，すべての ETI 種族に対して，それらの進化過程のすべての段階において当てはまらねばならないという点だった．たとえば，核戦争で自滅する説が正しいとすると，どの ETI も必ず核戦争を起こすことを示さねばならない．つまり，"銀河系内のあらゆる場所，あらゆる時点において"，その解釈がつねに成り立つ必要があるのである．この意味では，上記の 4 種の解釈はどれもきわめて不十分なものにすぎない．よって，それら 4 種の解釈よりも，銀河系内の ETI は私たち人類しかいないと解釈するほうがずっと理にかなっているとハートは結論したのである．

ところで，上に述べた 3 つの特性を満たす生命体は何のために存在しているのだろうか．そのもっとも根本的な理由は，将来に向けて自分たちの種族を存続させるため，つまり"生き延びる"(survival) ことが，いつの時代，いかなる生命にとっても究極の最優先課題であろう（とくに，生命の設計図としての自己複製子と，自己の文明に関する情報を生き延びさせることがより重要である．これらさえ残っていれば，進んだ ETI なら外見的な肉体や建造物などは再現できるからである）．

各々の生物種の先祖はその長い進化の歴史の中で，種全体が絶滅に瀕する危機を何度も経験してきたはずである．その際，進化の法則に従って，この危機を克服して生き延びる戦略をうまく取れた種族だけが現在まで繁栄できたのである．そのような戦略はいくつかあるだろうが，太古の時代からもっとも成功を収めてきたのは，たとえば植物が非常に多くの花粉・胞子・種子を広範囲に撒き散らす方法である．この方法は基本的にランダムな生存戦略だから，いかなる厄災や天敵もそれに対抗してこの種族を完全に絶滅させる手段を取ることは困難であろう．また，より広範囲にばら撒くほど，集団絶滅の危険性も小さくできる．進化の法則を背景にしたこのランダムな戦略は，長期的に見れば，最強の生存戦略なのである．

したがって，充分に進んだ ETI にとっても，このばら撒き戦略は非常に有効であると考えられる．その結果として，彼ら自身，またはそのフォン・ノイマン機械が銀河系内に拡がり，地球近傍にも飛来している可能性がある．この場合，彼らは，たとえば異星人，異文明の探査などを目的に自己の惑星の外に出ていったわけではないことになる．

こうした ETI は知能の面でも科学技術的にも人類より格段に進歩した種族で

あるにちがいない．とすれば，彼らから見ればバクテリア程度の存在でしかない地球上の生物や人間などに，彼らが関心を示さなくても不思議ではない．もしこの立場に立つなら，たとえば脚注 2 に紹介した事例が ETI の真実の目撃例だと仮定して，彼らが地上の目撃者に対して何の興味も持たないような振る舞いを示したことも理解できるのではないだろうか．

B.2　ETI の認識

B.1 節では，高度に進化した ETI が存在するとすれば，彼らは生き延びるためのばら撒き戦略によって，銀河系内に拡がっていると考えるのがもっとも普遍性の高い可能性であることを述べた．次に，そのような ETI と「事実 A」との関係を検討しよう．

ハート，ティプラーらの議論は，地球上には現在 ETI は観測されないから ETI は存在しない，という理屈である．しかし，彼らの議論には，現在の人類が種々の能力においてまだあまりに未成熟なために，高度に進化した ETI の存在を認識できないというもう 1 つの観点は考慮されていないように見える．そのような可能性は少なくとも論理的には充分考えられるから，以下では，どのような場合に彼らを認識できないのかを少し具体的に追求してみる．

ドレークの式 (14.1) が与える ETI の数 N は次のようにも理解できる．銀河系という容器の中で星が一定の割合で誕生し（R 個/年），そのうちの f_s (%) が惑星上に生命を発生させ，進んだ ETI にまで進化する．そしてその ETI 文明がある時間の経過後に死滅する（文明の寿命：L 年）という 2 つの過程がつり合っていると考えよう．この場合，この容器中の ETI 文明の数は定常状態にある，つまり，そこに含まれる ETI の数 N はほぼ一定に保たれ，それが次式で与えられる：

$$N = Rf_sL \tag{B.1}$$

第 14 章で述べた式 (14.1) が一般にはドレークの式と呼ばれている．しかし，ドレークが 1961 年に最初に提示した式は (B.1) の形だった．第 14 章の式はシュクロフスキー (Iosif Samuilovich Shklovskii, 1916–1985) とセーガン (Carl

Edward Sagan, 1934–1996) が 1966 年に拡張した式である (Wallenhorst, 1981). また, 第 14 章の式の中で, L はその文明が星間電波通信に従事する期間とされる場合が多いが, ここでは高度に進化した ETI 種族とその文明が滅ぶまでの寿命と考えることにする (ドレークは当初, 仮に $L \sim 1000$ 万年と仮定した). もし, 彼ら種族かそのフォン・ノイマン機械, サイボーグが銀河系にあまねく拡がっているとしたら, 寿命 L は 1000 万年よりずっと長い可能性もある.

認識の地平線

地球上の生命は初期の始原的生命体から出発し, 自己複製子の突然変異と自然選択による数十億年のダーウィン進化を通じて, 知能, 種々の肉体的能力と機能, 科学技術文明を, より高いレベルに向かって発展させてきた. しかし, 進化はもちろんつねに向上する進化 (進歩) だけではない. シーラカンスのように何億年もほとんど変化しなかったように見える生物もいるし, 進化の結果, 機能的には退化 (退歩) してしまう場合もある. また, 遺伝子という分子レベルで見れば, 多くの場合の進化は, 中立的な進化であるとされる (木村, 1968). しかし, ここでは ETI への進化に興味があるのだから, 主に向上進化についてだけ問題にする.

図 B.1 は, ETI を含む多くの生物種について, それらの, ある特定の能力, 機能や技術の発達度 (faculty, F とする) に注目して, 進化による $\log F$ の時間的変化を模式的に示した図である. 個々の生物種 (×印) について見れば, 進歩しないものや退化するものも存在するが, 各時代に対して, F を最高度に進化させた生物種に注目すると, 長期的な全体傾向は図 B.1 に点線で示した増加する包絡線で表わせると見なすのは自然であろう. そして, ETI にまで進化するのはこの包絡線附近の生物である.

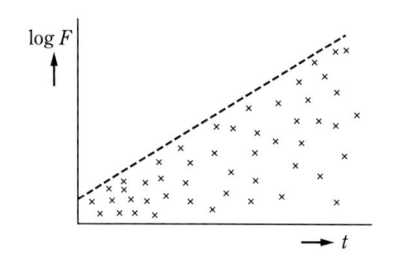

図 B.1 生物進化によるある特定の能力, 機能や技術の時間的変遷. ×印がその時々の個々の生物種に対応する. 点線は, 各時代 (t) に対して, その能力, 機能・技術 (F) が最高度に進化した生物種の点を結んだ包絡線を示す.

移動速度について考えてみると，古代から人間の歩行速度は 5–10 km/h であったのが，近代の汽車や自動車を経て，わずか数十年前のボイジャー探査機では約 5 万 km/h，到達距離も約 120 天文単位に達した．また，過去 30–40 年程度の期間であるが，集積回路上のトランジスターの個数密度は 1.5 年ごとに 2 倍の割合で増加しており，ムーアの法則 (Moore's law) と呼ぶ経験則として知られている．これらの例に見られる特徴は，時間 t の指数関数に近いことである．そこで，図 B.1 における包絡線も近似的に t の指数関数（$\log F$ で直線になる）として増加すると仮定しよう．

たとえば，ネアンデルタール人に現在の最先端の IC チップを見せて内部の働きを説明しても無駄で，相手はドングリや石ころの玩具と区別がつかないだろう．また，彼らにとっては，スペースシャトルの打上げやボイジャー探査機は神の所業にしか見えないにちがいない．知能や機能に関しても基本的には同様で，進化の度合いが非常に異なる 2 つの種族の場合，下位の種族は上位のものを理解不能になるだけでなく，さらに時代が隔たれば下位者は上位者を ETI として認識すらできなくなるだろう．このように，F が大幅にかけ離れた場合，下位者はいずれ「認識の地平線」に遭遇せざるを得ないと想像される．

ETI 進化のモデル

以上に述べてきた点をふまえて，ここでは銀河系内に存在する ETI の進化の，ごく単純な数学モデルを考えてみる．図 B.2 で，横軸は図 B.1 と同じく時間 t である．縦軸 $\log F$ において，F_L はある生命体が ETI のレベルに達したときの F の値を表わす（私たち人類はこのレベルのわずか下位にいると考えられる）．また，すでに上に述べたように，L はこの種族と文明の平均寿命であり，そのとき彼らは絶滅する直前で，最高の発達度 F_U に達するものとする．図には，そ

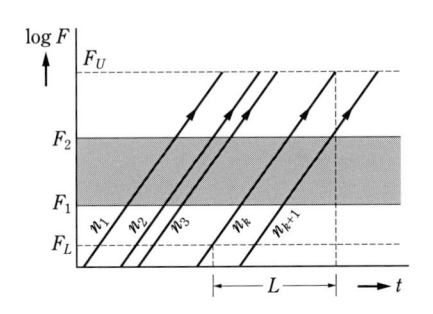

図 **B.2** 銀河系内における ETI の発達度の時間進化モデル．斜めの直線は各 ETI 種族（n_k）の F が指数関数的に成長する様子を示している（他の記号は本文を参照のこと）．

れぞれ時間的にランダムに誕生した種族 $n_1, n_2, \cdots$ の，進化における $\log F$ の時間変化が斜めの直線として示されている（図ではどの ETI も一様に向上進化するように描かれているが，これらは長期的に見た平均の傾向である．しかし，進化は停滞や退歩もするから，実際には小さなジグザグを伴った軌跡になるのだろう）．

F_L, F_U, L や進化の時間変化は個々の ETI で当然違うだろうが，平凡原理によって，それらは互いに大幅に異なることはできないから，図ではどれも平均的な傾きで描いている．

F_1 と F_2 とで挟まれた帯状の部分は，認識可能 (perceptibility/recognizability) な領域であり，F_1 のレベルにいる ETI から見れば，F_2 より大きな F を持つ ETI は認識できない．すなわち，F_2 は彼らにとっての認識の地平線に相当する[6]．数学モデルとしては，F_1 と F_2 の幅や位置は任意でよい．F_1 と F_2 の帯状の領域内にいる ETI 同士が，どれも互いに交信や認識ができるわけではない．両者が時間的に L より離れている場合は，交信・認識は不可能である．なぜなら，片方は寿命が尽きて存在しなくなっているからである．

このように非常に単純化したモデルでも，パソコン内でランダムに個々の ETI を発生させ，その F の時間変化を図 B.2 に従って追跡するシミュレーションを行なえば，ETI 同士が互いにどの程度認識可能かを知ることできる．しかしその具体的結果は別の機会に譲ることにして，ここではごく簡単な定性的特徴を述べるに留める．

銀河系内の ETI の数 N は，もっとも悲観的な約 1 個から楽観的な 10^8 個まで，現在の推定は非常に幅があることを第 14 章では紹介した．今，我々が最下位の ETI で $F_1 = F_L$ であるとしよう．また，上位の ETI との進化における時間的隔たりを Δt とする．Δt が充分に大きい，すなわち脚注 6 に記した ΔT に近い場合には，上位の ETI は非常に高度に科学技術文明を発達させている（F が大きい）から，その数 N は小さくても，彼らのフォン・ノイマン機械が銀河系内で比較的自由にどこへでも飛来できるだろう．一方，下位の ETI

---

[6] F が指数関数的に発達するとすれば，時間 t における F は，$F(t) = F(0) \exp(kt)$ で表わせる（k：成長率）．よって，F_2 と F_1 との違いに対応する時間間隔 ΔT は，$k\Delta T = \log(F_2/F_1)$ で表わされ，これを認識の地平と見なすこともできる．つまり，ΔT の値以上に時間が離れると，上位の相手を認識できなくなる限界である．

である私たちから見れば相手は認識の地平に近いから，たとえ地球近傍に飛来していても認識するのは困難であろう（とくに，彼らの姿・形が地上の生物によく似ているか，逆に生命体とは思えないほど異なった形体やサイズの場合は，認識は難しいと思われる）．

反対に，相手との Δt が小さい場合には，両者の F の差異は小さいから，相手と"話が合う"，つまり通信したりする可能性はある．しかし，相手も私たちと同程度のレベルの技術文明なのだから，地球の充分近くに候補の ETI がいなければ，電波通信によっても相手の認識は難しいだろう．まして，このような技術レベルの ETI が地球附近にまで飛来できるとは考えにくい．たとえば，相手の平均距離が 100 光年程度の場合，そうした ETI の銀河系中の数 N は計算してみると約 1000 万個になる．このレベルの ETI が，現在 SETI が対象にしている ETI 文明であろう．したがって，もし，100 年程度の期間 SETI による通信を試みて成功しない場合には，N の数はずっと少ないか，そのような ETI は存在しないかのどちらかだろう．

以上，Δt の両極端の場合について簡単に述べた．いずれにせよ，彼我の F における大きな隔絶のために相手を認識できないという観点は，従来ほとんど検討されたことはなかったように思う．よって，本論では，その可能性をごく素朴なモデルで検討してみたのである．

本論で議論されなかった点
(1) 観測選択効果と人間原理

人間が外界を知覚したり頭脳で思考したりするのは，カメラの構造に似た眼やそのほかの感覚器官，私たちが持っている脳という有機体のシステムを通じて行なわれる．そのため，このシステムが知覚・認識するのに向いた現象や対象と，逆に不向きな相手とが当然あり得るだろう（赤外線，紫外線が肉眼の能力だけでは知覚できなかったことは，第 9 章ですでに紹介した）．つまり，私たちが観測したり認識できるものは，私たちの肉体というシステムに依存しているのである．

このことは，観測者がほかでもない，私たち人間であるために，観測結果に何らかの固有なバイアスがかかっている可能性があることを示唆する（観測選択効果と呼ぶ場合もある）．もしそうならば，平凡原理がすべての場合に適用で

きると見なすのは正しくなく，人間原理的な考えも場合によっては必要になるのかもしれない[7]．本論の議論ではこの点は考慮していない．

(2) 擬人的論理への疑問

上に述べたように，相手のETIが，私たち人類と進化のレベルが同程度の場合には，"話が合う"，つまり通信，交信ができる可能性はたしかにあるだろう．しかしこの場合も，相手の科学が，私たちの物理や数学と似た科学を有するという擬人的論理が暗黙の前提になっている．だが，この前提を支持する根拠は実は何もないのである（ここにもハリウッド映画的思い込みが影響しているように見える）．

たとえば，米国のプラグマティズム哲学者レッシャー (Nicholas Rescher, 1928–) は次のように論じた．私たちの文明とETIの文明とは，環境や利用できる資源がたとえ似ていたとしても，科学の表現と実行の方法においてはまったく異なる別の世界を構成している可能性のほうがずっと高い，そのため，両者の関心や問題点も全然違うだろう．したがって，双方が互いに理解・認識できる情報の交換はおそらく不可能だろうと．このテーマは本論の守備範囲の外であるが，近い将来ETIが見つかるか否かを推測する際には重要な要素の1つであるにちがいない．(中村士)

[7) 人間原理とは，「私たちが解明できる宇宙の構造や特徴は，観測者たる私たちの認識能力，すなわち私たちの存在自体によって制約されてしまうこと」，と言い換えることもできるだろう．もしこの考え方がすべてに適用できるとすれば，平凡原理，宇宙原理も，人類の宇宙に対する認識能力がまだ未熟な段階にある結果，宇宙全体を，もっとも単純素朴な一様性，凡庸性の性質を持つとしか判断できないための帰結，と考えることも可能だろう．つまりこの場合，平凡原理，宇宙原理は人間原理の対立概念ではなく，むしろ人間原理の一部と見なす議論も成り立つことになる．]

おわりに

　いつの時代にあっても，宇宙観の中心的テーマは，「宇宙における人間の位置」，つまり，「宇宙において我々は何者か」という問いだったといってよいのではないだろうか．

　マックス・シェーラー (Max Scheler, 1874–1928) という，ドイツの現象学派哲学者がいる．晩年の 1927 年，彼はダルムシュタットの「英知の学校」で，「宇宙における人間の地位」と題して講演を行ない，翌年に成書として出版した．シェーラーは，人間が自身に抱く自意識の歴史について考察し，その自己意識の問題が彼の時代に頂点に達したと認識した．そのため，人間に関してそれまでに蓄積された膨大な知識の宝庫を基礎として，人間を総合的に理解する新たな「人間学」を提唱したのである．この講演内容は後に高く評価され，人間学という学問が生れた．

　その約 30 年後，フランスの古生物地質学者でカトリック思想家だった P. テイヤール・ド・シャルダン (Pierre Teilhard de Chardin, 1881–1955) は，論文「自然における人間の位置」において，シェーラーと似た議論を展開した (1956 年)．その要点は，人間は意志と知性とを持ったことにより，単なる生物としての進化を超えて，最終的には精神的な叡智の極限点である「オメガ (Ω) 点」に向かって進化していくという主張である．イエズス会の司祭だったテイヤールの思想は，オメガ点とはすなわち神であるという，キリスト教的進化論であった．後に，バロウとティプラーは 1986 年の著書『人間宇宙原理』の中で，オメガ点に対して現代宇宙論の知識にもとづく解釈を与えている．

　シェーラーとテイヤールの思想が形作られたのは，まだ自然と宇宙への理解が充分でなかった 1950 年代以前だから，彼らの表題に"宇宙（自然）について"とはあるものの，主に人類社会と考古学的な観察のみから導かれた人間中心的な宇宙観だった．もし，2 人が現代に生きていて，天文学，宇宙論の現状について知ったならば，真の意味での宇宙における人間の位置についても必ずや考察したにちがいない．この意味で，私たちの本書『宇宙観 5000 年史』は，

少し大げさにかまえるなら，シェーラーやテイヤールによる思考の現代版を目指したと言えるかもしれない．

「宇宙において私たち人間はいったい何者か」という現代天文学上の問いに関連して，現在もっとも大きな興味と議論とを引きつけているのが，本書の附録で扱った，宇宙のダークマター，ダークエネルギーと，ETI の存在の問題であろう．今の時代にあってこの問題に取り組むには，シェーラーやテイヤールら哲学者による机上の議論のみでは明らかに不十分である．最新の天文観測による成果と，物理法則の適用にもとづいた具体的で客観的な解釈と議論が欠かせない．それと同時に，この2つのきわめて重要な課題は，宇宙観の歴史の中に位置づけるにはまだ少しホットすぎる，現在進行中の研究対象である．そのため本書では，本文ではなく附録という扱いにした．

宇宙観という立場で天文学の歴史を見たとき，まず古代・中世は，人間中心・地球中心の宇宙観に支配されていた時代だった．その人間中心主義からの脱却をめざした近世以降の努力が，近代科学を育て上げた．その結果，天文学の分野では宇宙原理や平凡原理が生れ，そのような立場で宇宙を見る宇宙観が一般的になった．私たち著者もそうしたパラダイムのもとで専門教育を受けたから，これらの原理を空気のように当り前の存在として感じてきた．

ところが，30年ほど前に，人間原理というまったく別な見方が提案された．この観点は，宇宙原理や平凡原理の信奉者にとって，1つの衝撃だったことは疑いない．宇宙の起源論の発展により近年，「私たちの住む宇宙は唯一無二のものではなく，無数に存在する並行宇宙の中の1つ」とするマルチバースの理論が登場して，人間原理の科学的基礎が築かれつつあるようにも見える．だが今後，この考えがさらに新たな宇宙観として発展するのか，あるいは一時的な流行で終わるのか，現時点では予測がつかない．私たちも生きている限り，見極めてみたいと思う．また，本書を読んで下さった読者の皆さんには，私たちの問題意識がいささかでも伝わればと願っている．

参考図書と文献

　煩雑と重複を避けるため，本文の脚注などに引用している図書や論文は，一部を除いて原則としてここには列挙しなかった．また，外国語の文献は，代表的なもの，比較的入手しやすいものに限っている．ただし，20 世紀以降の記述を中心とする第 11–12 章と附録においては，主要な典拠文献を掲げた．

全般に関するもの
島村福太郎：『天文学史』，中教出版 (1953)．
藪内清編：『天文学の歴史』，恒星社 (1964)．
広瀬秀雄：『天文学史の試み：誕生から電波観測まで』，誠文堂新光社 (1981)．
中山茂編：『天文学史』，恒星社 (1982)．
中山茂編：『天文学人名辞典』，恒星社 (1982)．
ローゼン，E.，モッツ，L.（菊池潤・杉山聖一郎訳）：『宇宙論全史』，平凡社 (1987)．
大脇直明ほか：『天文資料集』，東京大学出版会 (1989)．
村上陽一郎：『宇宙像の変遷』，講談社文庫 (1996)．
杜石然ほか（川原秀城ほか訳）：『中国科学技術史（上・下）』，東京大学出版会 (1997)．
小山慶太：『科学史年表』，中公新書 (2003)．
クリストファー・ウォーカー編（山本啓二・川和田晶子訳）：『望遠鏡以前の天文学：古代からケプラーまで』，恒星社厚生閣 (2008)．
日本天文学会百年史編纂委員会編：『日本の天文学の百年』，恒星社厚生閣 (2008)．
中村士：『宇宙観の歴史と科学』，放送大学教育振興会 (2008)．
国立天文台編：天文学上の主な発明発見と業績，『理科年表』，丸善出版 (2011)．
Pannekoek, Antonie: *A History of Astronomy*, Interscience Publ. Co. (1961).
Hetherington, Barry: *A Chronicle of Pre-telescopic Astronomy*, John Wiley & Sons (1996).
Hoskin, Michael: *The Cambridge Illustrated History of Astronomy*, Cambridge Univ. Press (1997).
Bartusiak, Marcia: *Archives of the Universe: 100 discoveries that transformed our understanding of the Cosmos*, Vintage Books (2004).
Hockey, Thomas: *Biographical Encyclopedia of Astronomers*, 2 vol., Springer (2007).
North, John: *Cosmos*, Univ. of Chicago Press (2008).

第 1 章
藪内清：『中国の天文暦法』，平凡社 (1969)．
藪内清編：『中国の科学』，中央公論社 (1975)．
ブラッカー，C.・ローウェ，M.（矢島祐利・矢島文夫訳）：『古代の宇宙論』，海鳴社 (1976)．

矢野道雄編：『インド天文学・数学集』，朝日出版 (1980).
陳遵媯（浅見遼訳）：『中国古代天文学簡史』，滝川厳補筆出版 (1983).
ノイゲバウアー，オットー（矢野道雄・斎藤潔訳）：『古代の精密科学』，恒星社厚生閣 (1984).
青木晴夫：『マヤ文明の謎』，講談社現代新書 (1984).
ニーダム，ジョセフ（吉田忠ほか訳）：『中国の科学と文明』，第 5 巻，天の科学，思索社 (1991).
Haack, Steven: The astronomical orientation of the Egyptian pyramids, *Journal for the History of Astronomy*, **15**, 119 (1984).
Spence, Kate: Ancient Egyptian chronology and the astronomical orientation of pyramids, *Nature*, **408**, 320–324 (2000); Spence, K.: Brief communication, *Nature*, **412**, 699–700 (2001).

第 2 章

能田忠亮：『周牌算経の研究』，東方文化学院京都研究所研究報告第 3 冊 (1933).
能田忠亮：『礼記月令天文攷』，東方文化学院京都研究所研究報告第 12 冊 (1938).
アンダーソン，ヨハン・G.（松崎寿郎訳）：『黄土地帯』，学生社（1942, 1972 完訳）．
本居宣長（大野晋・大久保正校訂）：眞暦考，『本居宣長全集』，第 8 巻，筑摩書房 (1972).
鈴木秀夫・山本武夫：『気候と文明・気候と歴史』，朝倉書店 (1978).
能田忠亮：東洋古代に於ける天文暦法の起源とその発達，日本学士院編：『明治前日本天文学史』, (1979).
藪内清：『歴史はいつ始まったか：年代学入門』，中公新書 (1980).
竺可禎・宛敏渭（丹青総合研究所編訳）：『物候学』，丹青総合研究所 (1988).
鈴木秀夫：『気候変化と人間：1 万年の歴史』，大明堂 (2000).
安田喜憲：『大河文明の誕生』，角川書店 (2000).
伊東俊太郎著作集：『文明の画期と環境変動』，第 9 巻，麗沢大学出版会 (2009).
Wittfogel, Karl A., *Meteorological Records from Divination Inscriptions of Shang* (1940)．『満鉄調査月報』，第 22 巻 5 号 (1942) に，「商代卜辞に現れた気象記録」として訳文が掲載されている．

第 3 章

ファリントン，ベンジャミン（出隆訳）：『ギリシャ人の科学：その現代への意義』上下巻，岩波新書 (1955).
プトレマイオス（藪内清訳）：『アルマゲスト』上下巻，恒星社 (1958).
山本光雄編：『アリストテレス全集』，第 4 巻：天体論，第 5 巻：気象論・宇宙論，岩波書店 (1968–1969).
ウァルデン，ヴァン・デル（村田全・佐藤勝造訳）：『数学の黎明』，みすず書房 (1984).
野町啓：『学術都市アレキサンドリア』，講談社学術文庫（2009, 原著 2000）．
マーチャント，ジョー（木村博江訳）：『アンティキテラ：古代ギリシアのコンピュータ』，文藝春秋社 (2009).
ポラード，ジャスティン・リード，ハワード（藤井留美訳）：『アレクサンドリアの興亡，現代社会の知と科学技術はここから始まった』，主婦の友社 (2009).

フリース, トニー：2000 年の眠りから覚めたギリシャの計算機,『日経サイエンス』, 44–52 (2010 年 3 月号).
Price, Derek J. de Solla: An ancient Greek computer, *Scientific American*, **200**, No.6, 60 (1959).
Heath, Sir Thomas.: *Aristarchus of Samos*, Dover（1981, 原著 1913）.
Freeth, Tony *et al.*: Decoding the ancient Greek astronomical calculator known as the Antikythera Mechanism, *Nature*, **444**, 534, 551, 587–591 (2006). *Nature*, **454** (July 2008) に補遺あり.

第 4 章

矢島祐利：『アラビア科学の話』, 岩波新書 (1965).
藤本勝次・伴康哉訳：『コーラン』, 世界の名著, 第 15 巻, 中央公論社 (1970).
ブラットン, エリック（梅田晴夫訳）：『時計文化史』, 東京書房 (1974).
中山茂：『占星術, その科学史上の位置』, 紀伊國屋書店 (1979).
藪内清訳：ウルグ・ベク星表,『ヘベリウス星座図絵』, 地人書館 (1993).
マイヤー, オットー（忠平美幸訳）：『時計じかけのヨーロッパ：近代初期の技術と社会』, 第 1 章, 平凡社 (1997).
Smith, A. Mark: *Alhacen's Theory of Visual Perception*, 2 vol. (Latin text & English translation), American Philosophical Society (2001).

第 5 章

コペルニクス（矢島祐利訳）：『天体の回転について』, 岩波文庫 (1953).
クーン, トーマス（常石敬一訳）：『コペルニクス革命』, 紀伊國屋書店 (1976).
コペルニクス（高橋憲一訳・解説）：『コペルニクス・天球回転論』, みすず書房 (1993).
ギンガリッチ, オーウェン（柴田裕之訳）：『誰も読まなかったコペルニクス』, 早川書房 (2005).
ダニエルソン, デニス（田中靖夫訳）：『コペルニクスの仕掛け人』, 東洋書林 (2008).
Duncan, A. Mark: *Copernicus: on the revolutions of the heavenly spheres, A new translation from the Latin*, David & Charles, Barnes & Noble Books (1976).

第 6 章

ケプラー, ヨハネス（島村福太郎訳）：『新しい天文学：世界の調和』, 河出書房新社 (1963).
ケストラー, アーサー（小尾信弥・木村博訳）：『ヨハネス・ケプラー』, 河出書房新社 (1977).
ギルダー, ジョシュア・ギルダー, アン-リー（山越幸江訳）：『ケプラー疑惑：ティコ・ブラーエの死の謎と盗まれた観測記録』, 地人書館 (2006).
中村士：スコーネ天文紀行,『天文月報』, 第 99 巻 9 号, 514 (2006).
ケプラー, ヨハネス（大槻真一郎・岸本良彦訳）：『宇宙の神秘：五つの正立体による宇宙形状誌』, 工作舎 (2009 新版).
ケプラー, ヨハネス（岸本良彦訳）：『宇宙の調和：不朽のコスモロジー』, 工作舎 (2009).
ヴォールケル, ジェームズ・R.（林大訳）：『ヨハネス・ケプラー：天文学の新たなる地平へ』, 大月書店 (2010).
Casper, Max: *Kepler*, Dover（1993, 原著 1959）.

Thoren, Victor E.: *The Lord of Uraniborg : A biography of Tycho Brahe*, Cambridge Univ. Press (1990).
Christianson, John R.: *On Tycho's island: Tycho Brahe and his assistants, 1570-1601*, Cambridge Univ. Press (2000).

第 7 章
ガリレイ，ガリレオ（青木請三訳）:『天文対話（上・下）』，岩波文庫 (1959, 1961).
ガリレイ，ガリレオ（藪内清訳）:『太陽黒点論』，世界大思想全集，河出書房新社 (1963).
青木靖三:『ガリレオ・ガリレイ』，岩波新書 (1965).
豊田利幸解説・訳:『世界の名著　ガリレオ』中央公論社 (1973).
ガリレイ，ガリレオ（山田慶兒・谷泰訳),『星界の報告』，岩波文庫 (1976).
ニュートン，アイザック（中野猿人訳）:『プリンシピア：自然哲学の数学的原理』，講談社 (1977).
河辺六男:『ニュートン』，中央公論社 (1979).
渡辺正雄編著:『ガリレオの斜塔』，共立出版 (1987).
コイレ，アレクサンドル（菅谷暁訳）:『ガリレオ研究』，法政大学出版局 (1988).
伊東俊太郎ほか編:『デカルト』，科学の名著，第 2 期 7，朝日出版社 (1988).
田中一郎：ガリレオの望遠鏡と近代光学をめぐって，『伊東俊太郎先生還暦記念，自立する科学史学』，北村出版 (1990).
クラーク，D. H.・クラーク，P. H.（伊理由美訳）:『専制君主ニュートン』，岩波書店 (2001).
アクゼル，アミール・D.（水谷淳訳）:『フーコーの振り子』，早川書房 (2005).
中村士：日本最古の徳川義直公望遠鏡，『科学史研究』，第 48 巻，No.250, 98 (2009)
Drake, Stillman: *Galileo at Work: His scientific biography*, Univ. of Chicago Press (1978).
Tobin, William: *The Life and Science of Léon Foucault*, Cambridge Univ. Press (2003).

第 8 章
吉田正太郎:『望遠鏡発達史（上）』，誠文堂新光社 (1994).
斉田博:『近代天文学の夜明け ウィリアム・ハーシェル』，誠文堂新光社 (1982).
Herschel, William: On the construction of the Heavens, *Phil. Trans. Roy. Soc. London*, **75** (1785).
King, Henry C.: *The History of the Telescope*, Dover (1979).
Gingerich, Owen: *The Great Copernican Chase and Other Adventures in Astronomical History*, Cambridge Univ. Press (1992).
Hirschfeld, Alan W.: *Parallax*, W.H. Freeman and Co. (2001).

第 9 章
小平桂一編：現代天文学講座『恒星の世界』，恒星社 (1980).
ニュートン，アイザック（田中一郎訳）:『光学』，朝日出版社 (1981).
平山淳編：現代天文学講座『太陽』，恒星社 (1981).
村上陽一郎編:『近代熱学論集』，朝日出版社 (1988).

Fraunhofer, Joseph: *Prismatic and Diffraction Spectra*, translated and edited by Joseph S. Ames, Harper & Brothers (1898).

Russell, Henry Norris: Relations between the spectral and other characteristics of the stars, *Popular Astronomy*, **22**, 275–294, 331–351 (1914).

Herrmann, D. B. : *The History of Astronomy from Herschel to Hertzsprung*, Cambridge Univ. Press (1984).

第 10 章

ストルーベ, O.・ゼバーグス, V. (小尾信弥ほか訳):『20 世紀の天文学』, 白楊社 (1965).

杉本大一郎・浜田隆士:『宇宙地球科学』, 東京大学出版会 (1975).

杉本大一郎編:現代天文学講座『星の進化と終末』, 恒星社 (1979).

北村正利:『星の物理』, 東京大学出版会 (1982).

リーブス, H. (野本憲一・陽代訳):『天空の果実:宇宙の進化を探る』, 岩波書店 (1985).

Eddington, Arthur: *The Internal Constitution of Stars*, Cambridge Univ. Press (1926).

Smith, Robert: *Observational Astrophysics*, Cambridge Univ. Press (1995).

Johnson, George: *Miss Leavitt's Stars: The Untold Story of the Woman Who Discovered How to Measure the Universe*, W. W. Norton & Company (2005).

第 11 章

Bradley, James: A letter from the reverend Mr. James Bradley Savilian Professor of astronomy at Oxford, and F. R. S. to Dr. Edmond Halley Astronom. Reg. &c. Giving an account of a new discovered motion of the fix'd Stars, *Philosophical Transactions of the Royal Society of London*, **35**, 637–661 (1728).

Herschel, William: On the construction of the heavens, *Philosophical Transactions of the Royal Society of London*, **75**, 213–266 (1785).

Bessel, Friedrich W.: A letter from professor Besssel to Sir J. Herschel, Bart., dated Konigsberg, Oct. 23, 1838, *MNRAS*, **4**, 152–161 (1838).

Pogson, Norman R.: Magnitudes of thirty-six of the minor planets for the first day of each month of the year 1857, *MNRAS*, **17**, 12–15 (1857).

Pickering, Edward C.: The Draper catalog of stellar spectra, *Annals of Harvard College Observatory*, **27**, 1–388 (1890).

Leavitt, Henrietta S. and Pickering, Edward: Periods of 25 variable stars in the small magellanic cloud, *Harvard College Observatory Circular*, No.173, 1–3 (1912).

Hertzsprung, Ejnar: Über die räumliche Verteilung der Veränderlichen vom δ Cephei-Typus, *Astronomische Nachrichten*, **196**, 201–210 (1913).

Russell, Henry N.: Relations between the spectra and other characteristics of the stars, *Popular Astronomy*, **22**, 275–294 (1914).

Slipher, Vesto M.: Spectrographic observations of Nebulae, *Popular Astronomy*, **23**, 21–24 (1915).

Maanen, van Adriaan: Preliminary evidence of internal motion in the spiral nebula Messier 101, *Astrophysical Journal*, **44**, 210–228 (1916).

Shapley, Harlow: Studies based on the colors and magnitudes in stellar clusters. VI. On the determination of the distances of globular clusters, *Astrophysical Journal*, **48**, 89–124 (1918).
Shapley, Harlow: Studies based on the colors and magnitudes in stellar clusters. XII. Remarks on the arrangement of the siderial universe, *Astrophysical Journal*, **49**, 311–336 (1919).
Kapteyn, Jacobus: First attempt at a theory of the arrangement and motion of the sidereal system, *Astrophysical Journal*, **55**, 302–328 (1922).
Slipher, Vesto M.: Observations of Mars in 1924 made at the Lowell observatory: II. Spectrum observations of Mars, *PASP*, **36**, 261 (1924).
Hubble, Edwin P.: Cepheids in spiral nebulae, *The Observatory*, **48**, 139–142 (1925).
Trumpler, Robert J.: Spectrophotometric measures of interstellar light absorption, *PASP*, **42**, 214 (1930).
Hubble, Edwin P.: Angular rotations of spiral nebulae, *Astrophysical Journal*, **81**, 334–335 (1935).
Maanen, van Adriaan: Internal motions in spiral nebulae, *Astrophysical Journal*, **81**, 336–337 (1935).
Berenzen, Richard et al.: *Man Discovers the Galaxies*, Science History Publications (1976)；邦訳：高瀬文志郎・岡村定矩訳：『銀河の発見』, 地人書館 (1980).

第 12 章

Einstein, Albert: Cosmological considerations on the general theory of relativity, *Sitzungsberichte der Preussischen Akademie der Wissenshaften zu Berlin*, **8**, 142–152 (1917).
De Sitter, Willem: On Einstein's theory of gravitation, and its astronomical consequences. Third Paper, *Monthly Notices Royal Astron. Soc.*, **78**, 3–28 (1917).
Dyson, Frank W., Eddington, Arthur S. and Davidson, Charles: A determination of the deflection of light by the sun's gravitational field, from observations made at the total eclipse of May 29, 1919, *Philosophical Transactions of the Royal Astron. Soc. of London, Series A*, **220**, 291–333 (1920).
Friedmann, Alexander: On the curvature of space, *Zeitschrift fur Physik*, **10**, 377–386 (1922).
Hubble, Edwin P.: A relation between distance and radial velocity among extra-galactic nebulae, *Proc. National Academy of Sci. of USA*, **15**, 168–173 (1929).
Lemaitre, Georges: A homogeneous universe of constant mass and increasing radius accounting for the radial velocity of extra-galactic nebula, *Monthly Notices Royal Astron. Soc.*, **91**, 483–490 (1931).
Eddington, Arthur S.: The recession of the extra-galactic nebulae, *Monthly Notices Royal Astron. Soc.*, **92**, 3–6 (1931).
Lemaitre, Georges: The beginning of the world from the point of view of quantum theory., *Nature*, **127**, 706 (1931).
Hubble, Edwin P.: *The Realm of the Nebulae*, Yale Univ. Press (1936)；邦訳：戎崎

俊一訳:『銀河の世界』, 岩波文庫 (1999).
Gamow, George: Expanding universe and the origin of elements, *Physical Review*, **70**, 572–573 (1946).
Alpher, Ralph A., Bethe, Hans and Gamow, George: The origin of chemical elements, *Physical Review*, **73**, 803–804 (1948).
Hoyle, Fred: A new model for the expanding universe, *Monthly Notices Royal Astron. Soc.*, **108**, 372–382 (1948).
Penzias, Arno A. and Wilson, Robert R.: A measurement of excess antenna temperature at 4080 Mc/s, *Astrophysical Journal*, **142**, 419–421 (1965).
Sato, Katsuhiko: First-order phase transition of a vacuum and the expansion of the universe, *Monthly Notices Royal Astron. Soc.*, **195**, 467–479 (1981).
Guth, Alan H.: Inflationary universe: A possible solution to the horizon and flatness problems, *Physical Review D*, **23**, 347–356 (1981).
Mather, John C. *et al.*, A preliminary measurement of the cosmic microwave background spectrum by the Cosmic Background Explorer (COBE) satellite, *Astrophysical Journal*, **354**, L37–L40 (1990).
Wesson, Paul S.: Olbers's paradox and the spectral intensity of the extragalactic background light, *Astrophysical Journal*, **367**, 399–406 (1991).
Smoot, George. F. *et al.*: Structure in the COBE differential microwave radiometer first-year maps, *Astrophysical Journal*, **396**, L1–L5 (1992).

第13章

平山清次:『小惑星』, 岩波書店 (1935).
カント, イマヌエル(荒木俊馬訳):『カント・宇宙論』, 恒星社 (1952).
広瀬秀雄編:新天文学講座『地球と月』, 恒星社 (1958).
水谷仁:『クレーターの科学』, 東京大学出版会 (1980).
長谷川博一・大林辰蔵編:『現代の太陽系科学(上)』, 太陽系の起源と進化, 東京大学出版会 (1984).
ラブロック, J.(ブラブッタ, S. B. 訳):『ガイアの時代』, 工作舎 (1989).
安藤洋美:『最小二乗法の歴史』, 現代数学社 (1995).
松井孝典:『惑星科学入門』, 講談社 (1996).
スプディス, ポール・D.(水谷仁訳):『月の科学:月探査の歴史とその将来』, シュプリンガー・フェアラーク東京 (2000).
Safronov, Victor: *Evolution of the Protoplanetary Cloud and Formation of the Earth and the Planets*, Moscow: Nauka Press (1969, NASAによる翻訳 TTF 677, 1972).
Goldreich, Peter and Ward, William R.: The formation of planetesimals, *Astrophysical Journal*, **183**, 1051–1062 (1973).

第14章

アレーニウス, S.(寺田寅彦訳):『史的に見たる科学的宇宙観の変遷』, 岩波書店 (1931).
ケプラー, ヨハネス(渡辺正雄・榎本恵美子共訳):『ケプラーの夢』, 講談社 (1972).
ルード, R. T.・トレフィル, J. S.(出口修至訳):『さびしい宇宙人』, 地人書館 (1983).

ラヴロック，ジム（星川淳訳）:『地球生命圏，ガイアの科学』，工作舎 (1984).
松田卓也:『人間原理の宇宙論』，培風館 (1990).
キャスティ，ジョン・L.（佐々木光俊訳）:『パラダイムの迷宮』，白楊社 (1997).
クロウ，マイケル J.（鼓澄治ほか訳）:『地球外生命論争』，3 巻（2001，原著は 1986）.
Miller, Steven L. and Urey, Harold C.: Organic compound synthesis on the primitive Earth, *Science* **130**, 245 (1959).
Hart, Michael H.: An explanation for the absence of extraterrestrials on earth, *Quarterly Journ. Astron. Soc.*, **16**, 128–135 (1975).
Crowe, Michael J.: The extraterrestrial life debate 1750–1990, *The Idea of a Plurality of Worlds from Kant to Lowell*, Cambridge Univ. Press (1986).

第 15 章

斉藤国治・篠沢志津代:金星の日面経過について，特に明治 7 年 (1874) 12 月 9 日日本における観測についての調査 [前編・後編]，『東京天文台報』，前編，第 16 巻第 1 冊，72–162 (1972). 後編，同第 2 冊，260–385 (1973).
織田武雄:『地図の歴史』，講談社 (1973).
小泉袈裟勝:『度量衡の歴史』，原書房 (1977).
中村士・土屋淳:レーザー測距技術の天文学および地球科学への応用，『応用物理』，第 51 巻，468 (1982).
ゲージュ，ドゥニ（鈴木まや訳）:『子午線：メートル異聞』，工作舎 (1989).
ウィルフォード，ジョン・N.（鈴木主税訳）:『地図を作った人々』，河出書房新社 (1988, 2001).
オールダー，ケン（吉田三知世訳）:『万物の尺度を求めて：メートル法を定めた子午線大計測』，早川書房 (2006).
Jones, Spencer H.: The solar parallax and the mass of the moon from observations of Eros at the opposition of 1931, *Mem. Roy. Astron. Soc.*, **66**, 11 (1941).
Bender, P. L. *et al.*: The lunar laser ranging experiments, *Science*, **182**, 229 (1973).

第 16 章

大崎正次:『中国の星座の歴史』，雄山閣 (1987).
千葉市郷土博物館編:『星座の文化史』(1995).
ウィットフィールド，P.（有光秀行訳）:『天球図の歴史』，ミュージアム図書 (1997).
中村士・荻原哲夫:高橋景保が描いた星図とその系統，『国立天文台報』，第 8 巻，85 (2005).
伊藤照夫訳:『ギリシア教訓叙事詩集』，京都大学学術出版会 (2007).
シェーファー，B. E.:星座の起源，『日経サイエンス』，88（2007 年 2 月）.
Allen, Richard H.: *Star Names: Their lore and meaning*, Dover (1963).
Schaefer, Bradley E.: The epoch of the constellations on the farnese atlas and their origin in Hipparchus's lost catalogue, *Jour. Hist. Astron.*, **36**, Pt2, 167 (2005, May).
Kanas, Nick: *Star Maps: History, artistry, and cartography*, Springer (2007).

附録 A

Zwicky, Fritz: On the masses of nebulae and of clusters of nebulae, *Astrophysical Journal*, **86**, 217–246 (1937).

Oort, Jan H.: Stellar Dynamics, Chapter 21 of Galactic Structure, eds. A. Blaauw and M. Schmidt, *Stars and Stellar Systems*, Vol. V, Chicago, Univ. of Chicago Press (1965).

Ostriker, Jerremiah P. and Peebles, Phillip J. E.: A numerical study of the stability of flattened galaxies: or, can cold galaxies survive?, *Astrophysical Journal*, **186**, 467–480 (1973).

Einasto, J., Kaasik, A. and Saar, E.: Dynamic evidence on massive coronas of galaxies, *Nature*, **250**, 309–310 (1974).

Rubin, Vera C., Ford, W. Kent and Thonnard, Norbert: Rotational properties of 21 SC galaxies with a large range of luminosities and radii, from NGC 4605 (R = 4kpc) to UGC 2885 (R = 122 kpc), *Astrophysical Journal*, **238**, 471–487 (1980).

Geller, Margaret J. *et al.*: Large-scale structure: The center for astrophysics redshift survey, *IAU Symosium*, **124**, 301 (1987).

Schmidt, Brian P. *et al.*: The high-z supernova search: Measuring cosmic deceleration and global curvature of the universe using type IA supernovae, *Astrophysical Journal*, **507**, 46-63 (1998).

Perlmutter, Saul *et al.*: Measurements of omega and lambda from 42 high-redshift supernovae, *Astrophysical Journal*, **517**, 565–586 (1999).

York, Donald G. *et al.*: The Sloan Digital Sky Survey: Technical summary, *Astronomical Journal*, **120**, 1579-1587 (2000).

Perlmutter, Saul and Schmidt, Brian P.: Measuring cosmology with Supernovae, *Lecture Notes in Physics*, **598**, 195-217 (2003).

Blanton, Michael R. *et al.*: The galaxy luminosity function and luminosity density at redshift z = 0.1, *Astrophysical Journal*, **592**, 819 (2003).

Abazajian, Kevork N. *et al.*: The seventh data release of the Sloan Digital Sky Survey, *Astrophysical Journal Supplement Serie*, **182**, 543–558 (2009).

Komatsu, Eiichiro *et al.*: Seven-year Wilkinson Microwave Anisotropy Probe (WMAP) observations: Cosmological interpretation, *Astrophysical Journal Supplement Series*, **192**, 18 (2011).

附録 B

シュレージンガー，エルヴィン（岡小天・鎮目恭夫訳）:『生命とは何か：物理的にみた生細胞』，岩波新書 (1951).

モノー，ジャック（渡辺格・村上光彦訳）:『偶然と必然：現代生物学の思想的な問いかけ』，みすず書房 (1972).

クリック，フランシス（中村桂子訳）:『生命：この宇宙なるもの』，思索社 (1982).

木村資生:『生物進化を考える』，岩波新書 (1988).

ドーキンス，リチャード（中嶋康裕ほか訳）:『盲目の時計職人：自然淘汰は偶然か？』，早川書房（2004, 原著 1986）.

Drake, Frank D.: *Discussion of Space Science Board*, National Academy of Sciences conference on extraterrestrial intelligent life, Greenbank, West Virginia (1961).

Shklovskii, Josif and Sagan, Carl: *Intelligent Life in the Universe*, Holden-Day (1966).

Hart, Michael H.: An explanation for the absence of extraterrestrials on the Earth, *Quarterly Journ. Astron. Soc.*, **16**, 128 (1975).

Tipler, Frank J.: Extraterrestrial intelligent beings do not exist, *Quarterly Journ. Astron. Soc.*, **21**, 267 (1980).

Wallenhorst, Steven G.: The Drake equation re-examined, *Quarterly Journ. Astron. Soc.*, **22**, 380–387 (1981).

Nicholas Rescher: Extraterrestrial Science, Edward Regis, Jr. (ed.), *Extraterrestrials: Science and Alien Intelligence*, Cambridge Univ. Press (1985).

Barrow, John D. and Tipler, Frank J.: *The Anthropic Cosmological Principle*, Oxford Univ. Press (1986).

図表出典一覧

図 1.1　Gingerich, O.: *Nature*, **408**, 297 (2000) の図を改変.
図 1.2　Spence, K.: *Nature*, **408**, 320 (2000).
図 1.4　Stephenson, R.: *Astron. & Geophys.*, **22**, Issue 2, 2.22–2.27 (2003). 大英博物館所蔵.
図 1.5　中国社会科学院考古研究所編著:『中国古代天文文物図集』文物出版社 (1978).
図 1.6　Herbert Chatley: "The Heavenly Cover", A Study in Ancient Chinese Astronomy, Observatory, **61**, 10 (1938) の図を改変.
図 1.7　高井伴寛:『改正須彌山図解』, 文化 6 年序, 東北大学附属図書館所蔵.
図 2.1　鈴木秀夫・山本武夫:『気候と文明・気候と歴史』(1978) の図を簡略化.
図 2.3　松丸道雄・高嶋謙一:『甲骨文字字釈綜覧』東京大学出版会 (1994).
表 3.1　プトレマイオス, 藪内清訳:『アルマゲスト』恒星社厚生閣 (1958).
図 3.10　Charette, F: *Natue*, **444**, 531 (2006) の図に日本語の説明を付加.
図 4.3　ウルグ・ベク天文台博物館提供.
図 4.4, 図 6.10, 図 8.2, 図 8.5, 図 10.4, 図 10.5, 図 16.2　Michael Hoskin: *The Cambridge Illustrated History of Astronomy*, Cambridge University Press (1997).
図 4.5　ヴァン・デル・ワルデン, 村田全・佐藤勝造訳:『数学の黎明』みすず書房 (1984).
図 4.6　同上. オックスフォード科学史博物館所蔵.
図 4.7　Hoskin: *Ibid*. Courtesy of the University of St. Andrews, Scool of Physics and Astronomy.
図 4.8　中村士撮影.
図 5.1　(右)　BBC 放送 (Nov.4, 2005).
図 5.9　Wright, T., *An Original Theory or New Hypothesis of the Universe* (1750). 国立天文台所蔵.
図 6.1　(左)　中村士撮影.
図 6.1　(右)　ベン島ティコ・ブラーエ博物館提供.
図 6.2, 図 6.3 (上), 図 15.2　Brahe, T.: *Astronomiae Instauratae Mechanica* (1598).
図 6.3 (下)　南懐仁著:『霊台儀象志』(1674).
図 6.6　ヨハネス・ケプラー, 大槻真一郎・岸本良彦訳:『宇宙の神秘:五つの正立体による宇宙形状誌』工作舎 (2009).
図 6.9　ケプラー:『ルドルフ表』(1627).
図 7.1　ガリレオ, 山田慶兒・谷泰訳:『星界の報告』, 岩波文庫 (1976).
図 7.2, 図 7.3, 図 13.1, 図 14.1　Van Helden, A.: *The General History of Astronomy*, vol. 2, Cambridge Univ. Press (1989).
図 7.4　ガリレオ, 青木靖三訳:『天文対話』岩波文庫 (1959).
図 7.5　J. Zahn の 1686 年の著書を, Court, T. H. and von Rohr, M. が *Transactions*

図 7.6 　Hally, E.: *Astronomical Tables* (1752).
図 7.8 　Hoskin: *Ibid*. Courtesy and copyright of the Astrophysikalisches Institute Postdam.
図 7.9 　中村士撮影.
図 8.2 　グリニッチ王立海事博物館所蔵.
図 8.7 　Hoskin: *Ibid*. Museum of the History of Science, Oxford.
図 8.8（左）　Hoskin: *Ibid*. Courtesy of Lord Rosse. Photo by Professor Owen Gingerich.
図 8.8（右）　NASA/ESA.
図 8.9, 図 9.1, 図 9.4, 表 9.1, 図 10.2, 図 10.6 　Herrmann, D. B.: *Geschichte der Astronomie von Herschel bis Hertzsprung*, VEB Deutscher Verlag der Wissenschaften (1980).
図 8.10 　Bud, R. and Warner, D.J.: *Instruments of Science, An Historical Encyclopedeia*, The Sciencd Museum, London, and the National Museum of Americam History, with Garland Publishing, Inc. (1998).
図 8.11 　Hoskin: *Ibid*. National Maritime Musum, London.
図 8.12 　『天文月報』第 98 巻 No.5（2005）表紙．パリ天文台, S. Débarbat 氏提供.
図 9.2 　村上陽一郎編, 杉山滋郎ほか訳：『近代熱学論集』朝日出版社 (1988).
図 9.5 　Hoskin: *Ibid*. Courtesy of the Harvard Colledge Obsevatory.
図 9.6 　Ostwald's Klassiker der exakten Wissenschaften；nr. 161, W. Engelmann, Leipzig（1907）（「オストヴァルト精密科学古典叢書」）．国会図書館所蔵.
図 9.7, 図 10.7 　Hoskin: *Ibid*. Courtesy of Institute of Astronomy, Cambridge (IOA).
図 9.8 　大脇直明ほか：『天文資料集』東京大学出版会（1989）．原図は G.H. Hagan（1965）.
図 10.1 　Hoskin: *Ibid*. Courtesy of Professor Owen Gingerich.
図 11.1 　Herschel, W.: *Philosophical Transactions of the Royal Society of London*, **75**, pp. 213–266 (1785).
図 11.2 　Leavitt, H. S. and Pickering, E.: *Harvard College Observatory Circular*, No.173, 1–3 (1912).
図 11.3 　Kapteyn, J.: *Astrophysical Journal*, **55**, 302–328 (1922).
図 11.4 　Shapley, H.: *Astrophysical Journal*, **49**, 311–336 (1919).
図 11.5 　van Maanen, A.: *Astrophysical Journal*, **44**, 210–228 (1916).
図 11.7 　Mount Wilson Observatory Historical Archive.
http://apod.nasa.gov/apod/ap960406.html
図 12.2（左）　Hubble, E.: "*The Realm of the Nebulae*", Yale Univ. Press (1936)（邦訳『銀河の世界』, 岩波文庫, 戎崎俊一訳 (1999)）.
図 12.2（右）　Hubble, E.: *Proceedings of the National Academy of Sciences of the United States of America*, **15**, 168–173 (1929).
図 12.3 　Science Photo Library.
http://www.sciencephoto.com/images/download_lo_res.html?id=724070384
図 12.4, 図 12.7 　岡村定矩ほか編：『人類の住む宇宙』（シリーズ現代の天文学　第 1 巻）日本評論社 (2007).

図 12.5　http://nhdpenzias.comyr.com/+
図 12.6　Smoot, G. F. et al.: *Astrophysical Journal*, **396**, L1–L5 (1992).
図 13.2（右）　東京大学所蔵.
図 13.5　NASA.
図 13.6　http://www2.ess.ucla.edu/ jewitt/kb/qb1.html
図 14.2　広瀬秀雄編：新天文学講座『地球と月』恒星社厚生閣 (1957).
図 14.4　Lowell, P.: *Mars and Its Canals* (1906).
図 14.6　Hoskin: *Ibid.* Courtesy NRAO/AUI, photo by Bell Telephone Laboratories.
図 14.7　NASA.
図 15.4　Mechain, M.M., *Base du Systeme Metrique Decimal, ou Mesure de l'Arc du Meridien*（1806）. 国立天文台所蔵.
図 15.5　小泉袈裟勝, 工業技術院中央計量検定所（旧中央計量検定所）『度量衡の歴史』(1970).
図 15.6　*Illustration*（1874 年 5 月 16 日）.
図 15.7　斉藤国治・篠沢志津代：『明治 7 年の金星日面経過について』東京天文台 (1973).
図 15.8　NASA.
図 16.1（左）　Museo Archeologico Nazionale, Naples, Italy/Bridgeman Art Library.
図 16.1（右）　Gerry Picus, courtesy of Griffith Observatory.
図 16.3　アピアヌス『皇帝の天文学』(1540). 千葉市立郷土博物館所蔵.
図 16.4（左）　Courtesy of The British Library.
図 16.4（右）　バイヤー『ウラノメトリア』(1603).
図 16.5　『新儀象要法』(1092).
図 16.6　蘇州石刻天文図. 明治大学図書館所蔵.
図 16.7　『儀象考成』の星表 (1752).
図 16.8　中村士所蔵.
図 A.1　Rubin, Vera C.: *Physics Today*, **59**, no.12, 8–9 (2006).
図 A.2（左）　NASA（Chandra による画像）
　　　http://chandra.harvard.edu/photo/2004/ngc4555/index.html
図 A.2（右）　Digitized Sky Survey.
図 A.3　NASA（HST による画像）.
図 A.4　Perlmutter, S.: *Physics Today*, **56**, no.4, 53 (2003).
図 A.7（左）　Geller, M. J. et al.: *IAU Symposium*, **124**, 301–313 (1987).
図 A.7（右）　Blanton, M. R. et al.: *Astrophysical Journal*, **592**, 819–838 (2003).
表 A.1　Komatsu, E. et al.: *Astrophysical Journal Supplement Series*, **192**, 18–64 (2011).

人名索引

ア 行

アインシュタイン　Einstein, Albert (1879–1955)	149, 173
アダム・シャール　Schall von Bell, Adam (1591–1666)	103, 245
アダムス　Adams, John Couch (1819–1892)	**108**, 118, 209
アピアヌス　Apian, Petrus (1495–1552)	222, **238**, 248
アブ・イシャク・アル＝ビトルージ　Abu Ishaq al-Bitruji (1150–1200)	49
アポロニウス　Apollonius (BC260–200 頃)	36
アラゴ　Arago, Dominique François Jean (1786–1853)	229
アラトス　Aratus (BC310 頃–240 頃)	236, 243
アリスタルコス　Aristarchus (BC310–230 頃)	**32**, 34, 118, 232
アリストテレス　Aristotle (BC384–322)	**31**, 33, 53, 55, 80, 100
アルキメデス　Archimedes (BC287–212)	34, 44, 51
アルゲランダー　Argelander, Friedrich Wilhelm (1799–1875)	**131**, 156, 162, 241
アル＝ザーカリ　al-Zarqali (1029–1087)	55
アル・スーフィー　al-Sufi, Abd al-Rahman (903–986)	52, 237
アルファー　Alpher, Ralph Asher (1921–2007)	177
アル＝マムーン　al-Ma'mun (786–833)	48
アル＝ラシッド　al-Rashid, Harun (766–809)	48
アレニウス　Arrhenius, Svante August (1859–1927)	211
アンダーソン　Andersson, Johan Gunnar (1874–1960)	24
アントニアジ　Antoniadi, Eugène Michel (1870–1944)	209
アンドルース　Andrews, Thomas (1873–1912)	137
アンリ兄弟　兄：Henry, Paul Pierre (1848–1905)	
弟：Henry, Prosper Mathieu (1849–1903)	242
イサーク・ベン・シッド　Isaac ben Sid (13 世紀の人)	55
イブン・アル＝シャティル　al-Shatir, Ibn (1305 頃–1375 頃)	50
イブン・アル＝ハイサム (ラテン名：アルハゼン)　al-Haytham, Ibn (965–1040 頃)	50
伊能忠敬 (1745–1818)	82
ウィットフォーゲル　Wittfogel, Karl A. (1896–1988)	27
ウィルソン　Wilson, Robert Woodrow (1936–)	181, 215
ウォード　Ward, William R. (1946?–)	198
ヴォルフ　Wolf, Rudolf (1816–1893)	146
ウルグ・ベク　Ulugh Beg (1394–1449)	52
エアリー　Airy, George Biddell (1801–1892)	127
エクパントス　Ecphantus (BC4 世紀頃の人)	30
エッジワース　Edgeworth, Kenneth Essex (1880–1972)	202

エディントン　Eddington, Sir Arthur Stanley S. (1882–1944)	149, **153**, 174, 177
エドレン　Edlén, Bengt (1906–1993)	147
エピック　Öpik, Ernst Julius (1893–1985)	155
エムデン　Emden, Jacob Robert (1862–1940)	153
エラトステネス　Eratosthenes（BC276–195 頃）	34, 220
オイラー　Euler, Leonhard (1707–1783)	107
オジアンダー　Osiander, Andreas (1498–1552)	75
小田稔 (1923–2001)	156
オールト　Oort, Jan H. (1900–1992)	202, 252
オルバース　Olbers, Heinrich Wilhelm Matthäus (1758–1840)	183, 192
オーレム　Oresme, Nicole（1320 頃–1382）	56
オングストローム　Ångström, Anders Jonas (1814–1874)	135

カ　行

カイパー　Kuiper, Gerard Piter (1905–1973)	202
ガウス　Gauss, Carl Freidrich (1777–1855)	191
郭守敬 (1231–1316)	52
カーター　Carter, Brandon (1942–)	219
カーチス　Curtis, Heber Doust (1872–1942)	169, 170
ガッサンディ　Gassendi, Pierre (1592–1655)	93
カッシーニ　Cassini, Jean-Dominique (1625–1712)	116, **126**, 224, 226, 232
狩野亨吉　(1865–1942)	197
カプタイン　Kapteyn, Jacobus Cornelius (1851–1922)	132, 141, 165
カペラ　Capella, Martianus（365–440 頃）	54
ガモフ　Gamow, George (1904–1968)	**152**, 155, 177, 178
ガリレオ　Galilei, Galileo (1564–1642)	87, **95**, 112, 145
カリントン　Carrington, Richard Christpher (1826–1875)	146
カルキディウス　Calcidius（4–5 世紀の人）	54
ガレ　Galle, Johann Gottfried (1812–1910)	108
カント　Kant, Immanuel (1724–1804)	195, 206
甘徳　（BC4 世紀の人）	243
キケロ　Cicero, Marcus Tullius (BC106-BC43)	31, 45, 54
キャノン　Cannon, Annie Jump (1863–1941)	139, 163
キャンベル　Campbell, William W. (1862–1938)	141
ギルバート　Gilbert, William (1544–1600)	88, 190
キルヒホッフ　Kirchhoff, Gustav Robert (1824–1887)	135
虞喜 (281–356)	12
クサヌス　Cusanus, Nicolaus (1401 頃–1464)	76, 267
グース　Guth, Allan Harvey (1947–)	185
グードリッケ　Goodricke, John (1764–1786)	157
クラヴィウス　Clavius, Christpher (1538–1612)	55
クラドニ　Chladni, Ernst Florens (1756–1827)	193
クリーガー　Krieger, Johann Nepomuk (1865–1902)	208
クリック　Crick, Francis Harry Compton (1916–2004)	212

クレオメデス　Cleomedes（2世紀頃の人）	34
クレロー　Clairaut, Alexis Claude de (1713–1765)	107
グロトリアン　Grotrian, Walter (1890–1954)	147
ケイル　Keill, John (1671–1721)	196
ケーグラー　Kögler, Ignatius (1680–1746)	245
ケプラー　Kepler, Johannes (1571–1630)	50, 75, **84**, 91, 96, 205
ゲルソン　Gerson, Levi ben (1288–1344)	82
ケルビン卿　→　トムソン	
黄裳 (1044–1130)	244
ココーニ　Cocconi, Giuseppe (1914–2008)	215
小柴昌俊 (1926–)	262
小林誠 (1944–)	185
コペルニクス　Copernicus, Nicolaus (1473–1543)　51, **65**, 74, 76, 83, 97, 99, 118, 205, 267	
ゴールドライク　Goldreich, Peter (1939–)	198
コロンブス　Colombo, Cristoforo（1451頃–1506）	221

サ 行

蔡邕 (132/3–192)	11
サクロボスコ　Sacrobosco（John of Holywood, 1195頃–1256頃）	55
佐藤勝彦 (1945–)	185
サハ　Saha, Meghnad (1893–1956)	151
サバイン卿　Sabine, Edward (1788–1883)	146
サービト・イブン・クッラ　Qurra, Thabit ibn (836–901)	49
サフロノフ　Safronov, Victor (1917–1999)	198
沢野忠庵（クリストファン・フェレイラ）　Ferreira, Cristóvão (1580–1650)	55
サンデイジ　Sandage, Allan Rex (1926–2010)	180
シェゾ　Chéseaux, Jean-Philippe Loys de (1718–1751)	92
シェーラー　Scheler, Max (1874–1928)	277
ジェラルド（クレモナの）　Gerard of Cremona（1114–1187頃）	54
ジェルベール　Gerbert d'Aurillac（945–1003頃）	54
竺可楨 (1890–1974)	26
シサット　Cysat, Johann Baptist (1588–1657)	101
志筑忠雄 (1760–1806)	76, 196
司馬江漢 (1747–1818)	76
司馬遷（BC145–87頃）	243
渋川春海 (1639–1715)	246
シャイナー　Scheiner, Christoph (1573/5–1650)	98, **101**, 102
シャプレー　Shapley, Harlow (1885–1972)	159, 165, **166**, 169, 170
ジャンスキー　Jansky, Karl Guthe (1905–1950)	214
ジャンセン　Janssen, Pierre Jules César (1824–1907)	136, 146
シュクロフスキー　Shklovskii, Iosif Samuilovich (1916–1985)	271
ジュフダ・ベン・モーゼ・コーヘン　Yehuda ben Moshe ha-Kohen（13世紀の人）	55
シュミット　Schmidt, Brian P. (1967–)	257

シュワーベ　Schwabe, Samuel Heinrich (1789–1875)	145
シュワルツシルド　Schwarzschild, Karl (1873–1916)	141
徐光啓 (1562–1633)	245
シルレ　Schyrle of Rheita, Anton Maria (1604–1660)	102
ジーンズ卿　Jeans, James Hopwood (1877–1946)	197
スキアパレリ　Schiaparelli, Giovanni Virginio (1835–1910)	193, 208
鈴木秀夫 (1932–2011)	19
ストルーベ　Struve, Wilhelm (1793–1864)	117, 143, 162
スネル（またはスネリウス）　Snellius, Willebrord (1580–1626)	222
スムート　Smoot, George Fitzgerald (1945–)	182
スライファー　Slipher, Vesto Melvin (1875–1969)	168, 174, 175
セーガン　Sagan, Carl Edward (1934–1996)	271
石申　（BC4 世紀の人）	243
セッキ　Secchi, Pietro Angelo (1818–1878)	136, 137
蘇頌 (1020–1101)	244

タ 行

戴進賢　→　ケーグラー	
ダーウィン　Darwin, Charles Robert (1809–1882)	268
高橋景保 (1785–1829)	246
ダゲール　Daguerre, Louis Jacques Mandé (1787–1851)	123
ターナー　Turner, Herbert Hall (1861–1930)	132
タマン　Tammann, Gustev Andreas (1932–)	180
ダランベール　d'Alembert, Jean le Rond (1717–1783)	107
タレーラン　Talleyrand-Périgord, Charles Maurice de (1754–1838)	225
丹元子（6 世紀末–7 世紀前半の人）	243
チェンバレン　Chamberlin, Thomas Chrowder (1843–1928)	197
張衡 (78–139)	12
陳卓（3 世紀後半の人）	243
ツァッハ男爵　Zach, Franz Xaver von (1754–1832)	191
ツェルナー　Zöllner, Johann Karl Friedrich (1834–1882)	131, 132
ツビッキー　Zwicky, Fritz (1898–1974)	252
ディアズ　Diaz, Emmanuel (1574–1659)	102
ティコ　Brahe, Tycho (1546–1601)	52, **79**, 86, 116, 223, 240, 245
ディッグス　Digges, Thomas (1546–1596)	77, 91, 267
ティティウス　Titius, Johann D. (1729–1796)	108
ティプラー　Tipler, Frank Jennings (1947–)	217, 269
デカルト　Descartes, René (1596–1650)	50, **93**, 100, 106, 205
デモクリトス　Democritus (BC460–370)	33, 97
デューラー　Dürer, Albrecht (1471–1528)	238
テレジオ　Telesio, Bernardino (1509–1588)	77
ドゥ・ボークレア　de Vaucouleurs, Gérard Henri (1918–1995)	180
董作賓 (1895–1963)	27
湯若望　→　アダム・シャール	

ドーキンス	Dawkins, Clinton Richard (1941–)	269
ド・ジッター	de Sitter, Willem (1872–1934)	176
ドップラー	Doppler, Johann Christian (1803–1853)	139
トムソン	Thomson, William (1824–1907)	148
トランプラー	Trumpler, Robert Julius (1886–1956)	166
ドランブル	Delambre, Jean-Baptiste Joseph (1749–1822)	226, 228
ドレーク	Drake, Frank (1930–)	215
ドレーパー	Draper, Henry (1837–1882)	138, 163
トレミー	Ptolemaeus, Claudius または Ptolemy (90 頃–168 頃)	34, 37, **39**, 40, 49, 56, 58, 66, 70, 74, 221, 236, 248
ドロンド	Dollond, John (1706–1761)	207
トンボー	Tombaugh, Clyde William (1906–1997)	202

ナ 行

長岡半太郎 (1865–1950)		151
ナスミス	Nasmyth, James (1808–1890)	208
南懐仁（フェルディナント・フェルビースト）	Verbiest, Ferdinand (1623–1688)	82
南部陽一郎 (1921–)		185
ニューカム	Newcomb, Simon (1835–1909)	209
ニュートン	Newton, Isaac (1642–1727)	92, **103**, 133, 196, 224
能田忠亮 (1901–1989)		23, 24
ノーウッド	Norwood, Richard (1590 頃–1675)	221

ハ 行

バイヤー	Bayer, Johann (1572–1625)	240
ハギンス	Huggins, William (1824–1910)	137, 138, 157
ハーシェル（ウィリアム）	Herschel, Sir Frederick William (1738–1822)	**119**, 133, 136, 143, 157, 160
ハーシェル（ジョン）	Herschel, John (1792–1871)	123, 143
ハッブル	Hubble, Edwin Powell (1889–1953)	171, 175
ハート	Hart, Micael H. (1932–)	217, 266
ハマソン	Humason, Milton Lasell (1891–1972)	175
林忠四郎 (1920–2010)		178, 198
ハリオット	Harriot, Thomas (1560–1621)	190
ハリソン	Harrison, John (1693–1776)	125
パールムッター	Perlmutter, Saul (1959–)	257
ハレー	Halley, Edmund (1656–1742)	9, 92, **106**, 120, 126, 161, 240
バロー	Barrow, Isaac (1630–1677)	104
班固 (32–92)		24
ピアジ	Piazzi, Giuseppe (1746–1826)	191
ビオ	Biot, Jean-Baptiste (1774–1862)	229
ピカール	Picard, Jean (1620–1682)	223, 225
ピゴット	Pigott, Edward (1753–1825)	157
ピタゴラス	Pythagoras (BC582–496)	30

ピッカリング　Pickering, Edward Charles (1846–1919)	**138**, 156, 158, 163
ヒッパルコス　Hipparchus（BC190–125 頃）　　34, **37**, 43, 44, 58, 73, 118, 161, 236, 248	
ビトルビウス　Vitruvius, Marcus Pollio（BC80/70 頃–BC15 以降）	247
ヒューエル　Whewell, William (1794–1866)	206
ビュフォン伯　Comte de Buffon, Georges-Louis Leclerc (1707–1788)	148, 196
平山清次 (1874–1943)	192
ファブリチウス　Fabricius, David (1564–1617)	156
ファン・デ・フルスト　van de Hulst, Hendrik C. (1918–2000)	215
ファン・マーネン　van Maanen, Adriaan (1884–1946)	168, 170, 172
フィロポノス　Philoponos（6 世紀の人）	57
フィロラオス　Philolaus（BC470 頃–385）	29
フェルネル　Fernel, Jean François (1497–1558)	221
フェルミ　Fermi, Enrico (1901–1954)	217
フォン・ゼーリガー　von Seeliger, Hugo (1849–1924)	165
フォン・ノイマン　von Neumann, John (1903–1957)	217
フォントネル　Fontenelle, Bernard de (1657–1757)	205
巫咸（BC17 世紀–BC11 世紀頃の人）	243
ブーゲ―　Bouguer, Pierre (1698–1758)	224
フーコー　Foucault, Jean Bernard Léon (1819–1868)	109
フック　Hooke, Robert (1635–1703)	104, 113
ブラウ　Blaeu, Willem Janszoon (1571–1638)	223
フラウンホーファー　Fraunhofer, Joseph von (1787–1826)	134
ブラッドレー　Bradley, James (1693–1762)	**113**, 126, 162
プラトン　Plato (BC427–347)	**31**, 33, 53, 54, 69
フラムスティード　Flamsteed, John (1646–1719)	126, 232, 240
プランク　Planck, Max Karl Ernst Ludwig (1858–1947)	149
フランマリオン　Flammarion, Nicolas Camille (1842–1925)	210
フリシウス　Frisius, Reiner Gemma (1508–1555)	222
ビュリダン　Buridan, Jean（1295 頃–1358）	56
フリードマン　Friedmann, Alexander Alexandrovich (1888–1925)	174
プリューカー　Plücker, Julius (1801–1868)	137
ブルーノ　Bruno, Giordano (1548–1600)	**76**, 91, 206, 267
プルバッハ　von Purbach, Georg (1423–1461)	50, 56
プロクルス　Proculus（?–281 頃）	53
プロティノス　Plotinos (205–270)	48
ブンゼン　Bunsen, Robert Wilhelm (1811–1899)	135
ヘイ　Hey, James Stanley (1909–2000)	214
ペイン-ガポシュキン　Payne-Gaposchkin, Cecilia (1900–1979)	151
ベーコン　Bacon, Roger (1214–1294)	50
ヘシオドス　Hesiod（BC700 頃の人）	29
ベッセル　Bessel, Friedrich Wilhelm (1784–1846)	117, 162
ベーテ　Bethe, Hans Albrecht (1906–2005)	153, 177
ヘベリウス　Hevelius, Johannes (1611–1687)	190, 206, 240
ヘラクレイデス　Heracleides（BC390–310 頃）	30, 32

ペラン　Perrin, Jean (1870–1942)	149
ヘルツシュプルング　Hertzsprung, Ejnar (1873–1967)	141, 164
ヘルムホルツ　Helmholtz, Hermann Ludwig Ferdinand von (1821–1894)	148
ヘロン　Heron（10 頃–70）	57
ペンジアス　Penzias, Arno Allan (1933–)	180, 215
ヘンダーソン　Henderson, Thomas James (1798–1844)	118, 162
ホイヘンス　Huygens, Christiaan (1629–1695)	50, **98**, 105, 116, 205, 226
ホイル　Hoyle, Fred (1915–2001)	180, 212
ボウエン　Bowen, Ira Sprague (1898–1973)	157
ボエーティウス　Boethius, Severinus（480 頃–525）	53
ポー　Poe, Edgar Allan (1809–1849)	92
ボーア　Bohr, Niels Henrik David (1885–1962)	151
ポグソン　Pogson, Norman Robert (1829–1891)	132, 162
ポセイドニオス　Poseidonios（BC135 頃–BC51）	220
ボーデ　Bode, Johann Elert (1747–1826)	240
ホメーロス　Homer（BC8 世紀末の人）	**29**, 235
ボルダ　Borda, Jean-Charles, de (1733–1799)	226

マ 行

マイヤー（トビアス）　Mayer, J. Tobias (1723–1762)	120
マイヤー（ユリウス）　Mayer, Julius Robert von (1814–1878)	147
マウンダー　Maunder, Edward Walter (1851–1928)	145
マーグリス　Margulis, Lynn (1938–)	213
マクロビウス　Macrobius, Ambrosius Theodosius（400 頃の人）	54
マザー　Mather, John Cromwell (1946–)	182
益川敏英 (1940–)	185
マスケリン　Maskelyne, Nevil (1839–1917)	126
マテオ・リッチ　Ricci, Matteo (1552–1610)	245
マホメット　→　ムハンマド	46
マリウス　Marius, Simon (1573–1624)	101
マルコーニ　Marconi, Guglielmo (1874–1937)	194
ミュラー（ラテン名：レギオモンタヌス）　Müller, Johannes (1436–1476)	56
ミラー　Miller, Stanley Lloyd (1930–2007)	211
向井元升 (1609–1677)	55
ムートン　Mouton, Gabrié (1618–1694)	225
ムハンマド　Muhammad（570 頃–632）	46
ムハンマド・アル＝バターニー　Muḥammad al-Battani（850 頃–929）	49
ムハンマド・イブン・ルシッド　Muhammad ibn Rushd (1126–1198)	49
メシエ　Messier, Charles (1730–1817)	247
メシャン　Méchain, Pierre François André (1744–1804)	226, 228
メストリン　Maestlin, Michael (1550–1631)	85
本居宣長 (1730–1801)	25
本木良永 (1735–1794)	76
モーペルテュイ　Maupertuis, Pierre-Louis Moreau de (1698–1759)	225

モリソン	Morrison, Philip (1915–2005)	215
モリヌー	Molyneux, Samuel (1689–1728)	113
モールトン	Moulton, Forest Ray (1872–1952)	197

ヤ 行

安田喜憲 (1946–)		19
藪内清 (1906–2000)		24, 240
ヤング	Young, Charles Augustus (1834–1908)	147
ユードクソス	Eudoxos（BC408 頃–347 頃）	31, 236
ユーリー	Urey, Harold Clayton (1893–1981)	211
陽瑪諾　→　ディアズ		

ラ・ワ行

ライト	Wright, Thomas (1711–1786)	77, 205
ラインホルト	Reinhold, Erasmus (1511–1553)	75
ラカイユ	Lacaille, Abbé-Nicolas Louis de (1713–1762)	236, 241
ラグランジュ	Lagrange, Joseph-Louis (1736–1813)	107
ラ・コンダミヌ	La Condamine, Charles Marie de (1701–1774)	225
ラザフォード	Rutherford, Ernest (1871–1937)	150, 179
ラッセル	Russell, Henry Norris (1877–1957)	**142**, 152, 154, 163
ラプラス	Laplace, Pierre Simon (1749–1827)	107, 196, 228
ラブロック	Lovelock, James (1919–)	212
ラボアジエ	Lavoisier, Antoine-Laurent de (1743–1794)	227
ラムスデン	Ramsden, Jesse (1735–1800)	124, 191
ラムゼー卿	Ramsay, William (1852–1916)	147
ラモント	Lamont, Johann von (1805–1879)	146
ラングレン	Langren, Michael Florent van (1598–1675)	206
リシェ	Richer, Jean (1630–1696)	224
リース	Riess, Adam (1969–)	258, 266
リッター	Ritter, Johann Wilhelm (1776–1810)	133
リッチー	Ritchey, George Willis (1864–1945)	169
リッパヘイ	Lipperhey, Hans (1570–1619)	96
リービット	Leavitt, Henrietta Swan (1868–1921)	158, 163, 164
利瑪竇　→　マテオ・リッチ		
呂不韋 (? –BC235)		25
ルービン	Rubin, Vera Cooper (1928–)	252
ルベリエ	Le Verrier, Urbain J.J. (1811–1877)	**108**, 110, 118, 209, 242
ルメートル	Lemaitre, Georges-Henri (1894–1966)	174, 177
レッシャー	Rescher, Nicholas (1928–)	276
レティクス	Rheticus, Georg Joachim (1514–1574)	66, 68, 75
レーバー	Reber, Grote (1911–2002)	214
レーマー	Rømer, Ole (1644–1710)	116
レーン	Lane, Jonathan Homer (1819–1880)	153
ローウェル	Lowell, Percival (1855–1916)	209, 210
ロス卿	the third Earl of Rosse, William Parsons (1800–1867)	122, 157

ロッキヤー　Lockyer, Sir Joseph Norman (1836–1920)　　　136, 146
ワイゼッカー　Weizsäcker, Carl Friedrich Freiherr von (1912–2007)　　　153
ワインバーグ　Weinberg, Steven (1933–)　　　185

事項・書名索引

[英数字]

1577 年の大彗星　80, 83
20 進法　22
60 進法　8
CCD　123
　——検出器　261
COBE 衛星　181
D 線　134, 135
ETI　217, 266
HR 図　142, 153, 154
Ia 型超新星　256, 258
NGC カタログ　247
SETI　216, 218, 266
SDSS　247, **263**
X 線天文学　156

[ア　行]

アストロラーベ　54, **58**, 236, 248
アッシリア　7
アポロ宇宙船　234
アポロ計画　199
雨水　24, 26
アムラ城宮殿の星座図　237
アリストテレス自然学　56, 95
アルキメデスの無限ねじ　57
アルゴル　156, 238
「アルフォンソ表」　55, 79
『アルマゲスト』　37, **40**, 41, 55, 67, 236–238, 241
アレキサンドリア　33, 57
アンティキテラの機械　57
『安天論』　12
アンドロメダ大星雲　101, 238
イースター大祭　54
移動年　6
色消しレンズ　207

色指数　138, 141
色収差　134, 207
殷王朝　10
インカ文明　15
殷墟　10, 26
隕石　193
インピータス　57
インフレーション理論　173, **183**, 185, 186, 253, 260
殷暦譜　27
ウィーン写本　238
ヴェガ　118
『ヴェーダ』　13
渦運動　106
渦巻宇宙　94
渦巻銀河　252
渦巻星雲　167, 169, 170, 172
宇宙原理　218, 266
宇宙項　174
『宇宙誌の神秘』　85
宇宙線　262
宇宙大規模構造　259
宇宙定数　174, 258
宇宙電波　214
宇宙年齢　175, 179
宇宙の距離はしご　118
宇宙の大規模構造　263
宇宙の地平線　184
宇宙マイクロ波背景放射　181, 215, 259
ウラニボルク　82
『ウラノグラフィア』　240
『ウラノメトリア』　240
閏月　8, 22
閏年　54
ウルグ・ベク星表　53
運動の法則　104
運動表　9

衛星イオの火山活動　200
エカント　**40**, 49, 50, 56, 67, 88
エジプト年　6
エーテル　31, 93
『淮南子』　10
エネルギー保存則　147
エパゴメン　6
『遠鏡説』　103
遠心力　105, 197, 224
遠地点　36, 89
エンペイ（掩蔽）　30, 208
オズマ計画　215
『オデュッセイア』　235
オランダ式望遠鏡　87
オリオン大星雲　123
オルバースのパラドックス　91, 183
オーロラ　146
温度ゆらぎ　182

[カ　行]

ガイア仮説　213
海王星　109
『開元占経』　243
会合周期　72
回転曲線　252
蓋天説　11
カイパーベルト　202
外惑星　71, 72
カオス　201
火球　193
角運動量保存の法則　196
学問四科　53
核融合反応　153
火星の運河　209
カタログ　247
カリプス周期　43
ガリレオ衛星　97, 116
ガリレオ式望遠鏡　87, **96**, 102
カルト・ド・シエル　242
還元主義　33
観象授時　13
環状列石　16
『漢書律暦志』　24
慣性の法則　93
観測選択効果　275

カントの星雲説　196
『儀象考成』　245, 246
渾天儀　244
輝線スペクトル　135
軌道半径　70, 72, 73
逆行　36, 37
吸収線スペクトル　135
球状星団　159, 166, 170
求心力　105, 197
球面天文学　12
『旧約聖書』　7, 47
極冠　190
巨星　142, 150
巨石文明　16
距離の逆2乗則　104, 107
キルヒホッフの法則　135, 137
銀河　171, 173
　——回転　141
　——系　121, 172
禁制線　158
金星の満ち欠け　98
近地点　36, 89
矩　72
空間　77
偶然誤差　227
楔形文字　8
くじら座のミラ　156
屈折光学　87, 96
駆動霊　88
グリーンバンク会議　216
グリニッチ天文台　126
クレーター　**96**, 190, 199, 201, 206
クロノメータ　125
経緯儀　57
啓蒙　23, 26
系統誤差　259
月食　30, 37
月面図　190
月理学　206
ゲブ　4
『ケープ掃天写真星表』　242
ケプラー式望遠鏡　87, 101, **102**
ケプラーの3法則　87
ケプラーの新星　96

ケプラーの第 3 法則　**90**, 101, 104, 144, 232
『言語学とマーキュリーの結婚』　54
『乾坤弁説』　55
原子核物理学　150
原始星　155
現象を救う　42
原子論　33
ケンタウルス座 α 星　118
光階法　131
『光学』　133
光学質量　252
『光学宝典』　50, 51
鎬京　11
光行差　114, 115
甲骨文　10, 13, 26–28
向上進化　272, 274
恒星天文学　120
輝線スペクトル　135, 157
『皇帝の天文学』　238, 248
公転周期　**71**–73, 88, 144
黄道　9, 73
　──12 宮星座　9, 235
『黄土地帯』　24
コカブ　5, 59
国際天文学連合　241
黒体放射　180
黒点　98, 101
個人占星術　10
『コスモグラフィア』　222
『刻白爾天文図解』　76
コペルニクス革命　74
コペルニクス主義　218
固有運動　107, **117**, 140, 141, 161, 168, 169
固有軌道要素　192
『コーラン』　47
コリオリ力　110
コールドダークマター　255, 259
『コルドバ星図』　241
コロナ　146, 147
コロニウム　147
渾天説　12, 30
「混沌分判図説」　196

『コンメンタリオルス』　67

[サ　行]

歳差　5, 7, **39**, 49, 73, 74, 236, 245, 248
最小自乗法　192
彩層　146
最大離角　72
朔望月　8, 15, 43
差動回転　146
サハの電離公式　151
サマルカンド天文台　52
サロス周期　9, 43
散開星団　159
三角測量　221
三角法　49
三家星座　243
シアノバクテリア　212
シーイング　261
シエネ　34
ジオイド　231
紫外線　134
『視覚論』　50
磁気嵐　146
ジグザグ関数　9
子午線 1 度の測定　223
自己複製子　269, 270
視差　37, **73**, 77, 96, 142
『尸子』（尸佼）　4
『磁石論』　88
ジジュ　55
自然選択　268
視線速度　140, 141
『自然哲学の数学的原理』　105
実験室分光学　135
質量とエネルギーの等価の式　149
自転軸　73
紫微垣　244
四分儀　52, 221
四分暦　13, 24
島宇宙　169
シミュレーション天文学　264
写真観測法　138
写真乾板　123
写真星図　242

シュー　4
周期–光度関係　158, **164**, 171, 172
周期彗星　106
十九年七閏の法　8
獣帯星座　9
周転円　**36**, 40–42, 44, 49, 50, 56, 70, 71, 74, 85, 86, 239, 248
自由七科　55
『周髀算経』　11, 24
充満の原理　206
重力　105
　——収縮説　148, 149
　——波　262
　——レンズ　254
宿命占星術　10
主系列星　142
須弥山　14, 76
シュミット望遠鏡　123, 242
受命改制　13
シュメール　7
春分点の歳動　49
淳祐天文図　244
衝　8
常熟石刻天文図　245
焦点　87
章動　116
章法　8
小マゼラン星雲　158
縄文海進　19
小惑星　192
　——エロス　233
　——の族　193
食連星　156
シリウス　7
　——年　7
シルレ型望遠鏡　102, 103
『新科学対話』　100
進化の法則　268
『新儀象要法』　244
真空の相転移　186
人工衛星　231
新星　37, 38, 80, 157
神聖年　15
新天文学　87, 101, 131

『新天文学の観測機械』　84
新プラトン主義　48, 67
『眞暦考』　25
水運儀象台　244
彗星　191
『崇禎暦書』　245
『スキピオの夢の注釈』　54
ステップ（階段状）関数　9
ステルンボルク　81, 82
ステレオ投影法　58, 239
ストロマトライト　212
スペクトル　133
　——型　163
スローン・ディジタル・スカイサーベイ
　→　SDSS
星雲　119, 122
　——星団カタログ　247
　——説　195
星間吸収　166
星間雲　198
星座　235
　——早見盤　58, 239, 247
『星座の書』　238
静止宇宙　173
星宿　243
星団　122, 142, 157
　——型変光星　159
星表　52
生物季節　25
セオドライト　57
『世界の調和』　90
世界の複数性　204
赤緯　241
赤外線　133
赤経　241
赤色巨星　154
赤道収束帯　19
赤道西風　19, 20, 22, 26
「赤道南北両総星図」　245
赤方偏移　177, **257**
世俗年　15
絶対等級　**132**, 141, 142, 150
摂動　111, 192, 233
セファイド　158, 164, 171, 259

セレス 192
「セレノグラフィア」 190
占星術 54, 235
宣夜説 12
千里一寸の説 11
遭遇・潮汐説 197
創世記 47
相転移 185
掃天観測 242
測光計 132
測地学 231
速度–距離関係 176
速度楕円体説 141
「蘇州石刻天文図」 244
ソティス 7

[タ 行]

『第一解説』 68
太陰太陽暦 8, 13, 22, 43
対角斜線副尺 82
大気差 39, 101, 113
大気の窓 262
大統一理論 185, 186
対物プリズム 139
大マゼラン雲 238
太陽運行表 37
太陽系 189
　——外縁天体 202
　——外惑星 265
　——小天体 194
太陽向点 120, 141
太陽黒点 145
太陽視差 231, 233
太陽衝突説 148
太陽スペクトル 134
太陽中心説 65, **67**–71, 73–75, 85
太陽面経過 93, 232
太陽暦 6, 23
大論争 169
大惑星 198
楕円運動 74
楕円軌道 88, 90, 105
ダークエネルギー 251, 259, 265
ダークマター **251**, 253, 254, 259, 260, 265

ダゲレオタイプ 123
多重世界論 204
ダスト 193
脱進機 61, 244
知恵の館 48
地球外知的生命体 266
　——探査 216, 266
地球型惑星 198
地球軌道 73
地球接近小惑星 201, 233
地球楕円体 228
地球中心説 71
置閏法 24
地動説 51, 65, **67**, 70, 97, 99, 111
地平線問題 184, 186
中心火 30
長期計算暦 15
蝶形図 145
超新星 80, 155, 256, 257
　——爆発 178
潮汐現象 99
潮汐作用 234
対地球 30
月の永年加速 106
ディオプトラ経緯儀 57, 58
ティコの宇宙体系 83, 84
ティコの新星 77
定常宇宙論 180, 181
ディスク 252
『ティマイオス』 31, 54
デカルト座標 93
『哲学原理』 205
天円地方説 11
天官書 243
天球儀 236
天球図 238
『天球図譜』 240
『天球の回転について』 67–69, 73, 75
天球論 55
天空警察 191
電弱統一理論 185
「天象列次分野之図」 246
天体写真術 123, 138
天体物理学 131

事項・書名索引　　*305*

天体分光学　145
天体レーダー　194, 233
天体暦　9
『天地二球用法』　76
天頂筒望遠鏡　113
天動説　70, 100
天人相関の説　13
天王星　107, 119
『天文成象』　246
天文台　48, 51, 52
『天文対話』　99, 100, 112
天文単位　71, 93, 194, **231**, 233
天文定数　49
天文時計　60
天文表　52, 55, 66
『天問略』　102
導円　**36**, 40–42, 44, 56, 70, 239
等角写像　58
東京天文台　127
同心球宇宙　**31**, 32, 49, 56
等速円運動　**36**, 40, 49, 56, 83
動物園仮説　269
都市革命　19
都市文明　20
土星の環　98
突然変異　268
ドップラー効果　140
トランシット　57
ドレークの式　271
ドレーク方程式　216
ドレーパー星表　139
トレド表　55
トワーズ　225
敦煌星図　244
トンネル効果　152

[ナ　行]

内惑星　70, 72
ナクシャトラ　15
ナブタプラヤ　17
南瞻部州　14
二十四節気　22, 24, 28
二重星　119
二十八宿　15, 243
　　──星座　28

二星流説　141
日周運動　5, 59
日周視差　80
日食　9, 37, 43, 136, 146
日本天文学会　248
ニュートリノ天文学　262
ニュートン力学的宇宙観　106
人間原理　218, 276
認識の地平線　273, 274
認識可能性　274
ヌト　4
ネブリウム　157
年周光行差　162
年周視差　**73**, 83, 111, 112, 115, 118, 132, 158, 162
農業革命　19
能動光学　261
ノクターナル　59, 60
ノーモン　11, 25, 34

[ハ　行]

バイキング探査計画　213
白色矮星　143, 155
はくちょう座61番　118
白道　37
薄明現象　50
パーセク　132, 232
発達度　272, 273
ハッブル宇宙望遠鏡　247
ハッブル時間　175, 179
ハッブル定数　175, 176
ハッブルの法則　176, 247
バーナード星　198
バーニア副尺　82
ハーバード分類法　138
ハビタブルゾーン　265
バビロニア　7, 235
パラス　192
バリオン　253, 255, 260
　　──数生成　184
　　──数生成問題　186
パリ科学アカデミー　226
パリ天文台　125
バルカン　146

ハロー　252, 253
『パロマー写真星図』　242, 247
反射望遠鏡　119
反焦点　40
パンスペルミア　211
反復式測円儀　226
万有引力　105, 111
　　――の法則　106, 107
光の粒子説　133
ピタゴラス学派　29, 53
ビッグバン宇宙論　173, **178**, 180, 181, 259
ヒッパルコス星表　238, 239, 243
ヒプシサーマル期　19–21, 26, 28
表　11, 25
秤動　190
ヒライアカルの出　7
微惑星　198
『ファイノメナ』　236, 243
ファルネーゼのアトラス像　236
フェルミ・パラドックス　217
フォン・ノイマン機械　218, 269, 270, 274
不確定性原理　153
複数世界論　218
ブーゲー異常　231
フーコー振り子　110
物候学　25
不定時法　61
不透視帯　161
プトレマイオス朝　33
フベン島　81, 84, 223
フラウンホーファー線　134
ブラックドロップ　233
プランクの放射式　150
フリードマン宇宙モデル　174
振り子時計　124
『プリンキピア』　**105**, 106, 196
プロシャ表　75, 79, 93
プロミネンス　136, 146
分解能　122
分割鏡　261
分光器　134, 136
分光視差　143, 158, 163

分光連星　140, 143
分点　241
文明の寿命　271, 273
平均朔望月　8
平均太陽年　6
米国航空宇宙局（NASA）　199
平坦性問題　184, 186
平凡原理　218, 266, 274, 275
壁面四分儀　82
『ベクバル星図』　241
ヘリウム　147
ヘルツシュプルング–ラッセル図　141
ヘルメス主義　48
変光曲線　156
変光星　156
扁平楕円体　224
扁平率　228
ヘンリー–ドレーパーカタログ　163
ボーアの原子模型　151
ボイジャー探査機　200, 273
望遠鏡　96, 189
『方法序説』　93
ポグソンの式　162
星時計　59
星の質量　144
　　――-光度関係　153
星の進化　142, 153
星のスペクトル型　142
星のスペクトル分類　137
星の低温起源説　154
星の内部構造論　153
補償光学　261
ボーデの法則　108, 191
『歩天歌』　243
ボルベル　239, 248
ホロスコープ　10
　　――占星術　46
ボン掃天星表　162
『ボン北天星図』　241

［マ　行］

マウンダー極小期　145
マゼラン雲　158, 159, 163, 164
マヤの暦　15
マヤ文明　15, 34

ミザール　5
ミッシングマス　251
密度パラメータ　175, 179
脈動変光星　156, 157
ムーアの法則　273
ムセイオン　33, 34, 39
ムードン天文台　126
冥王星　202, 209
　　——型天体　203
メートル　226
　　——原器　226, 229, 230
　　——条約　230
　　——法　225, 229
　　——法国際会議　228, 230
　　——法の起源　229
メトン周期　8, 43, 54
目盛分割エンジン　124
メルカトル図法　239
メール山　14
面積速度の法則　90, 105

[ヤ 行]

ユーリー–ミラーの実験　211
ユダヤの宇宙観　47
ユリウス暦　7, 54

[ラ 行]

『礼記月令』　25

力学質量　252
利己的な遺伝子　269
離心円　**35**, 44, 49, 50, 74, 88, 248
離心率　37, 88
リバイアサン　122
留　8
りゅう座γ星　114
流星群　193
量子説　149
量子トンネル効果　268
量子力学　150
ルドルフ表　87, 92
『霊憲』　12
『霊台儀象志』　82
『暦象新書』　76, 196
レーザー測距　233
連星　140
連続スペクトル　**135**, 137, 157
六分儀　52, 80–82
ロードス島　37

[ワ 行]

矮星　142, 150
惑星　29
　　——仮説　41, 66, 67
　　——状星雲　157
　　——探査機　199

308　　事項・書名索引

著者略歴

中村 士（なかむら・つこう）
- 1943年　ソウル（韓国）に生まれる.
- 1968年　東京大学農学部農業工学科卒業.
- 1970年　東京大学理学部天文学科卒業.
- 1975年　東京大学大学院理学系研究科博士課程修了.
  　　　　国立天文台助教授などを経て,
- 現　在　帝京平成大学現代ライフ学部教授. 放送大学客員教授. 理学博士.
- 主要著書　『明治前日本天文暦学・測量の書目辞典』（共編著, 第一書房, 2006）,
  　　　　　『宇宙観の歴史と科学』（共著, 放送大学教育振興会, 2008）ほか.

岡村 定矩（おかむら・さだのり）
- 1948年　山口県に生まれる.
- 1970年　東京大学理学部天文学科卒業.
- 1976年　東京大学大学院理学系研究科博士課程単位取得退学.
  　　　　東京大学東京天文台助教授, 東京大学大学院理学系研究科教授などを経て,
- 現　在　法政大学理工学部教授. 東京大学名誉教授. 理学博士.
- 主要著書　『銀河系と銀河宇宙』（東京大学出版会, 1999）,
  　　　　　『人類の住む宇宙』（シリーズ現代の天文学1）（共編著, 日本評論社, 2007）ほか.

宇宙観5000年史　人類は宇宙をどうみてきたか

2011年12月26日　初　版
2012年 6月26日　第2刷

[検印廃止]

著　者　中村士・岡村定矩
発行所　財団法人 東京大学出版会 ＊
　　　　代表者 渡辺浩
　　　　113-8654 東京都文京区本郷 7-3-1 東大構内
　　　　電話 03-3811-8814　　Fax 03-3812-6958
　　　　振替 00160-6-59964
　　　　URL http://www.utp.or.jp/
印刷所　三美印刷株式会社
製本所　矢嶋製本株式会社

©2011 Tsuko Nakamura and Sadanori Okamura
ISBN 978-4-13-063708-4 Printed in Japan

Ⓡ〈日本複製権センター委託出版物〉
本書の全部または一部を無断で複写複製（コピー）することは, 著作権法上での例外を除き, 禁じられています. 本書からの複写を希望される場合は, 日本複製権センター（03-3401-2382）にご連絡ください.

UT Physics 1 ものの大きさ　自然の階層・宇宙の階層	須藤 靖	A5/2400 円
UT Physics 2 Dブレーン　超弦理論の高次元物体が描く世界像	橋本幸士	A5/2400 円
UT Physics 3 一般相対論の世界を探る　重力波と数値相対論	柴田 大	A5/2400 円
UT Physics 4 銀河進化の謎　宇宙の果てに何をみるか	嶋作一大	A5/2400 円
UT Physics 5 見えないものをみる　ナノワールドと量子力学	長谷川修司	A5/2400 円
UT Physics 6 宇宙137億年解読　コンピューターで探る歴史と進化	吉田直紀	A5/2400 円
現代宇宙論　時空と物質の共進化	松原隆彦	A5/3800 円
系外惑星	井田 茂	A5/3600 円
観測的宇宙論	池内 了	A5/4200 円
銀河系と銀河宇宙	岡村定矩	A5/5200 円
宇宙科学入門　[第2版]	尾崎洋二	A5/3600 円

ここに表示された価格は本体価格です．御購入の
際には消費税が加算されますので御了承下さい．